园林工程专业人员入门必读

园林
规划设计

王玉静　主编

中国电力出版社
CHINA ELECTRIC POWER PRESS

内 容 提 要

本书内容共九章，包括园林规划设计概述、园林植物景观规划、园林地形设计、假山与置石设计、园林水景设计、园路与广场设计、园林建筑设计、园林建筑小品设计、园林城市绿化设计。

本书根据国家现行的园林工程相关标准与设计规范等精心编写而成，内容翔实，系统性强，将新知识、新观念、新方法与职业性、实用性和开放性相融合，培养读者园林工程规划与设计方面的实践能力和管理经验，力求做到技术先进、实用，文字通俗易懂。

本书适用于从事园林规划设计等相关工作的技术人员以及园林专业在校师生。

图书在版编目（CIP）数据

园林规划设计/王玉静主编．—北京：中国电力出版社，2022.3
　（园林工程专业人员入门必读）
　ISBN 978 - 7 - 5198 - 5342 - 6

Ⅰ.①园…　Ⅱ.①王…　Ⅲ.①园林－规划②园林设计　Ⅳ.①TU986

中国版本图书馆 CIP 数据核字（2021）第 022875 号

出版发行：中国电力出版社
地　　址：北京市东城区北京站西街 19 号（邮政编码 100005）
网　　址：http://www.cepp.sgcc.com.cn
责任编辑：关　童（010 - 63412603）
责任校对：黄　蓓　常燕昆
装帧设计：王红柳
责任印制：杨晓东

印　　刷：北京雁林吉兆印刷有限公司
版　　次：2022 年 3 月第一版
印　　次：2022 年 3 月北京第一次印刷
开　　本：787 毫米×1092 毫米　16 开本
印　　张：15.5
字　　数：381 千字
定　　价：59.00 元

前　　言

按照现代人的理解，园林不只是作为游憩之用，而且具有保护和改善环境的功能。人们在景色优美和安全清静的园林中游玩和休憩，有助于消除长时间工作带来的紧张和疲乏，使脑力、体力得到恢复。依托园林景观开展的文化、游乐、健身、科普教育等活动，更可以丰富知识和充实精神生活。园林景观建设作为反映社会现代化水平与城市化水平的重要标志，是现代城市进步的重要象征，也是建设社会主义精神文明的重要窗口。

随着我国经济的快速发展，城市建设规模不断扩大，作为城市建设重要组成部分的园林工程也随之快速发展。人们的生活水平提高，越来越重视生态环境，园林工程对改善环境有重大影响。

本书根据国家现行的园林工程相关标准与设计规范等精心编写而成，配有现场讲解视频与相关资料，内容翔实，系统性强。在结构体系上重点突出，详略得当，注意知识的融会贯通，突出了综合性的编写原则。

本书内容共九章，包括园林规划设计概述、园林植物景观规划、园林地形设计、假山与置石设计、园林水景设计、园路与广场设计、园林建筑设计、园林建筑小品设计、园林城市绿化设计。

本书适用于从事园林规划与设计等相关工作的人员、园林专业在校师生。

在本书的编写过程中，参考了一些书籍、文献和网络资料，力求做到内容充实与全面。在此谨向给予指导和支持的专家、学者以及参考书、网站资料的作者致以衷心的感谢。

我们特意建了 QQ 群，以方便广大读者学习交流，并上传了有关园林方面的资料。QQ群号：581823045。

由于园林规划设计涉及面广，内容繁多，本书很难全面反映，加之编者的学识、经验以及时间有限，书中若有疏漏或不妥之处，希望广大读者批评指正。

编者

前　　言

目　　　录

前言

第一章　园林规划设计概述 ··· 1
　　第一节　概述 ·· 1
　　第二节　园林的形式 ·· 6
　　第三节　园林的功能 ·· 8
　　第四节　园林的造景 ·· 9
　　第五节　园林的布局 ··· 13

第二章　园林植物景观规划 ··· 19
　　第一节　中国园林植物的筛选及分布 ····································· 19
　　第二节　植物种植设计的一般原则 ······································· 32
　　第三节　园林植物的配置 ··· 34
　　第四节　外来植物与乡土植物的利用 ····································· 43
　　第五节　植物的景观造景 ··· 45

第三章　园林地形设计 ··· 54
　　第一节　园林地形的设计基础 ··· 54
　　第二节　园林地形的类型 ··· 55
　　第三节　园林地形的竖向设计 ··· 58
　　第四节　挡土墙的设计 ··· 61

第四章　假山与置石设计 ··· 65
　　第一节　假山与置石设计的概述 ··· 65
　　第二节　假山的布局 ··· 70
　　第三节　假山的设计 ··· 74
　　第四节　置石的设计形式 ··· 82
　　第五节　置石的造型设计 ··· 85
　　第六节　置石与周围环境的结合 ··· 86

第五章　园林水景设计 ··· 90
　　第一节　水体 ·· 90
　　第二节　水景的概述 ··· 97
　　第三节　驳岸与护坡的设计 ·· 103
　　第四节　喷泉的设计 ·· 108
　　第五节　瀑布跌水的设计 ·· 116
　　第六节　水池的设计 ·· 122
　　第七节　人工湖的设计 ·· 125
　　第八节　溪流的设计 ·· 127

第六章　园路与广场设计 ………………………………………………………… 133

　　第一节　园路与广场的概述 ……………………………………………… 133

　　第二节　园路的构造与结构 ……………………………………………… 138

　　第三节　园路的布局设计 ………………………………………………… 143

　　第四节　园路的铺装设计 ………………………………………………… 147

　　第五节　园路的线型设计 ………………………………………………… 156

　　第六节　广场的规划设计 ………………………………………………… 163

　　第七节　停车场与回车场设计 …………………………………………… 172

第七章　园林建筑设计 ……………………………………………………………… 178

　　第一节　园林建筑概述 …………………………………………………… 178

　　第二节　景亭设计 ………………………………………………………… 179

　　第三节　廊的设计 ………………………………………………………… 186

　　第四节　水榭的设计 ……………………………………………………… 190

　　第五节　花架的设计 ……………………………………………………… 191

　　第六节　园门设计 ………………………………………………………… 195

第八章　园林建筑小品设计 ………………………………………………………… 200

　　第一节　园林建筑小品概述 ……………………………………………… 200

　　第二节　景墙的设计 ……………………………………………………… 204

　　第三节　栏杆的设计 ……………………………………………………… 205

　　第四节　雕塑的设计 ……………………………………………………… 208

　　第五节　圆凳的设计 ……………………………………………………… 209

　　第六节　花坛、花池的设计 ……………………………………………… 212

　　第七节　垃圾桶的设计 …………………………………………………… 217

　　第八节　园灯的设计 ……………………………………………………… 219

　　第九节　标示小品的设计 ………………………………………………… 221

第九章　园林城市绿化设计 ………………………………………………………… 224

　　第一节　商业步行街设计 ………………………………………………… 224

　　第二节　居住区道路设计 ………………………………………………… 227

附录Ⅰ　园林地形设计数据 ………………………………………………………… 231

附录Ⅱ　园林绿化的常用数据 ……………………………………………………… 235

附录Ⅲ　绿化植物的常用数据 ……………………………………………………… 237

参考文献 ……………………………………………………………………………… 242

第一章 园林规划设计概述

第一节 概　述

一、园林规划设计的基础知识

1. 基本概念

园林规划主要解决园林功能分区、导游线路组织、景点分级等问题，不涉及具体的施工方案。

园林设计是具体实施规划中某一工程的实施方案，是具体而细致的施工计划。

规划与设计都是园林绿地建设前的计划和打算，两者所处的层次和高度不同，解决的问题也不一样。规划是设计的基础，设计是规划的实现手段。

2. 园林设计方式

作图是园林设计最主要的手段，园林景物是以立体的方式在园址上布置的，用透视图能够把景物的立体形象逼真地描绘出来。可是这种方法无法准确地表示尺寸，从而无法作为施工的依据。因此，设计图主要采用能够把园址和景物的长、宽、高三维空间的尺寸准确表达出来的正投影图，而把透视图作为表现设计方案的补充手段。

以准确比例制作出来的立体模型，是为了更翔实地表现设计方案的手段，不过其制作复杂费工，一般不采用，但在规模较大和布置复杂的设计或者展览中是适合使用的。

由于园林设计要考虑处理的因素繁多而复杂，因而设计实施的方案也将是多样的，应该在多种方案中进行评比，选出最优的方案。

3. 园林设计的特点

园林工程的实施，不同于用颜料在图纸上绘画，园址不仅有高低水陆的变化，而且有风土的差异，所用植物材料也同样有各自的光、温、水肥等生态上的要求，这些条件对园林设计的影响较砖石材料对建筑设计的影响大得多。设计者往往要根据园址的实际情况创造性地进行设计，而不像建筑设计那样，一个设计可以在很多地方使用。

园林设计无疑应当是行得通的规划，但有时却必须根据实际情况加以修改，这也是园林设计的特点之一，不是交出设计图纸就可以结束工作，园林设计常常伴随施工的始终。

4. 园林设计的原则

要创造一个风景优美、功能突出、特色明显的园林作品，保证工程建设的顺利实施，园林工程设计必须坚持以下原则：

（1）科学性原则。园林工程设计的过程，必须依据有关工程项目的科学原理和技术要求进行。如在园林地形改造设计中，设计者必须掌握设计地区的土壤、地形、地貌及气候条件的详细资料。只有这样才能最大限度地避免设计缺陷。再如，进行植物造景工程设计时，设计者必须掌握设计地区的气候特点，同时详细掌握各种园林植物的生物、生态学特性，根据植物对水、光、温度、土壤等因子的不同要求进行合理选配。如果违反植物生长规律的要求，就会导致设计失败。

（2）适用性原则。园林最终的目的就是要发挥其有效功能，所谓适用性是指两个方面：一方面是因地制宜地进行科学设计；另一方面就是使园林工程本身的使用功能充分发挥，即以人为本。既要美观、实用，还必须符合实际，且具有可实施性。

（3）艺术性原则。在科学性和适用性原则的基础上，园林工程设计应尽可能做到美观，也就是满足园林总体布局和园林造景在艺术方面的要求。比如园林建筑工程、园林供电设施、园林中的假山、置石等。只有符合人们的审美要求，才能起到美化环境的功能。

（4）经济性原则。经济条件是园林工程建设的重要依据。同样一处设计地区，设计方案不同，所用建筑材料及植物材料不同，投资差异就很大。设计者应根据建设单位的经济条件，达到设计方案最佳并尽可能节省开支。事实上现已建成的园林工程，并不是投资越多越好。

5. 园林设计的立意

设计的第一步便是立意，立意是园林设计的灵魂。依照立意表现什么样的主题，传达什么样的理念，采用何种风格，确定最终的造型手段。"立意在先"，对于古今中外所有园林作品无一例外。

秦朝在上林苑开凿了太液池，池中堆筑岛屿为仙山，模拟传说中东海的神岛仙境。秦始皇迷信神仙方术，曾多次派遣方士到三仙山求取不老之药未果，于是便以其求仙的意愿堆筑蓬莱仙岛。到了汉代，此意念依然延续，汉武帝重修了上林苑，苑内仍开凿太液池，仿效秦始皇，在太液池堆筑瀛洲、方丈、蓬莱三岛，成为历史上最完整的"一池三山"仙苑式皇家园林。"一池三山"这种形式一直延续到清代，成为历代皇家园林的典范。"一池三山"仙苑式皇家园林模式如图1-1所示。

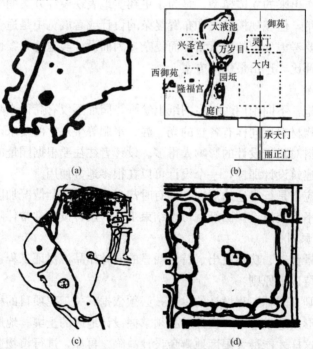

图1-1　"一池三山"仙苑式皇家园林模式

（a）杭州西湖；（b）元大都皇城太液池；（c）颐和园昆明湖；（d）圆明园福海

宋代由于社会动荡不安，文人宦官纷纷逃避现实而又不愿流于世俗，便修建私家园林以安其身。所建的园林成为园林主人的气节与人品的表现，用梅花、兰花、菊花、竹林、奇石借以象征高雅、脱俗、清纯，这是该时期造园的重要手段。在西方，凡尔赛宫苑是法国古典园林最辉煌的代表。国王路易十四亲自参与策划，并自比太阳王，建苑宗旨为歌颂太阳神阿波罗以寓意自身的伟大。宫苑中最突出的雕塑坐落在宫苑主轴线的显著位置，即阿波罗驾乘四马车迎着太阳从泉池中腾空而起，气势雄壮无比。此喷泉雕塑景点与阿波罗的母亲怀抱幼时阿波罗的雕像相对应，共同构成了园内中心景观。园林脱离不了时代，任何园林都会留下时代的烙印，时代精神主宰造园的主题思想。不同园林具有不同的功能，要选择与其功能相适应的立意。园林是艺术创作，园林设计师的情趣、爱好必然会表现其中。园林是视觉艺术，要符合诸多形式美的要素，要有鲜明而突出的风格特点，这一切都引导着园林设计立意的确立。

二、园林的设计过程

园林的设计过程大体可分为五个阶段，其内容见表1-1。

表1-1　　　　　　　　　　　　　　园 林 的 设 计 过 程

项目	内容
任务书阶段	了解委托方的具体要求及愿望（造价、时间期限等）
基地调查和分析阶段	（1）收集与基地有关的资料。 （2）补充并完善内容。 （3）对整个基地及环境状况进行综合分析
方案设计阶段	（1）进行功能分区。 （2）结合基地条件、空间及视觉构图确定各种使用区的平面位置
详细设计阶段	（1）同委托方共同商议设计方案，依商讨结果对方案进行修改和调整。 （2）完成各局部详细的平立剖面图、详图、园景的透视图、表现整体设计的鸟瞰图等
施工图阶段	完成施工平面图、地形设计图、种植平面图、园林建筑施工图等

三、园林的基地调查与分析

园林的基地调查与分析步骤：基地调查、基地分析、资料表示。

1. 基地调查

基地调查包括以下主要方面：

（1）基地自然条件：地形、水体、土壤、植被。

（2）气象资料：日照条件、温度、风、降雨、小气候。

（3）人工设施：建筑及构筑物、道路和广场、各种管线。

（4）视觉质量：基地现状景观、环境景观、视域。

（5）基地范围及环境因子：物质环境、知觉环境、小气候、城市规划法规等。

基地现状调查并不需将所有的内容一个不漏地调查清楚，应根据基地的规模、内外环境和使用目的分清主次，主要的应深入详尽地调查，次要的可简要地了解。其构成及关系如图1-2所示。

2. 基地分析

基地分析主要是：在地形资料的基础上进行地形陡坡程度分析、排水类型分析；在土壤资料的基础上进行土壤承载分析；在气象资料的基础上进行日照分析、小气候分析等。

（1）基地自然条件分析。

1）地形陡坡程度的分析。地形陡坡程度的分析作用如下：

①确定建筑物、道路、停车场地对不同坡度要求的活动内容是否适合；

②合理地安排用地，对分析植被、排水类型和土壤等内容都有一定作用。

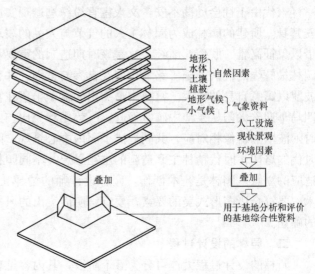

图 1-2　基地现状调查内容的构成及关系示意

2）水体分析。水体分析内容包括：

①现有水面的位置、范围、平均水深；常水位、最低和最高水位、洪涝水面的范围和水位。

②水面岸带情况，包括岸带形式、破坏程度、岸带边的植被、现有驳岸的稳定性。

③地下水位波动范围，地下常水位，地下水水质，污染源的位置及污染物的成分。

④现有水面与外水系的关系，包括流向与落差，水工设施的使用情况。

⑤结合地形划分出汇水区，标明汇水点或排水体，主要汇水线。地形中的脊线通常称为分水线，是划分汇水区的界限；山谷常称为汇水线，是地表水汇集线。如图 1-3 所示地形自然排水情况分布。

⑥地表径流的情况，位置、方向、强度、沿程的土壤和植被状况以及所产生的土壤侵蚀和沉积现象。

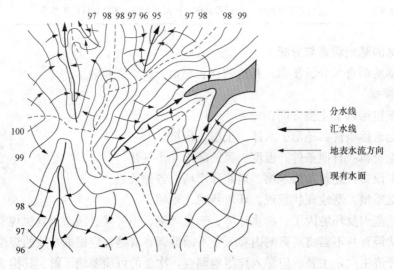

图 1-3　地形自然排水情况分布

3）土壤分析。土壤分析内容包括：

①土壤的类型、结构。

②土壤的 pH 值、有机质。

③土壤的含水量、透水性。

④土壤的承载力、抗剪切强度、安息角。

⑤土壤冻土层深度、冻土期的长短。

⑥土壤受侵蚀状况。

4）植被分析。植被分析内容包括：现状植被的种类、数量、分布以及可利用程度。

（2）气象资料分析。气象资料分析内容包括：

1）日照条件。

2）温度、风和降雨：

①年平均温度、一年中的最低和最高温度。

②持续低温或高温阶段的历时天数。

③月最低、最高温度和平均温度。

④夏季及冬季主导风向。

⑤年平均降雨量、降雨天数、阴晴天数。

⑥最大暴雨的强度、历时、重现期。

3）小气候。

4）地形小气候。

（3）人工设施分析。人工设施分析内容包括：

1）建筑物和构筑物。园林建筑平面、立面、标高以及与道路的连接情况。

2）道路和广场。了解道路的宽度和分级、道路面层材料、道路平曲面及主要点的标高、道路排水形式、道路边沟的尺寸和材料。了解广场的位置、大小、铺装、标高以及排水形式。

3）各种管线。管线有地上和地下两部分，包括电线、电缆线、通信线、给水管、排水管、煤气管等各种管线。要区别园中管线的种类，了解位置、走向、长度，每种管线的管径和埋深以及一些技术参数。

（4）视觉质量分析。视觉质量分析内容包括：

1）基地现状景观。对植被、水体、山体和建筑等组成的景观可从形式、历史文化及特异性等方面去评价，分别标记在调查现状图上；标出主要观景点的平面位置、标高、视域范围。

2）环境景观。也称介入景观，是指基地外的可视景观，根据它们自身的视觉特征可确定它们对将来基地景观形成所起的作用。

（5）基地范围及环境因子分析。基地范围及环境因子分析内容包括：

1）基地范围。应明确园林用地的界线及与周围用地界线或规划红线的关系。

2）交通和用地。了解周围的交通，包括与主要道路的连接方式、距离，主要道路的交通量。周围工厂、商店或居住等不同性质的用地类型，根据规划的规模了解服务半径内的人口量及其构成。

3）知觉环境。①了解基地环境的总体视觉质量，结合基地视觉质量评价同时进行。

②了解噪声的位置和强度，噪声与主导风向的关系。顺风时，噪声趋向地面传播，而逆风时则正好相反。了解空气污染源的位置及其影响范围，是在基地的上风处还是下风处。

4）小气候条件。了解基地外围植被、水体及地形对基地小气候的影响，主要应考虑基地的通风、冬季的挡风和空气温度等方面。处于城市高楼间的基地还要分析建筑物对基地日照的影响，划分出不同长短的日照区。

5）城市发展规划。城市发展规划对城市各种用地的性质、范围和发展已作出明确的规定。因此，要使园林规划符合城市发展规划的要求就必须了解基地所处地区的用地性质、发展方向、邻近用地发展以及包括交通、管线、水系、植被等一系列专项规划的详细情况。

3. 资料表示

(1) 在基地底图上表示出比例和朝向、各级道路网、现有主要建筑物及人工设施、等高线、大面积的林地和水域、基地用地范围。通常将地形按坡度大小用颜色深浅不一的区域来表示：

①最淡的区域表示坡度小于1%，说明排水是主要问题；

②较淡的区域表示坡度为1%～4%，表明几乎适合建设所有的项目而不需要大动土方；

③较深的区域表示坡度为4%～10%，表明需要进行一定的地形改造才能利用；

④最深的区域表示坡度大于10%，表明不适合大规模用地，若使用需进行较大的改造。

(2) 在要放缩的图纸中标线状比例尺，用地范围用双点画线表示。

(3) 基地底图不要只限于表示基地范围之内的内容，最好也表示出一定范围的周围环境。

第二节　园林的形式

一、规则式园林

1. 规则式园林的概念

规划式园林又称为整形式、建筑式、图案式或几何式园林。整个平面布局、立体造型以及建筑、广场、道路、水面、花草树木都要求整齐对称，呈几何形状。在现代园林中被广泛应用。北京的天坛等都属于规则式园林。这一形式的园林给人以庄严、雄伟、整齐的感觉。西方园林自埃及、巴比伦、希腊、罗马起到18世纪英国风景式园林产生之前都以规则式为主。

2. 规则式园林的特征

(1) 地貌。在平原地区，地貌由不同标高的水平面及缓倾斜的平面组成；在山地丘陵区，地貌则由阶梯式的台地、倾斜平面及石级组成。其剖面线呈直线组合。

(2) 水体。水体外形轮廓均为几何形，采用整齐式驳岸，园林水景以整形水池、壁泉、喷泉、整形瀑布及运河等为主，常以喷泉作为水景主题。

(3) 建筑。园林中不仅个体建筑采用中轴对称均衡的设计，建筑群和大规模建筑组群的布局也采用中轴对称均衡的手法，以主要建筑群和次要建筑群形成的主轴和副轴控制全园。

(4) 道路广场。园林中的空旷地和广场外形均为几何形。主轴和副轴上的广场与空旷地形成主次分明的空间；广场与道路构成方格形式、环状放射形，中轴对称或不对称的几何布局，它的曲线部分有圆心，是一段圆弧。建筑主轴线和广场轴线常常合二为一。封闭式的草坪、广场空间以对称建筑群或规则式林带、树墙、绿篱包围。道路为直线、折线或几何曲线组成。

（5）种植设计。园林中花卉布置以使用图案为主题的模拟花坛或花带为主。有时布置成大规模的花坛群，树木配置以行列式和对称式为主，并运用大量的绿篱、绿墙以区划和组织空间。树木整形修剪以模拟建筑体形和动物形态为主。

（6）其他景物。采用盆树、盆花、瓶饰、雕像为主要景物，雕像基座为规则式，其位置多处于轴线的起点、终点或交点上。

二、自然式园林

1. 自然式园林的概念

自然式园林又称山水工派、风景式、不规则式园林。中国的自然山水园林是自然式的典型代表。效法自然、高于自然，以自然条件为主要布置原则。我国古典园林多以自然式园林为主，留存至今的颐和园、承德避暑山庄、圆明园、恭王府、拙政园都是自然式园林的代表作。日本园林也多以自然式为主。

2. 自然式园林的特征

（1）地貌。自然式园林地形的剖面线为自然曲线。因为注重因地制宜，讲究"因高堆山""就低挖湖"，以利用为主、改造为辅，追求一切为自然形式，即便是人工改造也要犹如自然而成。在平原地带，利用自然起伏的和缓地形和人工堆置的自然起伏的土丘相结合，断面为和缓曲线。在山地和丘陵地，利用自然地貌，除建筑和广场基地外，不作人工阶梯形改造，尽量使其自然。

（2）水体。自然式园林中的水体独立的空间，自成一景，形式多样。园林水景的类型以溪涧、河流、涌泉、自然式瀑布、池沼、湖泊等为主，并常以瀑布为水景主题。水体的轮廓为自然曲线，水岸常为各种自然曲线的倾斜坡度，如有驳岸多为自然山石驳岸，在建筑附近或根据造景需要也可部分采用条石砌成直线或折线的驳岸。

（3）建筑。个体建筑为对称或不对称均衡设计，建筑群和建筑组群多采取不对称均衡的布局。全园不以轴线控制，而以导游线控制全园。中国自然式园林中的建筑类型有亭、廊、榭、舫、楼、阁、轩、馆、台、塔、厅、堂等。

（4）道路与广场。自然式园林中的道路平面与竖向剖面均为自然曲线。空旷地和广场往往是以不对称的建筑群、山石、林带等组成的自然形空间，被不对称的建筑群、土山、自然式树丛和林带包围。

（5）种植设计。园林中植物种植以反映自然界植物群落之美为目的。花卉布置以花丛、花群为主。树木配置以孤植树、树丛、树林为主，常以自然的树丛、树群、林带来区划和组织空间，一般不做规则式修剪。

（6）其他景物。园林多采用山石、假山、桩景、盆景、雕塑为主要景物。雕塑基座为自然式，其位置多位于透视线的焦点。

三、混合式园林

1. 混合式园林的概念

混合式园林就是将规则式和自然式混合在一起的园林形式。园林中规则式布置与自然式布置比例相当，绝对的规则式和绝对的自然式园林是不多见的。在混合园林中，没有像规则式园林那样的全园轴线，只是在局部景观中有对称布局，且没有自然式的自然山水骨架。

2. 混合式园林的特征

混合式园林一般在建筑群的附近采取规则式布置，而远离建筑群的园区则采用自然式布置，两种形式是有机结合，相互渗透，相互过渡。

第三节　园林的功能

一、游玩、休憩的功能

游玩、休憩是园林所具备的基本功能（图1-4、图1-5），也是最直接、最重要的功能。在进行园林规划时，设计师首先要满足园林对公众游玩、休憩的功能。一般情况下，在园林中的游玩、休憩活动主要有运动、游戏、文化、观赏、休闲几种。像露天舞会、庙会等属于文化的范围；下棋、日常身体锻炼属于运动、游戏的范畴。

图1-4　游玩

图1-5　观赏

二、美化的功能

园林作为城市里开放性的环境绿化场所，拥有大量的植被和水体，与城市的建筑完美结合，造就了一道亮丽的风景线。同时，园林的美化作用还和人们对自然美、社会美、艺术美的鉴赏力和感受力有关。园林不断地创新美，更提高了人们对美的追求，培养了城市人民的高尚情趣。如图1-6所示长春园茜园桥亭。

三、改善环境的功能

如图1-7所示，园林中大面积的植被和绿化能够改善城市中不良的空气状况，还能够降低辐射、防止水土流失、调节区域气候、降低噪声污染等。

图1-6　长春园茜园桥亭

图1-7　大面积的植被和绿化

四、促进城市经济发展的功能

　　如图1-8所示，园林的美化功能、改善环境的功能能够使园林具有更大的价值，因此也能吸引投资者的注意，从而提升了土地的价值，推动了地区经济的发展。

图1-8　颐和园万寿山昆明湖

第四节　园林的造景

一、景的介绍

　　"景"即风景、景致，是指在园林绿地中，自然的或经人为创造加工的，并以自然美为特征的，供游览、休息和欣赏的空间环境。景的名称多以景的特征来命名、题名和传播，以使景色本身具有更深刻的表现力和强烈的感染力而闻名天下，如桂林山水（图1-9）、黄山云海、断桥残雪等。

(a)　　　　　　　　　　　　　　　(b)

图1-9　桂林山水

　　景是通过人的眼、耳、鼻、舌等感官来接受的。大多数的景主要是看，如"花港晓月"；也有一些景是通过耳听，如"风泉清听"；有的景是闻的，如兰圃；有的是品味的，如"龙井品茶"。不同的景引起不同的感受，触景生情、富有诗情画意是我国传统园林的特色。

二、主景与配景

1. 概述

园林中景分为主景与配景，在园林绿地中起到控制作用的景叫"主景"，它是整个园林绿地的核心、重点，往往呈现出主要的使用功能或主题，是全园视线控制的焦点。主景包含两个方面的含义：一是指整个园林中的主景；二是园林中被园林要素分割的局部空间的主景。配景起衬托作用，可使主景突出。在同一空间范围内，许多位置、角度都可以欣赏主景，而处在主景之中，此空间范围内的一切配景，又成为欣赏的主要对象，所以主景与配景是相得益彰的。

2. 突出主景的方法

（1）主景升高。主景升高相对地使视点降低，看主景要仰视，一般可取简洁明朗的蓝天远山为背景，使主景的造型、轮廓更鲜明、更突出。

（2）面阳朝向。建筑物朝向以南为好，其他园林景物也是向南为好，这样各景物显得光亮、富有生气、生动活泼。

（3）运用轴线和风景视线的焦点。主景前方两侧常常进行配置，以强调陪衬主景，对称体形成的对称轴称中轴线，主景总是布置在中轴线的终点。此外也常布置在园林纵横轴线的相交点，或放射轴线的焦点或风景透视线的焦点上。

（4）动势向心。一般四面环抱的空间，如水面、广场、庭院等，四周次要的景色往往具有动势，趋向于视线的焦点，主景宜布置在这个焦点上。

（5）空间构图的重心。主景布置在构图的重心处。规则式园林构图，主景常居于几何中心，而在自然式园林构图中，主景常位于自然重心上。

三、造景的方法

1. 分景

分景常用于把园林划分为若干空间，使之园中有园，景中有景，湖中有岛，岛中有湖。园景虚虚实实，景色丰富多彩，空间变化多样。分景按其划分空间的作用和艺术效果，可分为障景和隔景。

（1）障景。其构景艺术意识来源于"欲扬先抑，欲露先藏"的匠意。在园林绿地中，凡是抑制视线，引导空间屏障景物的手法称为障景。障景有土障、山障、树障、曲障等，是我国造园的特色之一。障景是在较短距离之间才被发现，因而视线受抑制，有"山重水复疑无路"的感觉。障景还能隐蔽不美观或不可取的部分，可障远也可障近，而障本身又可自成一景。如苏州古典园林入口处障景的处理（图1-10），有山石、植物、景墙等多种方式，已成为苏州古典园林造园处理最常用的手法之一。

（2）隔景。凡将园林绿地分隔为不同空间，不同景区的手法称为隔景。园林空间尺度大小是相对而言的，分隔多变化就多，反之则少，分隔得当，景象万千。隔景可以避免各景区的互相干扰，增加园景构图变化，隔断部分视线及游览路线，使空间"小中见大"。隔景有实隔、虚隔和虚实并用等处理方式。如图1-11所示西楼与古木交柯连接（隔景）。

1）高于人眼高度的石墙、山石林木、构筑物、地形等的分隔为实隔，有完全阻隔视线、限制通过、加强私密性和强化空间领域的作用。

2）被分隔的空间景色独立性强，彼此可无直接联系。漏窗洞缺、空廊花架、可透视线的隔断、稀疏的林木等分隔方式为虚隔。

图 1-10　狮子林中的问梅阁（障景）

图 1-11　西楼与古木交柯连接（隔景）

　　3）此时人的活动受到一定限制，但视线可穿透一部分相邻空间景色，又相互流通和补充延伸感，能给人以向往、探求和期待的意趣。在多数场合中，采用虚实并用的隔景手法，可获得景色情趣多变的景观感受。

　　2. 添景

　　添景是在观景点与远方对景间没有其他前景、中景过渡时，为求对景有丰富的层次，加强景深而增加一些前景的处理手法，添景可用建筑一角或树木花草等。如当人们站在北京颐和园昆明湖岸的垂柳下观赏万寿山远景时，万寿山因为有倒挂的柳丝作为装饰而生动起来。如图 1-12 所示万寿山（添景）。

　　3. 对景

　　位于园林绿地轴线及风景视线端点的景叫对景。为了观赏对景，要选择最精彩的位置，设置供游人休息逗留的场所，作为观赏点，如亭、榭、草地等与景相对。景可以正对，也可以互对，正对是为了达到雄伟、庄严、气魄宏大的效果，在轴线的端点设景点。互对是在园林绿地轴线或风景视线两端点设景点，互成对景。互对景也不一定有非常严格的轴线，可以正对，也可以有所偏离。

图 1-12　万寿山（添景）

4. 借景

大至皇家园林，小至私家园林，空间都是有限的。在横向或纵向上让游人扩展视觉和联想，才可以小见大。有意识地把园外的景物"借"到园内可感受的范围中来称借景，这是扩大景物的深度和广度、丰富游赏内容的主要手法，以有限面积造无限空间，如图 1-13 所示。"借景"这种艺术手法，是中国古典园林突破空间局限、丰富因景的一种传统手法。借景的内容是多方面的，可以借形组景，也可借声组景、借色组景、借香组景等。借景可以是远借、邻借，也可以是仰借、俯借，应时而借。

图 1-13　寄畅园借景惠山（借景）

5. 框景

如图 1-14 所示，框景是指利用门框、窗框、树框、山洞等，有选择地摄取另一空间的优美景色，恰似一幅嵌于镜框中的立体风景画的手法。框景必须设计好入框的对景，"俗则屏之，嘉则收之"，观赏点与景框的距离应保持在景框直径 2 倍以上，视点最好在景框中心。

6. 点景

我国传统园林善于抓住每一处景观特点，根据其性质、用途，结合空间环境的景象和历史，高度概括，常做出形象化、诗意浓、意境深的园林题咏称点景。"片言可以明百意"，题咏不但丰富了景的欣赏内容，增加了诗情画意，点出景的主题，给人以艺术联想，还有宣传装饰和导游的作用。

图 1-14　框景

7. 夹景

夹景是一种带有控制性的构景方式，为了突出优美景色，常将左右两侧贫乏的景观以树丛、树列、土山或建筑物等加以屏障，形成两侧较封闭的狭长空间，这种手法称夹景。夹景是突出对景的方法之一，可以起到障丑显美的作用，增加园景的深远感，同时也可将人的视线和注意力引向计划的景物方向，展示其优美的对象，多运用于河流及道路构图设计中。

8. 漏景

如图 1-15 所示，漏景由框景发展而来，框景景色全现，漏景景色若隐若现，是空间渗透的一种重要方法。

苏州古典园林中，在围墙及廊的侧墙上，常开有许多造型各异的漏窗，来透视园内的景物，使景物时隐时现，造成"犹抱琵琶半遮面"的含蓄意境。漏景的构成可以通过窗景、花墙、通透隔断、石峰疏林等造景要素的处理来实现。疏透处的景物构设，既要考成视点的静态观赏，又要考成移动视点的漏景效果，以丰富景色的闪烁变幻情趣。

图 1-15　漏景

第五节　园林的布局

一、园林构图的规律

1. 统一与变化

园林构图的统一变化，具体表现在对比与调和、韵律节奏、主从与重点、联系与分隔等方面。

（1）对比与调和。对比、调和是艺术构图的一个重要手法，它是运用布局中的某一因素（如体量、色彩等）中，两种程度不同的差异，取得不同艺术效果的表现形式，或者说是利用人的错觉来互相衬托的表现手法，差异程度显著的表现对比，能彼此对照，互相衬托，更加鲜明地突出各自的特点；差异程度较小的表现称为调和，使彼此和谐，互相联系，产生完整的效果。

对比的手法有：形象的对比、体量的对比、方向的对比、开闭的对比、明暗的对比、虚实的对比、色彩的对比、质感的对比等。

（2）韵律节奏。韵律节奏就是艺术表现中某一因素做有规律的重复、有组织的变化。重复是获得韵律的必要条件，只有简单的重复而缺乏有规律的变化，会令人感到单调、枯燥，所以韵律节奏是园林艺术构图多样统一的重要手法之一。

园林绿地构图的韵律节奏方法很多，常见的有：简单韵律、交替的韵律、渐变的韵律、起伏曲折韵律、拟态韵律、交错韵律等。

（3）主从与重点。

1）主与从。园林布局中的主要部分或主体与从属体，一般都是由功能使用要求决定的，从平面布局上看，主要部分常成为全园的主要布局中心，次要部分成为次要的布局中心，次要布局中心既有相对独立性，又要从属于主要布局中心，要能互相联系，互相呼应。

主从关系的处理方法：一是组织轴线，主体位于主要轴线上，或主体位于中心位置或最突出的位置，从而分清主次；二是运用对比手法，互相衬托，突出主体。

2）重点与一般。重点处理常用于园林景物的主体和主要部分，以使其更加突出。常用的处理方法：以重点处理来突出表现园林功能和艺术内容的重要部分，使形式更有力地表达内容，如主要入口及重要的景观、道路和广场等；以重点处理来突出园林布局中的关键部分，如主要道路交叉转折处和结束部分等；以重点处理打破单调，加强变化或取得一定的装饰效果，如在大片草地、水面部分及在边缘或地形曲折起伏处做重点处理等。

（4）联系与分隔。园林绿地都是由若干功能使用要求不同的空间或者局部组成的，它们之间都存在必要的联系与分隔。园林布局中的联系与分隔，是通过组织不同的材料、局部、体形、空间，使它们成为一个完美整体的手段，也是园林布局中取得统一与变化的手段之一。联系与分隔表现在以下几个方面：

1）园林景物的体形和空间组合的联系与分隔。园林景物的体形和空间组合的联系与分隔，主要决定于功能使用的要求，以及建立在这个基础上的园林艺术布局的要求，为了取得联系的效果，常在有关的园林景物与空间之间安排一定的轴线和对应的关系，形成互为对景或呼应，利用园林中的树木种植、土丘、道路、台阶、挡土墙、水面、栏杆等进行联系与分隔。建筑的室内与室外之间的联系与分隔，常用门、窗、园廊、花架、水、山石等建筑处理，把建筑引入庭院，有时也把室外绿地有意识地引入室内，丰富室内景观。

2）立面景观上的联系与分隔。立面景观的联系与分隔，是为了达到立面景观完整的目的。有些园林景物由于使用功能要求不同，形成风格完全不同的部分，容易造成不完整的效果，分隔就是因功能或者艺术要求将整体划分为若干局部，联系是使因功能或艺术要求划分的若干局部组成一个整体。联系与分隔是求得完美统一的园林布局整体的重要手段之一。

所有这些统一与变化的手段，在园林布局中常同时存在、相互作用，必须是综合地而不是孤立地运用上述手段，才能取得统一而又变化的效果。此外，园林布局各部分处理手法也应保持一致性。

2. 比例与尺度

园林绿地是由园林植物、园林建筑、园林道路、园林水体、山、石等组成的，它们之间都有一定的比例与尺度关系。比例包含两方面的意义：一方面是指园林景物、建筑整体或者它们的某个局部构件本身的长、宽、高之间的大小关系；另一方面是园林景物、建筑物的整体与局部或局部与局部之间空间形体、体量大小的关系。园林绿地构图的比例与尺度都要以使用功能和自然景观为依据。

3. 比拟与联想

园林艺术不能直接描写或者刻画生活中的人物与事件的具体形象，运用比拟联想的手法显得更为重要。园林构图中运用比拟联想的方法有如下几种：

(1) 概括名山大川的气质，模拟自然山水风景，创造"咫尺山林"的意境，使人有"真山真水"的感受，联想到名山大川、天然胜地。若处理得当，使人面对着园林的小山小水产生"一峰则太华千寻，一勺则江湖万里"的联想，这是以人力巧夺天工的"弄假成真"。

(2) 运用植物的姿态、特征，给人以不同的感染，产生比拟联想。如"松、竹、梅"有"岁寒三友"之称，"梅、兰、竹、菊"有"四君子"之称，在园林绿地中适当运用，增加意境。

(3) 运用园林建筑、雕塑造型产生的比拟联想，如蘑菇亭、月洞门、水帘洞等。

(4) 遗址仿古产生的联想。

(5) 风景题名题咏对联匾额、摩崖石刻所产生的比拟联想。题名、题咏、题诗能丰富人们的联想，提高风景游览的艺术效果。

4. 均衡与稳定

由于园林景物是由一定的体量的不同材料组成的实体，因而常常表现出不同的重量感，探讨均衡与稳定的原则，是为了获得园林布局的整体和安全感。稳定是指园林布局整体上下、轻重的关系而言。均衡是指园林布局中的部分与部分的相对关系。

(1) 均衡。园林布局中要求园林景物的体量关系符合人们在日常生活中形成的平衡安定的概念，所以除少数动势造景外（如悬崖、峭壁等），一般艺术构图都力求均衡。均衡可分为对称均衡和非对称均衡。

1) 对称均衡。如图 1-16 所示，对称均衡是有明确的轴线，在轴线左右完全对称。对称均衡布局常给人庄重严整的感觉，规则式的园林绿地中采用较多，如纪念性园林，公共建筑的前庭绿化等。

图 1-16　对称均衡

2) 不对称均衡。在园林绿地的布局中，由于受功能、组成部分、地形等各种复杂条件制约，往往很难也没有必要做到绝对对称形式，在这种情况下常采用不对称均衡的手法，如图 1-17 所示。

对称均衡的布局要综合衡量园林绿地构成要素的虚实、色彩、质感、疏密、线条、体形、数量等给人产生的体量感觉，切忌单纯考虑平面的构图。

图 1-17 不对称均衡

（2）稳定。园林布局中的稳定是指对园林建筑、山石和园林植物等上下、大小所呈现的轻重感的关系而言。在园林布局上，往往在体量上采用由下向上逐渐缩小的方法来取得稳定坚固感，如我国古典园林中的塔和阁等；另外在园林建筑和山石处理上也常利用材料、质地给人的不同重量感来获得稳定感，如在建筑的基部墙面多用粗石和深色进行表面处理，而上层部分采用较光滑或色彩较浅的材料，在土山带石的土丘上，也往往把山石设置在山麓部分而给人以稳定感。

二、园林空间的分隔联系及组织

1. 园林空间的分隔联系

（1）以地形地貌分隔联系空间。只有在复杂多变的地形地貌上才能产生变幻莫测的空间形态，创造富有韵律的天际线和丰富的自然景观。如果绿地本身的地形地貌比较复杂，变化较大，宜因地制宜、因势利导地利用地形地貌划分空间，效果良好。如果是平地、低洼地，应注意改造地形，使地形有起伏变化，以利于空间分隔和绿地排水，并为各种植物创造良好的生长条件，丰富植被景观。

（2）以道路分隔联系空间。在园林内以道路为界限划分成若干空间，每个空间各具景观特色，例如道路可以划分出草坪、疏林、密林、游乐区等不同空间，同时道路又成为联系空间的纽带。

（3）利用植物材料分隔联系空间。园林中，利用植物材料分隔联系空间，尤其是利用乔灌木范围的空间可不受任何几何图形的制约，随意性很大。若干个大小不同的空间通过乔木树空隙相互渗透，使空间既隔又连，欲隔不隔，层次深邃，意味无穷。

（4）以建筑物和构筑物分隔联系空间。在古典园林中习惯用云墙或龙墙、廊、花架、假山、桥、厅、堂、楼、阁、轩、榭等园林建筑以及它们的组合形式分隔空间，但同时又利用门、洞、窗等取得空间的渗透与流动。

2. 园林空间的组织

园林空间组织的目的是：首先在满足使用功能的基础上，运用各种艺术构图的规律创造既突出主题，又富于变化的园林风景；其次是根据人的视觉特性创造良好的景物观赏条件，使一定的景物在一定的空间里获得良好的观赏效果，适当处理观赏点与景物的关系。

（1）导游线。导游线顾名思义，是引导游人游览观赏的路线，可理解为一条或多条交通线路，但与交通路线又不完全相同，导游线要同时解决交通问题和组织风景视线以及造景。导游线的布置不是简单地将各景点，景区联系在一起，而是有整体的系统结构和艺术程序。

导游线的组织，在水景区一般多作环水布置，在山林区则多沿山脊或山谷走向。导游线忌直通、忌方向重复、忌分支过多，一般为环形布置、分支均衡、自成循环体系园林绿地的景点、景区，在展现风景的过程中，通常有三段式和二段式两种：

三段式：序景——起景——发展——转折——高潮——转折——收缩——结景——尾景。

两段式：序景——起景——发展——转折——高潮（结景）——尾景。

风景视线是紧密联系的，要求有戏剧性的安排、音乐般的节奏，既有起景、高潮、结景空间，又有过渡空间，使空间主次分明，开、闭、聚适当，大小尺度相宜。

（2）空间的转折。空间转折有急转与缓转之分。在规则式园林空间中常用急转，如在主轴线与副轴线的交点处。在自然式园林空间中常用缓转，缓转有过渡空间，如在室内外空间之间设有空廊、花架之类的过渡。

（3）连续风景序列布局。园林绿化景观是由许多局部构图组成的，这些局部景观，经一定游览路线连贯起来时，局部与局部之间的对比、起伏曲折、反复、空间的开合、过渡、转化等连续方式与节奏是与观赏者的视点运动联系起来。这种随着游人的运动而变化的风景布局，称为风景序列布局。风景序列的布局方法如下：

1）风景序列的连续方式与节奏，包括断续、起伏曲折、反复、空间的开合。如图1-18所示园林中水体空间的开合变化示例。

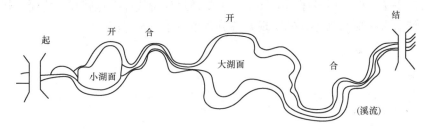

图1-18 园林中水体空间的开合变化示例

2）风景序列的主调、基调、配调、转调。如图1-19所示公园入口区绿化基调、主调、配调、转调示例。

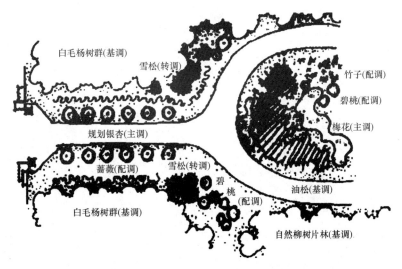

图1-19 公园入口区绿化基调、主调、配调、转调示意

　　3）连续序列布局的分段及其发生、发展和结束。如图1-20所示园林空间序列的断续起伏示例。

图1-20　园林空间序列的断续起伏示例

　　（4）动态景观。景观是供游览观赏的，游览方式不同，则景观效果各异。视距与视点的变化使所感受到的观景效果不同，同一景观能给人以众多的感受。动态景观的表现可从空中游览、园外游览和游园三方面展开。空中游览具有视野广阔、整体感强和地面分辨率高的特点，可以使游览者感受到游园中的每一个组成部分，景观组织越丰富，俯视效果越好；通过园外游览，可以观察园林绿地的体量、轮廓、天际线，连续而有节奏，丰富而有整体感，通过在两条道路上的移动，使游览者可以观察立面景观，并可感受到连续风景序列中连续、起伏曲折的布局手法；园林风景序列的展示，主要通过导游线即游览路线，它是连接各个风景区的纽带，使游人按照风景序列的展现，游览各个风景点和景区。

第二章 园林植物景观规划

第一节 中国园林植物的筛选及分布

一、园林植物的筛选

1. 筛选原则

（1）健康生存原则。待选园林植物在目标应用地能够正常表达优良性状，健康生长，完成生活史。

（2）改善环境原则。待选园林植物能够美化目标应用地人居环境，通过丰富和优化园林景观、提升绿地生态功能，使城镇环境质量得到提升。

（3）生态安全原则。待选园林植物不会对目标应用地物种多样性、生态系统稳定性、居民健康和社会经济造成负面影响。

2. 筛选方法

（1）一般要求。野生植物调查方法应按《野生植物资源调查技术规程》（LY/T 1820）的规定执行；栽培植物调查方法应按 LY/T 1820 的附录 A 执行。区域筛选法应用于大范围、一般性初步筛选。层次分析法应用于具体植物种的精确筛选。

（2）区域筛选法。根据目标应用地地理位置与待选园林植物分布区域之间的关系进行筛选，待选园林植物分布区域见表 2-5。当目标应用地地理位置处于待选园林植物分布区域之内，且海拔高差小于 500m 时，则应从本园林植物区筛选；海拔高差大于 500m 时，木本植物按照《林木引种》（GB/T 14175）筛选，草本植物按照《草种引种技术规范》（NY/T 1576）筛选。当目标应用地地理位置处于待选园林植物分布区域边缘，且海拔高差小于 500m 时，则应从目标应用地所处园林植物亚区及相邻亚区筛选；海拔高差大于 500m 时，木本植物按照 GB/T 14175 筛选，草本植物按照 NY/T 1576 筛选。当目标应用地地理位置处于待选园林植物分布区域之外，木本植物按照 GB/T 14175 筛选，草本植物按照 NY/T 1576 筛选。

（3）层次分析法。根据对植物各层次指标的半定量评价结果进行筛选、层次指标设置。层次分析法模式如图 2-1 所示。

（4）总评分按式（2-1）计算。

$$T = \sum Pi \tag{2-1}$$

式中　T——总评分，范围 0～100 分；

　　　P——层次指标分，范围 0～4 分；

　　　i——指标序号，范围 1～25。

（5）不同生活型的植物筛选层次指标分值应按以下要求进行确定：

1）乔木筛选层次指标评分标准应符合表 2-1 的规定；

2）灌木筛选层次指标评分标准应符合表 2-2 的规定；

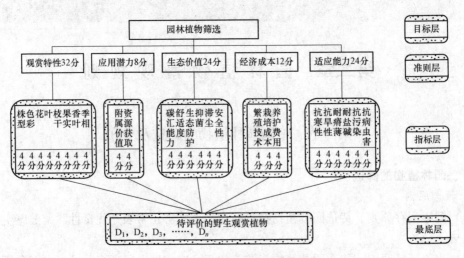

图 2-1　层次分析法模式图

3）藤本筛选层次指标评分标准应符合表 2-3 的规定；

4）草本筛选层次指标评分标准应符合表 2-4 的规定。

表 2-1　　　　　　　　　　　　　乔木筛选层次指标评分标准

观赏特性	分值				
	4	3	2	1	0
株型	形体奇伟，树冠广茂，冠形严整，枝繁叶茂	形体伟岸，树冠规整，枝叶茂密	树冠成形，枝叶较多，分枝不齐	枝叶疏散，树冠松散，不太成形	没有成形树冠，枝叶稀疏
色彩季相	色彩明艳，季相变化丰富，观赏期长	色彩淡雅，季相变化丰富，观赏期长	色彩随季节韵律有所变化，可以观赏	可以有两季观赏期	只有一季观赏期
花	花朵鲜艳，色纯，花序集中，花序大，花量多	花朵鲜艳，花序集中，花序大，花量多	花色明丽，单朵花型别致或数量繁多	花比较醒目	花不醒目或无可见花
叶	叶形奇特，颜色醒目，质感悦人，观赏期长，群体效果好	叶形奇特，颜色醒目，观赏期长	叶生长茂盛，颜色醒目	叶生长茂盛	叶生长孱弱、暗淡
果	果色鲜艳，果形奇特，个体硕大或数量繁多	果色鲜艳，个体硕大或数量繁多	果色鲜艳，比较醒目	果实有一定观赏价值	果实无观赏价值，容易造成环境污染
枝干	树干长势健壮，光滑或带有明显纹路；或具彩色；或具明显附属物	树干长势健壮，枝干颜色醒目，皮部色彩质地奇特	树干形状独特，枝干颜色、纹理醒目	树干有弯曲，枝条布局独特、线条优美茎干颜色吸引人	树干不成形，枝条稀疏零落
香味	宜人芳香	香	淡香	无香味	有异味

续表

观赏特性	分值				
	4	3	2	1	0
根	造型独特，具有极高观赏性和意境美	造型奇特，具有较高观赏价值	造型具有一定趣味性	尚可观赏	看不到

生态价值	分值				
	4	3	2	1	0
碳汇能力	绿色期较当地大多数植物长，光合作用速率高	绿色期较多数当地植物长，光合作用速率较高	绿色期在当地植物中居中，光合作用速率较高	绿色期较多数当地植物短，光合作用速率较低	绿色期较大多数当地植物短，光合作用速率低
舒适度	增加人体舒适度效果很明显	增加人体舒适度效果明显	有一些效果	效果不明显	没有效果
生态防护	保持水土、防风、遮阴、降噪等综合能力很强	综合生态防护能力强	其中一种生态防护能力强	没有突出生态防护能力	生态防护能力弱
抑菌	极强	强	较明显	弱	很弱
滞尘	大量滞留空气颗粒物，未影响观赏价值	滞留空气颗粒物较多，未影响观赏价值	滞留空气颗粒物较多，对观赏价值略有影响	滞留空气颗粒物较少，随降水进入土壤	滞留空气颗粒物较少，易形成二次降尘
安全性	高度安全，可赏可食	安全，无生物污染	较安全，少量生物污染	生物污染，轻度不良生态效应	有毒，造成生态破坏

适应能力	分值				
	4	3	2	1	0
抗寒性	很强	强	无明显寒害冻害	轻微受寒害冻害	严重受害
抗旱性	很强	强	短期缺水，未致顶芽永久萎蔫	不耐干旱	要求严格的湿润条件
耐瘠薄	广泛适应城镇困难立地	适应城镇困难立地	体积占30%土壤侵入体未明显影响生长	喜肥沃	肥力条件要求严格
耐盐碱	极其耐盐碱	耐盐碱	土壤含盐量0.3%、pH值为8左右时，仍然能生长	不耐盐碱	酸性土壤条件下方能生长
抗污染	抗污染能力强，可以吸收污染物	对污染物有较强耐受性	未明显影响外貌特征	不耐污染	对污染物高度敏感
抗病虫害	抗病虫害能力强，极其少见病虫害危害	抵抗病虫害能力较强，病虫害偶有发生	未见明显病虫害	抵御病虫害能力不强，常有病虫害发生	极其容易受到病虫害危害，需要特殊保护

续表

应用潜力	分值				
	4	3	2	1	0
资源获取	分布极广，很容易获取	广泛分布，容易获取	呈斑块分布，需要付出少量人力物力	分布狭窄，较难获取	属于极小种群，很难获取
附属价值	重要资源植物，文化内涵突出	多重潜在价值，有文化内涵	某方面有突出经济价值	附属价值较小	没有明显附属价值

经济成本	分值				
	4	3	2	1	0
繁殖技术	播种等多种方式、繁殖简捷	可以大田扦插繁殖	设施条件下扦插繁殖	嫁接繁殖	组织培养
栽培成本	低廉	比较低	适中	按一定规程规范栽培，成本较高	栽培工艺独特，成本高
养护费用	无需养护	简单养护	常规养护	精细养护	重点特殊养护

表 2-2　　　　　　　　　　　　灌木筛选层次指标评分标准

观赏特性	分值				
	4	3	2	1	0
株型	树冠自然丰满，分枝稠密、花繁叶茂	树冠自然丰满，分枝均匀、枝叶生长旺盛	树冠无明显缺陷，分枝均匀	树冠外形出现偏冠、倾斜或缺损，枝条分布不均匀	树冠不成形，枝条稀疏
色彩季相	色彩明艳，季相变化丰富，观赏期长	色彩淡雅，季相变化丰富，观赏期长	色彩随季节韵律有所变化，可以观赏	可以有两季观赏期	只有一季观赏期
花	花朵鲜艳，色纯，花序集中，花序大，花量多	花朵鲜艳，花序集中，花序大，花量多	花色明丽，单朵花型别致或数量繁多	花比较醒目	花不醒目或无可见花
叶	叶形奇特，颜色醒目，质感悦人，观赏期长，群体效果好	叶形奇特，颜色醒目，观赏期长	叶生长茂盛，颜色醒目	叶生长茂盛	叶生长孱弱、暗淡
果	果色鲜艳，果形奇特，个体硕大或数量繁多	果色鲜艳，个体硕大或数量繁多	果色鲜艳，比较醒目	果实有一定观赏价值	果实无观赏价值，容易造成环境污染
枝干	生长旺盛，无病虫害，单干灌木主干明显直立；丛生灌木枝条5条以上，分布合理均匀	生长旺盛，少病虫害，单干灌木主干明显直立；丛生灌木枝条4条以上，分布合理均匀	生长旺盛，有少量病斑或虫蛀痕迹，单干灌木主干明显直立；丛生灌木枝条3条以上，分布合理均匀	有病斑或虫蛀痕迹，单干灌木主干明显，稍弯曲直立；丛生灌木枝条3条	有病斑或虫蛀痕迹，单干灌木主干扭曲，丛生灌木枝条3条以下
香味	宜人芳香	香	微香	无香味	有异味

续表

观赏特性	分值				
	4	3	2	1	0
根	造型独特,具有极高观赏性和意境美	造型奇特,具有较高观赏价值	造型具有一定趣味性	尚可观赏	看不到

生态价值	分值				
	4	3	2	1	0
碳汇能力	绿色期较当地大多数植物长,光合作用速率高	绿色期较多数当地植物长,光合作用速率较高	绿色期在当地植物中居中,光合作用速率高	绿色期较多数当地植物短,光合作用速率较低	绿色期较大多数当地植物短,光合作用速率低
舒适度	增加人体舒适度效果很明显	增加人体舒适度效果明显	有一些效果	效果不明显	没有效果
生态防护	保持水土、防风、遮阴、降噪等综合能力很强	综合生态防护能力强	其中一种生态防护能力强	没有突出生态防护能力	生态防护能力弱
抑菌	极强	强	较明显	弱	很弱
滞尘	大量滞留空气颗粒物,未影响观赏价值	滞留空气颗粒物较多,未影响观赏价值	滞留空气颗粒物较多,对观赏价值略有影响	滞留空气颗粒物较少,随降水进入土壤	滞留空气颗粒物较少,易形成二次降尘
安全性	高度安全,可赏可食	安全,无生物污染	较安全,少量生物污染	生物污染,轻度不良生态效应	有毒,造成生态破坏

适应能力	分值				
	4	3	2	1	0
抗寒性	很强	强	无明显寒害冻害	轻微受寒害冻害	严重受害
抗旱性	很强	强	短期缺水,未致顶芽永久萎蔫	不耐干旱	要求严格的湿润条件
耐瘠薄	广泛适应城镇困难立地	适应城镇困难立地	体积占30%土壤侵入体未明显影响生长	喜肥沃	肥力条件要求严格
耐盐碱	极其耐盐碱	耐盐碱	土壤含盐量0.3%、pH值为8左右时,仍然能生长	不耐盐碱	酸性土壤条件下方能生长
抗污染	抗污染能力强,可以吸收污染物	对污染物有较强耐受性	未明显影响外貌特征	不耐污染	对污染物高度敏感
抗病虫害	抗病虫害能力强,极少见病虫害危害	抵抗病虫害能力较强,病虫害偶有发生	未见明显病虫害	抵御病虫害能力不强,常有病虫害发生	极其容易受到病虫害危害,需要特殊保护

续表

应用潜力	分值				
	4	3	2	1	0
资源获取	分布极广，很容易获取	广泛分布，容易获取	呈斑块分布，需要付出少量人力物力	分布狭窄，较难获取	属于极小种群，很难获取
附属价值	重要资源植物，文化内涵突出	多重潜在价值，有文化内涵	某方面有突出经济价值	附属价值较小	没有明显附属价值

经济成本	分值				
	4	3	2	1	0
繁殖技术	播种等多种方式、繁殖简捷	可以大田扦插繁殖	保护地扦插繁殖	嫁接繁殖	组织培养
栽培成本	低廉	比较低	适中	按一定规范规程栽培，成本较高	栽培工艺独特，成本高
养护费用	无需养护	简单养护	常规养护	精细养护	重点特殊养护

表 2 - 3   **藤本筛选层次指标评分标准**

观赏特性	分值				
	4	3	2	1	0
株型	具有攀缘能力，枝繁叶茂，花果俱佳，无刺	无攀缘能力，枝繁叶茂，花果俱佳	枝繁叶茂，可观花	枝繁叶茂，可观果	形态适中，有刺
色彩季相	色彩明艳，季相变化丰富，观赏期长	色影淡雅，季相变化丰富，观赏期长	色彩随季节韵律有所变化，可以观赏	可以有两季观赏期	只有一季观赏期
花	花朵鲜艳，色纯，花序集中，花序大，花量多	花朵鲜艳，花序集中，花序大，花量多	花色明丽，单朵花型别致或数量繁多	花比较醒目	花不醒目或无可见花
叶	叶形奇特，颜色醒目，质感悦人，观赏期长，群体效果好	叶形奇特，颜色醒目，观赏期长	叶生长茂盛，颜色醒目	叶生长茂盛	叶生长孱弱、暗淡
果	果色鲜艳，果形奇特，个体硕大或数量繁多	果色鲜艳，个体硕大或数量繁多	果色鲜艳，比较醒目	果实有一定观赏价值	果实无观赏价值，容易造成环境污染
枝干	藤茎生长健壮，分布繁密，依靠卷须独立攀缘	藤茎生长强旺，依靠吸附器官独立攀缘	藤茎生长快，茎叶比较繁茂，通过缠绕方式攀缘	藤茎生长迅速，单位空间绿量大，依靠钩刺攀附	藤茎生长羸弱，茎叶稀疏，没有独立攀缘能力
香味	宜人芳香	香	微香	无香味	有异味
根	造型独特，具有极高观赏性和意境美	造型奇特，具有较高观赏价值	造型具有一定趣味性	尚可观赏	看不到

续表

生态价值	分值				
	4	3	2	1	0
碳汇能力	绿色期较当地大多数植物长，光合作用速率高	绿色期较多数当地植物长，光合作用速率较高	绿色期在当地植物中居中，光合作用速率较高	绿色期较多数当地植物短，光合作用速率较低	绿色期较大多数当地植物短，光合作用速率低
舒适度	增加人体舒适度效果很明显	增加人体舒适度效果明显	有一些效果	效果不明显	没有效果
生态防护	保持水土、自然地貌及建筑物立体防护等综合能力很强	综合生态防护能力强	其中一种生态防护能力强	没有突出生态防护能力	生态防护能力弱
抑菌	极强	强	较明显	弱	很弱
滞尘	大量滞留空气颗粒物，未影响观赏价值	滞留空气颗粒物较多，未影响观赏价值	滞留空气颗粒物较多，对观赏价值略有影响	滞留空气颗粒物较少，随降水进入土壤	滞留空气颗粒物较少，易形成二次降尘
安全性	高度安全，可赏可食	安全，无生物污染	较安全，吸盘、卷须、茎叶等对损伤支撑物	生物污染，对攀援或缠绕生物造成绞杀	有毒，造成生态破坏

适应能力	分值				
	4	3	2	1	0
抗寒性	很强	强	无明显寒害冻害	轻微受寒害冻害	严重受害
抗旱性	很强	强	短期缺水，未致顶芽永久萎蔫	不耐干旱	要求严格的湿润条件
耐瘠薄	广泛适应城镇困难立地	适应城镇困难立地	体积占30%土壤侵入体未明显影响生长	喜肥沃	肥力条件要求严格
耐盐碱	极其耐盐碱	耐盐碱	土壤含盐量0.3%、pH值为8左右时，仍然能生长	不耐盐碱	酸性土壤条件下方能生长
抗污染	抗污染能力强，可以吸收污染物	对污染物有较强耐受性	未明显影响外貌特征	不耐污染	对污染物高度敏感
抗病虫害	抗病虫害能力强，极其少见病虫危害	抵抗病虫害能力较强，病虫害偶有发生	未见明显病虫害	抵御病虫害能力不强，常有病虫害发生	容易受到有害生物危害或寄居，成为传播媒介

应用潜力	分值				
	4	3	2	1	0
资源获取	分布极广，很容易获取	广泛分布，容易获取	呈斑块分布，需要付出少量人力物力	分布狭窄，较难获取	属于极小种群，很难获取

续表

应用潜力	分值				
	4	3	2	1	0
附属价值	重要资源植物，文化内涵突出	多重潜在价值，有文化内涵	某方面有突出经济价值	附属价值较小	没有明显附属价值

经济成本	分值				
	4	3	2	1	0
繁殖技术	播种等多种方式、繁殖简捷	可以大田茎段扦插、压条繁殖	保护地扦插繁殖	嫁接繁殖	组织培养
栽培成本	低廉	比较低	适中	按一定规范规程栽培，成本较高	栽培工艺独特，成本高
养护资用	无需养护	简单养护	常规养护	精细养护	重点特殊养护

表 2-4　　　　草本筛选层次指标评分标准

观赏特性	分值				
	4	3	2	1	0
株型	直立紧凑，枝叶集中	植株较为紧凑，枝叶比较集中	茎叶松散	茎叶疏散，茎干倒伏	没有固定形态
色彩季相	色彩明艳，季相变化丰富，观赏期长	色彩淡雅，季相变化丰富，观赏期长	色彩随季节韵律有所变化，可以观赏	色彩普通，具有一定变化	色彩暗淡，观赏期短
花	花朵鲜艳，色纯，花序集中，花序大，花量多	花朵鲜艳，花序集中，花序大，花量多	花色明丽，单朵花型别致或数量繁多	花比较醒目	花不醒目或无可见花
叶	叶形奇特，颜色醒目，质感悦人，观赏期长，群体效果好	叶形奇特，颜色醒目，观赏期长	叶生长茂盛，颜色醒目	叶生长茂盛	叶生长孱弱、暗淡
果	果色鲜艳，果形奇特，个体硕大或数量繁多	果色鲜艳，个体硕大或数量繁多	果色鲜艳，比较醒目	果实有一定观赏价值	果实无观赏价值，容易造成环境污染
枝干	茎干颜色醒目，皮部色彩质地奇特	茎干颜色、纹理醒目	茎干颜色吸引人	茎干适中	茎干颜色暗淡陈旧，没有观赏价值
香味	宜人芳香	香	微香	无香味	有异味
根	造型独特，具有极高观赏性和意境美	造型奇特，具有较高观赏价值	造型具有一定趣味性	尚可观赏	看不到

生态价值	分值				
	4	3	2	1	0
碳汇能力	绿色期较当地大多数植物长，光合作用速率高	绿色期较多数当地植物长，光合作用速率较高	绿色期在当地植物中居中，光合作用速率较高	绿色期较多数当地植物短，光合作用速率较低	绿色期较大多数当地植物短，光合作用速率低
舒适度	增加人体舒适度效果很明显	增加人体舒适度效果明显	有一些效果	效果不明显	没有效果

续表

生态价值	分值				
	4	3	2	1	0
生态防护	保持水土、利于城镇低影响开发	综合生态防护能力强	其中一种生态防护能力强	没有突出生态防护能力	生态防护能力弱
抑菌	极强	强	较明显	弱	很弱
滞尘	大量滞留空气颗粒物，未影响观赏价值	滞留空气颗粒物较多，未影响观赏价值	滞留空气颗粒物较多，对观赏价值略有影响	滞留空气颗粒物较少，随降水进入土壤	滞留空气颗粒物较少，易形成二次降尘
安全性	高度安全，可赏可食	安全，无生物污染	较安全，少量生物污染	生物污染，轻度不良生态效应	有毒，造成生态破坏

适应能力	分值				
	4	3	2	1	0
抗寒性	很强	强	无明显寒害冻害	轻微受寒害冻害	严重受害
抗旱性	很强	强	短期缺水，未致顶芽永久萎蔫	不耐干旱	要求严格的湿润条件
耐瘠薄	广泛适应城镇困难立地	适应城镇困难立地	体积占30%土壤侵入体未明显影响生长	喜肥沃	肥力条件要求严格
耐盐碱	极其耐盐碱	耐盐碱	土壤含盐量0.3%、pH值为8左右时，仍然能生长	不耐盐碱	酸性土壤条件下方能生长
抗污染	抗污染能力强，可以吸收污染物	对污染物有较强耐受性	未明显影响外貌特征	不耐污染	对污染物高度敏感
抗病虫害	抗病虫害能力强，极其少见病虫危害	抵抗病虫害能力较强，病虫害偶有发生	未见明显病虫害	抵御病虫害能力不强，常有病虫害发生	极其容易受到病虫害危害，需要特殊保护

应用潜力	分值				
	4	3	2	1	0
资源获取	分布极广，很容易获取	广泛分布，容易获取	呈斑块分布，需要付出少量人力物力	分布狭窄，较难获取	属于极小种群，很难获取
附属价值	重要资源植物，文化内涵突出	多重潜在价值，有文化内涵	某方面有突出经济价值	附属价值较小	没有明显附属价值

经济成本	分值				
	4	3	2	1	0
繁殖技术	播种等多种方式、繁殖简捷	可以大田茎段或根段营养繁殖	保护地茎段或根段繁殖	分株繁殖	组织培养
栽培成本	低廉	比较低	适中	按一定规范规程栽培，成本较高	栽培工艺独特，成本高
养护费用	无需养护	简单养护	常规养护	精细养护	重点特殊养护

（6）筛选等级应按以下规定进行划分：

1）一级为优，90～100 分。观赏价值高，生态防护功能强，具有广泛的逆境适应能力，尚未经过人工栽培，开发应用潜力巨大，繁育栽培容易。

2）二级为良，75～89 分。观赏价值较高，生态防护功能较强，具有比较广泛的逆境适应能力，开发应用潜力较大，繁育栽培仅需常规技术。

3）三级为中，60～74 分，可以选择。根据计划园林植物应用数量和规模酌情选择。观赏价值尚可，生态防护功能适中，对逆境有一定适应能力，具有一定园林应用潜力，繁育栽培一般不需要特殊技术措施。

4）四级为差，0～59 分。无公认防护能力、植株有外貌缺陷，部分器官有毒或者致人体过敏的附属物，有特殊环境要求，可能引起不良生态后果，园林应用潜力不大，繁育栽培成本高。

3. 应用

（1）在园林绿化应用时应对中选植物的观赏价值、适应性等关键指标进行限定。

（2）公园绿地应选择观赏价值不低于 25 分、生态价值不低于 7 分，且安全性高于 1 分的中选植物。

（3）防护绿地应选择生态价值不低于 7 分，且生态防护指标高于 1 分的中选植物；其中应用于重要生态景观廊道的观赏价值宜不低于 22 分。

（4）生产绿地应选择应用潜力不低于 5 分且经济成本不低于 8 分的中选植物。附属绿地应选择安全性指标高于 1 分的中选植物，其中应用于工业绿地的滞尘指标宜高于 1 分。

（5）风景名胜区、水源保护区、郊野公园、森林公园、自然保护区、风景林地、城市绿化隔离带、野生动植物园、湿地、垃圾填埋场恢复绿地应选择适应能力不低于 15 分且生态价值不低于 15 分的中选植物。

二、园林植物的分布情况

中国园林植物选择区域范围参见表 2 - 5。

表 2 - 5　　　　　　　　　　　　　中国园林植物分布

园林植物区	地理位置	园林植物亚区			
		亚区名称	北纬/°	东经/°	所属省区
寒温带园林植物区	大兴安岭北部及其支脉伊勒呼里山	大兴安岭北部	53.75～49.17	122.00～127.00	黑龙江
		大兴安岭	52.23～46.23	119.17～126.13	内蒙古
温带园林植物区	南端以宽甸至本溪一线为界，北部到黑龙江省东部小兴安岭山地	小兴安岭	50.50～45.80	124.57～131.05	黑龙江
		牡丹江	48.44～43.50	127.00～135.05	黑龙江
		嫩江平原	48.55～45.14	122.42～127.70	黑龙江
		吉西平原	46.29～43.15	121.50～125.76	吉林
		吉林中部	45.15～42.30	124.18～127.84	吉林
		长白山	44.70～42.23	125.27～131.29	吉林
		辽东山地	43.00～40.15	123.38～125.88	辽宁
		辽河平原	43.48～40.57	121.57～124.40	辽宁
		辽西	43.00～40.15	118.85～122.20	辽宁

园林植物区	地理位置	园林植物亚区			
		亚区名称	北纬/°	东经/°	所属省区
北暖温带园林植物区	辽东半岛，北京、天津、河北中北部，山西省恒山到兴县一线。东到渤海，西达陕北黄土高原	辽东半岛	41.23～38.76	119.67～124.51	辽宁
		燕山	41.60～39.40	113.90～119.63	河北
		天津	40.15～39.46	116.84～118.29	天津
		滦河平原	40.38～39.05	116.76～119.80	河北
		北京	41.00～39.46	115.43～117.66	北京
		冀中	39.62～37.53	114.37～118.00	河北
		东太行山	39.72～36.06	113.45～115.75	河北
		西太行山	39.43～35.28	112.75～114.48	山西
		晋中山地	39.22～35.54	110.36～113.33	山西
		鲁北	38.30～35.78	115.27～119.13	山东
		陕北	38.23～34.66	107.25～110.78	陕西
南暖温带园林植物区	华北南部、黄河中下游地区。包括山东南部、江苏和安徽的北部、河南和山西的南部以及甘肃东部	太行山南部	36.38～34.79	112.05～114.23	河南
		冀南	38.01～36.06	114.23～116.26	河北
		胶东半岛	38.52～35.05	118.77～122.75	山东
		沂蒙山区	36.81～34.36	116.26～119.48	山东
		鲁西南	36.20～34.54	114.82～117.39	山东
		豫北平原	36.24～34.82	112.63～116.08	河南
		晋南	37.34～34.57	110.26～113.23	山西
		豫西山地	35.07～32.92	110.33～113.47	河南
		豫东平原	35.00～31.80	112.43～116.64	河南
		淮北	34.64～32.48	114.89～118.16	安徽
		苏北	34.11～31.67	116.37～120.35	江苏
		渭河平原	35.42～34.01	106.34～110.54	陕西
		秦岭	34.50～32.94	105.92～111.05	陕西
		天水	35.16～34.01	104.58～106.73	甘肃
北亚热带园林植物区	北界沿秦岭分水岭至伏牛山主脉南侧，转向东南，沿淮河主流至黄海；南界沿大巴山脉分水岭向东南，经神农架南坡沿长江抵达东海；西界起自甘肃白龙江上游及四川松潘	苏中	34.11～31.67	118.22～121.92	江苏
		淮南	33.23～30.46	115.86～119.22	安徽
		鄂西山地	33.26～30.67	109.38～112.20	湖北
		豫南大别山地	33.01～31.21	111.24～115.92	河南
		皖西大别山地	31.84～30.14	115.38～116.06	安徽
		鄂北大别山地	32.52～30.32	111.85～116.06	湖北
		江汉平原	32.30～29.71	111.27～115.84	湖北
		汉中	33.58～31.77	105.51～110.19	陕西
		甘东南	33.69～32.59	102.39～109.22	甘肃

园林植物区	地理位置	园林植物亚区			
		亚区名称	北纬/°	东经/°	所属省区
中亚热带园林植物区	南界东自福建三沙湾，经广东龙川、广西柳州，至泸水；东起长江口南岸，经太湖北缘，沿长江北岸的黄陂到神农架南坡，越过大巴山山脊；西至川西高原南缘	苏南	32.34～30.78	118.33～121.30	江苏
		上海	31.86～30.62	120.94～122.12	上海
		皖南	31.77～29.41	116.03～119.62	安徽
		浙西	31.17～28.68	118.00～120.00	浙江
		浙北	28.91～31.01	118.92～122.90	浙江
		浙南	29.14～27.13	118.70～122.20	浙江
		闽北	28.30～26.39	116.49～120.41	福建
		闽中	27.19～24.60	115.83～120.45	福建
		赣北	30.11～28.12	113.93～118.44	江西
		赣中	28.64～26.39	113.59～118.32	江西
		赣南	26.59～24.49	113.88～116.64	江西
		鄂南	30.57～29.04	111.47～115.50	湖北
		湘北	29.89～27.96	111.16～114.28	湖南
		湘中	28.88～26.43	110.36～113.89	湖南
		湘南	26.61～24.67	110.95～114.18	湖南
		粤北山地	25.54～23.66	111.85～115.55	广东
		鄂西南武陵山	31.06～29.11	108.35～111.60	湖北
		湘西武陵山	30.14～27.00	108.27～111.60	湖南
		渝东南武陵山	30.39～28.21	107.42～109.29	重庆
		黔东北武陵山	29.10～26.37	107.32～109.43	贵州
		黔北	29.16～26.00	103.59～108.06	贵州
		滇北高原	28.64～25.68	102.13～105.33	云南
		黔东南	27.15～25.11	107.06～109.51	贵州
		湘西南	27.28～25.95	109.27～111.63	湖南
		桂北	26.14～23.70	106.78～112.24	广西
		融江	26.38～24.25	107.42～111.28	广西
		横断山地	32.54～26.86	93.01～99.01	西藏
		川北	32.91～30.80	102.39～109.22	四川
		川西	34.29～28.18	97.34～104.54	四川
		四川盆地	31.60～28.43	102.21～108.33	四川
		长江三峡	31.74～29.82	107.06～110.13	重庆
		川南	29.41～25.96	100.04～106.36	四川
		滇东	24.73～22.45	102.85～106.21	云南
		桂西	25.20～22.92	104.49～106.98	广西
		滇中高原盆地	27.00～22.81	99.06～104.69	云南
		雅鲁藏布江中下游	31.31～27.99	87.08～97.08	西藏
		滇西山地	29.21～24.31	97.57～101.15	云南

园林植物区	地理位置	园林植物亚区			
		亚区名称	北纬/°	东经/°	所属省区
南亚热带园林植物区	东起至台湾岛中北部及其附属海岛,经福建南部,广东、广西、贵州,云南的中南部。金沙江、雅砻江、元江等河谷地带	台湾北部	25.32～22.74	120.06～122.00	台湾
		闽南	26.18～23.27	116.77～119.92	福建
		粤中	24.96～21.82	110.33～117.01	广东
		粤南	24.01～21.52	111.44～117.44	广东
		桂中	24.12～21.92	106.27～111.80	广西
		滇中南山地	24.64～22.01	97.56～103.62	云南
热带园林植物区	东起东经123°附近的台湾地区,西至东经83°的西藏,北界蜿蜒于北纬28°～29°之间,南端处于北纬4°附近的曾母暗沙	台湾南部	23.94～21.86	120.23～121.60	台湾
		雷州半岛	21.93～20.24	111.44～117.44	广东
		北部湾	22.74～21.41	106.76～110.27	广西
		琼北	20.11～18.98	108.61～110.79	海南
		琼南	20.00～18.18	108.62～111.03	海南
		南海诸岛	2.39～21.40	108.17～119.70	海南
		西双版纳	22.55～21.11	99.94～101.83	云南
温带草原园林植物区	内蒙古高原、黄土高原的大部分地区和新疆北部的阿尔泰山区	呼伦贝尔	50.16～47.66	115.54～119.89	内蒙古
		大兴安岭西麓	47.28～41.60	116.34～121.35	内蒙古
		通辽	46.52～42.27	119.95～123.61	内蒙古
		锡林浩特	46.78～41.60	112.84～119.97	内蒙古
		二连浩特	45.43～41.42	105.99～115.46	内蒙古
		阴山	42.13～40.21	106.60～114.51	内蒙古
		坝上	42.59～40.78	113.84～118.31	河北
		晋北山地草原	40.62～38.54	110.88～114.57	山西
		榆林	39.57～37.13	107.25～111.32	陕西
		河套	41.34～39.29	106.44～112.28	内蒙古
		宁夏中北部黄土高原	39.38～36.24	104.36～107.68	宁夏
		六盘山	36.56～35.23	105.36～106.94	宁夏
		陇东黄土高原	37.17～34.84	106.33～108.67	甘肃
		西宁	37.70～34.04	98.94～102.95	青海
		阿勒泰	49.19～44.50	85.53～91.48	新疆
		和布克塞尔	47.20～45.33	84.63～87.34	新疆
温带荒漠园林植物区	新疆的准噶尔盆地与塔里木盆地、青海的柴达木盆地,甘肃与宁夏北部的阿拉善高平原,以及内蒙古鄂尔多斯台地西端	准噶尔	47.23～44.00	82.24～91.57	新疆
		伊宁盆地	45.40～42.30	79.90～84.19	新疆
		天山	45.09～39.68	73.92～96.38	新疆
		塔里木	43.23～37.08	73.45～94.66	新疆
		柴达木盆地	39.33～35.14	90.14～99.47	青海
		巴丹吉林	42.82～37.46	97.13～106.67	内蒙古

续表

园林植物区	地理位置	园林植物亚区			
		亚区名称	北纬/°	东经/°	所属省区
温带荒漠园林植物区	新疆的准噶尔盆地与塔里木盆地、青海的柴达木盆地，甘肃与宁夏北部的阿拉善高平原，以及内蒙古鄂尔多斯台地西端	毛乌素	40.71~37.62	106.95~111.29	内蒙古
		河西走廊	42.80~36.06	92.75~105.45	甘肃
		祁连山北	39.89~37.52	92.92~101.94	甘肃
		祁连山南	39.22~36.03	96.92~103.06	青海
青藏高原高寒园林植物区	西藏和青海	玉树	36.24~31.56	89.39~101.74	青海
		西藏高原	36.48~29.01	78.40~95.21	西藏
		喜马拉雅山	29.48~27.28	84.01~95.10	西藏
		拉萨	30.46~28.64	88.84~95.86	西藏

第二节　植物种植设计的一般原则

一、功用性

进行园林种植设计，首先要从园林绿地的性质和主要功能出发。园林绿地功能很多，具体到某一绿地，总有其具体的主要功能。要符合绿地的性质和功能要求。设计的植物种类来源有保证，并且具备必需的功能特点，能满足绿地的功能要求，符合绿地的性质。

二、科学性

园林植物种植设计要因材制宜、因时制宜、因材制宜，还有考虑其群落稳定性。

1. 因地制宜

（1）要根据不同的特点，满足不同的生活需要。因地制宜是要根据绿化所在地区气候的特点，不同的立地环境条件，不同的绿地性质、功能和造景要求，结合其他造园题材，充分利用现有的绿化基础，合理地选择植物材料，力求适地适树，采用不同的植物配置形式，合理密植，组成多种多样的园林空间，满足人们游憩、观赏、锻炼等多种活动功能的需要。

（2）植物在不同地方发挥不同的功能与作用。

1）可用绿色植物遮挡不利于景观的物体，使欲达到封闭效果的空间更隐蔽、更安静，以及分隔不同功能的景区等；可以修饰和完善建筑物构成的空间，以及将不同的、孤立的空间景物连接在一起，形成一个有机的整体。

2）植物配置可以形成某个景物的框景，起装饰以这个景物为主景画面的框景的作用，并利用植物的不同形态及色彩作为某构筑物的背景或装饰，从而使观赏者的注意力集中到应有的位置；在街道绿带和商业区的绿化带，其主要功能是考虑针对灰尘和噪声这两大环境因素的改善，起到减尘减噪的效果，所以要求选用枝叶茂密、分枝低、叶面粗糙、分泌物多的常绿植物，并尽可能营造较宽的绿带，形成松散的多层次结构。在重污染工矿区，防治大气污染是这些区域园林绿化的主要目的，选用一些抗污染能力强、能吸收分解有毒物质、净化大气的植物是非常必要的。

2. 因时制宜

进行植物配置的时候既要考虑目前的绿化效果，又要考虑长远的效果，也就是要注意保持园林景观的相对稳定性。因时制宜体现在植物配置中远近结合的问题上，这其中主要是考虑好快长树与慢长树的比例，掌握好常绿树、落叶树的比例。想要近期绿化效果好，还应注意乔木、灌木的比例以及草坪地被植物的应用。植物配置中合理的株行距也是影响绿化效果的因素之一。用苗规格和大小苗木的比例也是决定绿化见效早晚的因素之一。在植物配置中还应该注意乔木与灌木的搭配。灌木多为丛生状，枝繁叶茂，而且有鲜艳的花朵和果实，可以使绿地增加层次，可以组织分隔空间。植物配置时，切不可忽视对草坪和地被植物的应用，因它们有浓密的覆盖度，而且有独特的色彩和质地，可以将地面上不同形状的各种植物有机结合成为一体，如同一幅风景画的基调色，并能迅速产生绿化效果。

3. 因材制宜

植物配置要根据植物的生态习性及其观赏特点，全面考虑植物在造景上的观形、赏色、闻香、听声的作用。结合立地环境条件和功能要求，合理布置。在植物的选材方面，应以乡土植物为主。外来植物应遵循"气候相似性"的原则进行。

4. 群落稳定性

园林植物群落不仅要有良好的生态功能，还要求能满足人们对自然景观的欣赏要求。所以，对于城市植物群落，不论是公园绿地的特殊景观，还是住宅区内的园林小品，这些景观特征能否持久存在，并保护景观质量的相对稳定极为重要，而植物群落随着时间的推移逐渐发生演替是必然的，那么要保证原有景观的存在和质量，就要求在设计和配置过程中充分考虑到群落的稳定性原则，加以合理利用和人为干预，得到较为稳定的群落和景观。具体可采用的措施：

（1）在群落内尽可能多配置不同的植物，提高植物对环境空间的利用程度，同时大大增强群落的抗干扰性，保持其稳定性。

（2）通过人为干预在一定程度上加快或减缓植物群落的演替，如在干旱贫瘠的地段上，园林绿化初期必须配置耐瘠耐旱的阳性植物以提高成活率加快绿化进程，在其群落景观植物自然衰亡后，可自然演替至中性和以耐阴性植物为主的中性群落。

三、经济性

进行植物种植设计需遵循经济性原则，以最少的投入获得最大的生态效益和社会效益。城市园林绿化以生态效益和社会效益为主要目的，但这并不意味着可以无限制地增加投入。任何一个城市的人力、物力、财力和土地都是有限的。遵循生态经济的原则，尽可能多选用寿命长、生长速度中等、耐粗放管理、耐修剪的植物以节约管理成本。在街道绿化中将穴状种植改为带状种植，尤以宽带为好，这样可以避免践踏，为植物提供更大的生存空间和较好的土壤条件，并可使落叶留在种植带内，避免因焚烧带来的污染和养分流失，还可以有效地改良土壤，同时对减尘减噪有很好的效果。合理组合多种植物，配置成复杂层结构，并合理控制栽植密度，以防止由于栽植密度不当引起某些植物出现树冠偏冠、畸形、树干扭曲等现象，严重影响景观质量和造成浪费。

在城市园林植物配置过程中，一定要遵循相关的原则，才能在节约成本、方便管理的基础上取得良好的生态效益和社会效益，让城市绿地更好地为改善城市环境，提高城市居民生活环境质量服务，真正做到"花钱少，效果好"。

四、艺术性

种植设计要考虑园林艺术构图的需要。植物的形、色、姿态的搭配应符合大众的审美习惯，能够做到植物形象优美，色彩协调，景观效果良好。

自然式配置多运用不同树种，模仿自然，强调变化为主，有孤植、丛植、群植等配置方式。孤植是将单株乔木栽植在位置显要之处，主要功能是观赏和遮阴，在景观中起画龙点睛的作用。孤植树常选用具有高大开张的树冠，在树姿、树形、色彩、芳香等方面有特色，并且寿命长、成荫效果好的树种。丛植在公园及庭院中应用较多，是由一定数量的观赏乔、灌木自然地组合栽植在一起，株数由数株到十几株不等。以观赏为主的丛植应以乔灌木混交，并配置一定的宿根花卉，在形态和色调上形成对比，构成群体美。以遮阴为主要目的的丛植全部由乔木组成，树种可以比较单一。群植通常是由十几至几十株树木按一定的构图方式混植而成的人工林群体结构，其单元面积比丛植大，在园林绿地中可作主景或背景之用。

规则式配置强调整齐和对称，多以某一轴线为对称排列，有对植、行列植等方式，也可以构成各种几何图形。对植一般指两株或两丛树，按定的轴线关系，相互对称或均衡地种植，主要用于公园、道路、广场的出入口，左右对称，相互呼应，在构图上形成配景或夹景，以增强纵深感。对植的树木要求外形整齐美观，严格选择规格一致的树木。将乔、灌木按一定株行距成行成排地种植，在景观上形成整齐、单纯的效果，可以是一种树种，也可以是多树种搭配。行道树、防护林带、林带、树篱等多采用此种栽植形式。

第三节　园林植物的配置

一、园林草坪的植物配置

1. 草坪作基调

绿色的草坪是城市景观最理想的基调，是园林绿地的重要组成部分，在草坪中心配置喷泉、雕塑、纪念碑等建筑小品，以草坪衬托出主景物的雄伟。如同绘画一样，草坪是画面的底色和基调，而色彩艳丽、轮廓丰富、变化多样的树木、花卉、建筑、小品等，则是主角和主调。如果园林中没有绿色的草坪作基调，这些树木、建筑、花卉、小品无论色彩多么绚丽、造型多么精致，由于缺乏底色的对比与衬托，得不到统一的美感，就会显得杂乱无章，景观效果明显下降。但要注意不要过分应用草坪，特别是缺水城市更应适当应用。

2. 草坪与乔木树种的配置造景

如图 2-2 所示，草坪与孤植树、树丛、树群相配既可以表现树体的个体美，又能加强树群、树丛的整体美。单株树在草坪上的散植形成疏林草地景观，这是应用最多的设计手法，既能满足人们在草地上游憩娱乐的需要，树木又可起到遮阴功能，同时这种景观又最接近自然，满足都市居民回归自然的心理。由几株到多株树木组成的树丛和树群与草坪配置时，宜选择高耸干直的高大乔木（图 2-3），中层配置灌木作过渡，就可和地面的草坪配合形成丛林的意境，如能借助周围的自然地形如山坡、溪流等，则更能显示山林绿地的意境。

图 2-2 草坪

图 2-3 高大的乔木

3. 草坪与花灌木的配置造景

园林中栽植的花灌木经常用草坪作基调和背景，如桃园以草坪为衬托，加上地形的起伏，当桃花盛开时，鲜艳的花朵和碧绿的草地形成一幅美丽的图画，景观效果非常理想。这种缀花草坪仍以草坪为主体，花卉只起点缀作用，花卉占有面积小，不超过整个草坪面积的三分之一。草坪还可以和花卉混合块状种植，即在草坪上留出成块的土地用于栽植花卉，草坪与花卉呈镶嵌状态，开花时两者相互衬托，相得益彰，具有很好的观赏效果。大片的草坪中间或边缘用碧桃、海棠、樱花、连翘、迎春或棣棠等花灌木点缀，能够使草坪的色彩变得丰富起来，并引起层次和空间上的变化，提高草坪的观赏价值。

4. 草坪与花卉的配置造景

常见的"缀花草坪"，在空旷的草地上布置低矮的开花地被植物如马兰、葱兰、水仙、韭兰、石蒜类等，形成开花草地，增强观赏效果。

如图 2-4 所示，用花卉布置花坛、花带或花境时，一般要用草坪做镶边或陪衬来提高花坛、花带、花境的观赏效果，使鲜艳的花卉与生硬的路面之间有一个过渡，显得生动而自然，避免产生突兀的感觉。

5. 草坪作主景

草坪平坦、致密的绿色平面能够创造开朗柔和的视觉空间，具有较高的景观作用，可以作为园林的主景进行配置。如在大型的广场、街心绿地和街道两旁，四周是灰色硬质的建筑和铺装路面，缺乏生机和活力，铺植优质草坪，形成平坦的绿色景观，如图 2-5 所示，对广场、街道的美化装饰具有极大的作用。公园中大面积的草坪能够形成开阔的局部空间，丰富了景点内容，并为游客提供安静的休息场所。机关、医院、学校及工矿企业也常在开阔

图 2-4 花带图

图 2-5　路边草坪

的空间建草坪，形成一道亮丽的风景。草坪也可以控制其色差变化而形成观赏图案，或抽象或现代或写实，更具有艺术魅力。

二、园林地被的植物配置

园林地被植物，是指那些有一定观赏价值、植株低矮、扩展性强、铺设于大面积裸露平地、坡地或适于阴湿林下和林间隙地等各种环境覆盖地面的多年生草本和低矮丛生、枝叶密集、偃伏性或半蔓性的灌木以及藤本。地被植物比草坪更为灵活，在不良土壤、树荫浓密、树根暴露的地方，可以代替草坪生长（草通常在这些地方不能生长或生长不良）。

1. 地被植物的特点

（1）多年生植物，常绿或绿色期较长，且种类繁多、品种丰富。

（2）地被植物的枝、叶、花、果富有变化，色彩万紫千红，季相纷繁多样。

（3）具有匍匐性或良好的可塑性，易于造型。

（4）植株相对较为低矮。在园林配置中，植株的高矮取决于环境的需要，可以通过修剪人为地控制株高，也可以进行人工造型或修饰成模纹图案。

（5）繁殖简单，一次种植，多年受益。

（6）具有发达的根系，有利于保持水土以及提高根系对土壤中水分和养分的吸收能力，或者具有多种变态地下器官，如球茎、地下根茎等，以利于储藏养分，保存营养繁殖体，从而具有更强的自然更新能力。

（7）具有较为广泛的适应性和较强的抗逆性，生长速度快，可以在阴、阳、干、湿多种不同的环境条件下生长，能够适应较为恶劣的自然环境，弥补了乔木生长缓慢、下层空隙大的不足，在短时间内可以收到较好的观赏效果。在后期养护管理上，地被植物较单一的大面积草坪，病虫害少，不易滋生杂草，养护管理粗放，不需要经常修剪和精心护理，减少了人工养护的花费与精力。

（8）具有较强或特殊净化空气的功能，如有些植物吸收二氧化硫和净化空气能力较强，有些则具有良好的隔声和降低噪声的效果。

（9）具有一定的经济价值，如可药用、食用或作为香料原料，可提取芳香油等，以利于在必要或可能的情况下，将建植地被植物的生态效益与经济效益结合起来。

2. 地被植物选择的标准

（1）多年生，植株低矮、高度不超过 100cm。

（2）全部生育期在露地栽培。

（3）繁殖容易，生长迅速，覆盖力强，耐修剪。

（4）花色丰富，持续时间长或枝叶观赏性好。

（5）具有一定的稳定性。

（6）抗性强、无毒、无异味。

（7）易于管理，不会泛滥成灾。

3. 地被植物的配置

城市园林绿地植物配置中，植物群落类型多，差异大，地被植物的配置应根据"因地制宜，功能为先，高度适宜，四季有景"的原则统筹配置。同时在城市生态景观建设中，根据景观的需要，对地被植物要有取舍，在城市生态景观建设中，适于栽植地被植物的地方有：

（1）人流量较小但要达到水土保持效果的斜坡地。

（2）栽植条件差的地方，如土壤贫瘠、砂石多、阳光被郁闭或不够充足、风力强劲、建筑物残余基础地等的场所。

（3）某些不许践踏的地方，用地被植物可阻止入内。

（4）养护管理很不方便的地方，如水源不足、剪草机难以进入、大树分枝很低的树下、高速公路两旁等。

（5）不经常有人活动的地方。

（6）因造景或衬托其他景物需要的地方。

（7）杂草太猖獗的地方。

地被植物品种的选择和应用适当，空间和环境资源将会得到更大限度地利用。从美观与适用的角度出发，选择时应注意地被植物的高矮与附近的建筑物比例关系相称，矮型建筑物适于用匍匐而低矮的地被植物，而高大建筑物附近，则可选择稍高的地被植物；视线开阔的地方，成片地被植物高矮均可，宜选用一些具有一定高度的喜阳性植物作地被成片栽植，反之如视线受约束或在小面积区域，如空间有限的庭院中，则宜选用一些低矮、小巧玲珑而耐半阴的植物作地被。

三、园林水体的植物配置

水体的植物配置，主要是通过植物的色彩、线条以及姿态来组景和造景的。淡绿透明的水色是各种园林景观天然的底色，而水中倒影又呈现出另一番意境，情景交融，相映成趣，组成了一幅生动的画面。平面的水通过配置各种树形及线条的植物形成了具有丰富线条感的构图，给人留下深刻的印象。而利用水边植物可以增加水的层次。例如：蔓生植物可以掩盖生硬的石岸线，增添野趣；植物的树干可以作为框架，以近处的水面为底色，以远处的景色为画，组成自然优美的框景画。不同地带，水生植物的配置也各有其特点，具体内容如下。

1. 湖、池、溪涧与峡谷植物配置

（1）湖。湖是园林中最常见的水体景观。沿湖景点要突出季节景观，注意色叶树种的应用，以丰富水景。湖边植物宜选用耐水喜湿、姿态优美、色泽鲜明的乔木和灌木，或构成主景，或同花草、湖石结合装饰驳岸。

（2）池。在较小的园林中，水体的形式常以池为主。为了获得小中见大的效果，植物配置讲究突出个体姿态或利用植物来分割水面空间，以增加层次，同时也可创造活泼和宁静的景观。

（3）溪涧与峡谷。溪涧和峡谷最能体现山林野趣。溪涧中流水淙淙，在自然界中，这种景观非常丰富。山石高低形成不同落差，并冲出深浅、大小各异的水池，造成各种动听的水声效果。植物配置应因形就势，以增强溪流的曲折多变及山涧的幽深感觉。

2. 滨水区植物配置

水边植物配置应该讲究艺术构图，例如：在水边栽植垂柳，可形成柔条拂水的意境；在水边种植池杉、落羽松、水杉及具有下垂气根的小叶榕等，均能起到以线条构图的作用。还要注意应用探向水面的枝、干，尤其是似倒未倒的水边大乔木，以起到增加水面层次和赋予野趣的作用。

3. 驳岸的植物配置

驳岸分土岸、石岸、混凝土岸等，驳岸植物配置原则是既要使山与水融成一体，又要对水面的空间景观起主导作用。石岸线条生硬、枯燥，所以植物配置原则是有遮有露，一般配置岸边垂柳和迎春等植物，让细长柔和的枝条下垂至水面，遮挡石岸。同时，配以花灌木和藤本植物如黄菖蒲、鸢尾、地锦等进行局部遮挡，以增加活泼气氛。土岸边的植物配置应结合地形、道路、岸线布局，做到有近有远、有疏有密、有断有续、有曲有弯。

4. 水面的植物配置

水面景观低于人的视线，和水边景观相呼应，再加上水中倒影，最宜观赏。水中植物配置常用荷花来体现"接天莲叶无穷碧，映日荷花别样红"的意境。假如岸边有亭、台、楼、阁、榭、塔等园林建筑或种有优美树姿、色彩艳丽的观花、观叶树种时，水中植物配置切忌壅塞，要留出足够空旷的水面来展示美丽的倒影。

5. 堤、岛的植物配置

水体中设置堤、岛是划分水面空间的主要手段。堤、岛的植物配置不仅增添了水面空间的层次，而且丰富了水面空间的色彩，倒影则成为主要景观。岛的类型很多，大小各异。植物配置以柳为主，间植侧柏、紫藤、合欢、紫薇等乔灌木，疏密有致、高低有序，增加了层次且具有良好的引导功能。

6. 小型水景园与沼泽园

近年来，随着园林的发展、人们审美情趣的提高，小型水景园也得到了较为广泛的应用，如在公园局部景点、居住区花园、街头绿地、大型宾馆花园、屋顶花园以及展览温室内，都有很多的应用实例。

水景园的植物配置应根据不同的主题和形式仔细推敲，精心塑造优雅美丽的特色景观。

7. 湿地的植物配置

湿地是地球上重要的生态系统，具有涵养水源、净化水质、调蓄洪水、美化环境、调节气候等生态功能，但却因人类的活动而日益减少，因此它又是全世界范围内一种亟待保护的自然资源。《湿地公约》将其定义为"不问其为天然或人工、长久或暂时之沼泽地、泥炭地或水域地带，或静止、或流动、或为淡水、半咸水、咸水体者。"同时又规定"湿地可包括邻接湿地的河湖沿岸、沿海区域以及湿地范围的岛屿或低潮时水深不超过 6m 的区域"。

在湿地植物配置中，要注意传承古老的水乡文化，保持低洼地形、保护原有植被、保留生态池塘，有效地利用点植、片植、丛植、对植、群植、孤植和混交等手法，实现乔、灌、草、藤的植物多样性，以发挥最大的生态效益。

四、园林花坛的植物配置

配置花坛时，整个布局的色彩要有宾主之分，不能完全平均。也不要采用过多的对比色，以免所要体现的图案混乱不清。

1. 株高配合

对花坛中各种花卉的株形、叶形、花形、花色以及株高均应合理配置，避免颜色重叠和参差不齐。花坛中的内侧植物要略高于外侧，由内而外，自然、平滑过渡。若高度相差较大，可以采用垫板或垫盆的办法来弥补，使整个花坛表面线条流畅。

2. 花色协调

在花坛花卉的颜色配置上，一般认为红、橙、粉、黄为暖色，可使所配置的花坛表现出欢快活泼的气氛，而绿、蓝、紫为冷色，会使所配置的花坛显得庄重肃静。由一两种暖色与一种冷色共同配置的花坛，常常会取得明快大方的效果。

一种颜色的花卉如能成片栽植，会比几种颜色的花卉混合栽植显得明朗整齐，并能突出自然景观。白色花卉可用于任何一种栽植条件，在夜间也能显示出效果，如和其他颜色混合，更能收到较好的效果。

用于摆放花坛的花卉不拘品种、颜色的限制，但同一花坛中的花卉颜色应对比鲜明，互相映衬，在对比中展示各自夺目的色彩。同一花坛中，避免采用同一色调中不同颜色的花卉，若一定要用，应间隔配置，选好过渡花色。

3. 图案设计

花坛的图案要简洁明快，线条流畅。花坛摆放的图案，一定要采用大色块构图，在粗线条、大色块中突现各品种的魅力。简单轻松的流线造型，有时可以收到令人意想不到的效果。

4. 选好镶边植物

镶边植物是花坛摆放的重要环节，这一环节做得好与坏会直接影响到整个花坛的摆放效果。镶边植物应低于内侧花卉，可一圈，也可两圈，外圈宜采用整齐一致的塑料套盆。品种选配视整个花坛的风格而定，若花坛中的花卉株型规整、色彩简洁，可采用枝条自由舒展的天门冬作镶边植物，若花坛中的花卉株型较松散，花坛图案较复杂，可采用五色草或整齐的麦冬作镶边植物，以使整个花坛显得协调、自然。

总之，镶边植物不只是陪衬，搭配得好，就等于是给花坛画上了一个完美的句号。

五、园林攀缘植物配置

1. 点缀式

以观叶植物为主，点缀观花植物，实现色彩丰富。如：地锦中点缀凌霄、紫藤中点缀牵牛等。

2. 花境式

几种植物错落配置，观花植物中穿插观叶植物，呈现植物株形、姿态、叶色、花期各异的观赏景致。如大片地锦中有几块爬蔓月季，杠柳中有茑萝、牵牛等。

3. 整齐式

体现有规则的重复韵律和统一的整体美，成线成片，但花期与花色不同，如红色与白色的爬蔓月季、紫牵牛与红花菜豆、铁线莲与蔷薇等，应力求在花色的布局上达到艺术化，创造美的效果。

4. 悬挂式

在攀缘植物覆盖的墙体上悬挂应季花木，丰富色彩，增加立体美的效果。需用钢筋焊铸花盆套架，用螺栓固定，托架形式应讲究艺术构图，花盆套圈负荷不宜过重，应选择适应性强、管理粗放、见效快、浅根性的观花、观叶品种。布置要简洁、灵活、多样，富有特色（如早小菊、红鸡冠、紫叶草、石竹等）。

5. 垂吊式

在立交桥顶、墙顶或平屋檐口处，放置种植槽（盆），种植花色艳丽或叶色多彩、飘逸的下垂植物，让枝蔓垂吊于外，既充分利用了空间，又美化了环境。材料可用单一品种，也可用季相不同的多种植物混栽，如凌霄、木香、蔷薇、地锦、紫藤、菜豆、牵牛等。容器底部应有排水孔，式样轻巧、牢固，不怕风、雨侵袭。

六、园林道路的植物配置

风景区、公园、植物园中道路除了集散、组织交通外，主要起到导游作用。园路的宽窄、线路乃至高低起伏都是根据园景中的地形以及各景区相互联系的要求来设计的。

1. 主路旁植物配置

主路是沟通各活动区的主要道路，往往设计成环路，宽3~5m，人流量大。平坦笔直的主路两旁常用规则式配置。最好植以观花乔木，并以花灌木作下木，丰富园内色彩。主路前方有漂亮的建筑作对景时，两旁植物可密植，使道路成为一条甬道，以突出建筑主景，入口处也常为规则式配置，可以强调气氛。如华东地区可用马尾松、黑松，赤松或金钱松等作上层乔木；用毛白杜鹃、锦绣杜鹃、杂种西洋杜鹃作下木；络石、宽叶麦冬、沿阶草、常春藤或石蒜等作地被。路边无论远近，若有景可赏，则在配置植物时必须留出透视线。如遇水面，对岸有景可赏，则路边沿水面一侧不仅要留出透视线，在地形上还需稍加处理。要在顺水面方向略向下倾斜，再植上草坪，诱导游人走向水边去欣赏对岸的景观。路边地被植物的应用不容忽视，可根据环境不同，种植耐阴或喜光的观花、观叶的多年生宿根、球根草本植物或藤本植物。既组织了植物景观，又使环境保持清洁卫生。

2. 次路与小路旁植物配置

次路是园中各区内的主要道路，一般宽2~3m，小路则是供人漫步在宁静的休息区中，一般宽仅1~1.5m。次路和小路两旁的种植可更灵活多样，由于路窄，有的只需在路的一旁种植乔木、灌木，就可达到既遮阴又赏花的效果。有的利用诸如木绣球、台湾相思、夹竹桃等具有拱形枝条的大灌木或小乔木，植于路边，形成拱道，游人穿行其下，富于野趣，有的植成复层混交群落，则感到非常幽深，如华南植物园一条小路两旁种植大叶桉、长叶竹柏、棕竹、沿阶草4层的群落。某些地段可以突出某种植物组成的植物景观，如上海淮海路、衡山路的法国梧桐；北京颐和园后山的连翘路，山杏路、山桃路。

要注意创造不同的园路景观，如山道、竹径、花径、野趣之路等。在自然式园路中，应打破一般行道树的栽植格局，两侧不一定栽植同一树种，但必须取得均衡效果。株行距应与路旁景物结合，留出透景线，为"步移景异"创造条件。路口可种植色彩鲜明的孤植树或树丛，或作对景，或作标志，起导游作用。在次要园路或小路路面，可镶嵌草皮，丰富园路景观。规则式的园路，亦宜有2~3种乔木或灌木相间搭配，形成起伏节奏感。

七、园林建筑的植物配置

1. 古典园林建筑的植物配置

园林建筑和植物配置的协调统一是表达景观效果的必要前提。园林植物造景应以地域文化、地域特色、地域历史作为造景的主旨，结合地形、环境条件和其他园林要素，充分发挥其观形、赏色、闻味、听声、品韵的特性。由于园林的功能和艺术追求不同，也由于地理位置不同所形成的地域气候差异等原因，各类古典园林建筑在植物配置上又体现了不同的特征。

（1）皇家园林建筑的植物配置。中国皇家园林的特点是规模宏大，真山、真水较多，园中建筑布局规则严整、等级分明，建筑体型高大，色彩富丽、雕梁画栋、彩绘浓重、金碧辉煌。为反应帝王至高无上的权利以及突出宫殿建筑的特点，一般选择姿态苍劲、意境深远的中国传统树种，如圆柏、海棠、银杏、国槐、玉兰等作基调树种。

（2）古典私家园林建筑的植物配置。古典私家园林多由文人雅士建造，其建筑特点是规模较小，宅园相连，常用假山、假水，建筑小巧玲珑，色彩淡雅素净，以咫尺之地营造城市山林的意境。其植物配置十分重视主题和意境，多于墙基、角落处种植松、竹、梅等象征君子品性的植物。植物种植形式多样，配搭时在植物的株数、位置、大小、形状等方面都讲究一定的章法。用作景点的园林建筑，如亭、廊、榭等，其周围应选取形体优美、柔软、轻巧的树种，点缀其旁或为其提供荫蔽。

（3）寺观园林建筑的植物配置。寺观园林和陵墓等纪念性园林通常庄重严肃，为体现肃穆的气氛，宜选用常绿针叶树，同时也多用银杏、油松、圆柏、白皮松、国槐、菩提树等树种，且多沿轴线呈对称规则式种植，列植或对植于建筑前。

此外，设计中还应考虑依据建筑所处的具体位置、色彩、朝向等配置植物。如水边建筑多选择水生植物如荷、睡莲，耐水湿植物如水杉、池杉、水松、旱柳、垂柳、白蜡、柽柳、丝棉木、花叶芦竹等。当以建筑墙面作背景配置植物时，植物的叶、花、果的颜色不宜与建筑物的颜色一致或近似，宜与之形成对比，以突出景观上的效果。建筑物四周的环境条件可能有很大差异，植物选择也应区别对待。总之应根据具体的环境条件、建筑功能和景观要求选择适当的植物和种植方式，以取得与建筑相协调的效果。

2. 不同建筑单体的植物配置

公园的入口和大门的植物配置，入口和大门是园林的第一通道，多安排一些服务性设施，如售票处、小卖部、等候亭廊等。入口和大门的形式多样，因此，其植物配置应随着不同性质、形式的入口和大门而异，要求和入口、大门的功能氛围相协调。常见的入口和大门的形式有门亭、牌坊、园门和隐壁等。植物配置起着软化入口和大门的几何线条、增加景深、扩大视野、延伸空间的作用。

亭的植物配置园林中亭的类型多样，植物配置应和其造型和功效取得协调和统一。从亭的结构、造型、主题上考虑，植物选择应和其取得一致，如亭的攒尖较尖、挺拔、俊秀，应选择圆锥形、圆柱形植物，如枫香、毛竹、圆柏、侧柏等竖线条村为主，如"竹栖云径"三株老枫香和碑亭，形成高低错落的对比，从亭的主题上考虑，应选择能充分体现其主题的植物。从功效上考虑，碑亭、路亭，是游人多且较集中的地方，植物配置除考虑其碑文的含义外，主要考虑遮阴和艺术构图的问题。花亭多选择和其题名相符的花木。

茶室周围植物配置应选择色彩较浓艳的花灌木，如南方茶室前多植桂花，九月桂花飘香、香气宜人。

水榭前植物配置多选择水生、耐水湿植物，水生植物如荷、睡莲，耐水湿植物如水杉、池杉、水松、旱柳、垂柳、白腊、柽柳、丝棉木、花叶芦竹等。

公园管理、厕所等观赏价值不大的建筑，不宜选择香花植物，而选择竹、珊瑚树、藤木等较合适，且观赏价值不大的服务性建筑应具有一定的指示物，如厕所的通气窗、路边的指示牌等。

3. 建筑不同部位的植物配置

（1）建筑物入口植物配置。入口是视线的焦点，有标志性的作用，是内与外的分界点，通过植物配置的精细设计，往往给人留下深刻的第一印象。在一般入口处植物配置应有强化标志性的作用，如高大的乔木与低矮的灌木组成一定的规则式图案，鲜艳的花卉植物组成一些文字图案，排列整齐的植物给人一种引导作用，很容易找到主要入口。有较大的入口用地时，可采取草坪、花坛、树木相结合的简洁大方的办法强化、美化入口。

加强入口的美化，能起到画龙点睛的作用。在一般进口处植物的配置首先要满足功能的要求，不阻挡视线，以免影响人流车流的正常通行，在特殊情况下，特殊角度方向可故意挡住视线，使出入口若隐若现，起到欲扬先抑的作用。建筑的出入口因性质、位置、大小、功能各异，在植物配置时要充分考虑相关因素。在一些休闲功能为主的建筑物、庭院入口处，可配置低矮花坛，自然种植几株树木，来增加轻松及愉快感。

园林建筑常充分利用门的造型，以门为框，通过植物配植，与路、石等进行精细地艺术构图，不但可以入画，而且可以扩大视野，延伸视线。

（2）建筑窗前植物配置。建筑窗前植物配置应考虑植株和窗户高矮、大小、窗户间距，不能遮挡视线和有碍采光。同时要考虑植物与窗户朝向的关系。东西向窗最好选用落叶树种，以保证夏季的树荫和冬季的阳光照射，南北向窗户则无这种限制，但同样要注意植物与建筑之间要有一定的距离，一般要 3m 以上。植物也可充分利用窗作为框景的对象，安坐室内，透过窗框外的植物配植，俨然一幅生动画面，即所谓"尺幅窗""无心画"。由于窗框的尺度是固定不变的，植物却不断生长，随着生长，体量增大，会破坏原来画面。因此要选择生长缓慢，变化不大的植物，如芭蕉、南天竺、孝顺竹，苏铁、棕竹、软叶刺葵等种类，近旁可再配些尺度不变的剑石、湖石，增添其稳固感。这样有动有静，构成相对稳定持久的画面。同时为了突出植物主题，故而窗框的花格不宜过于花哨，以免喧宾夺主。

（3）墙体与植物配置。墙的正常功能是承重和分隔空间，现代墙的形式和表面装饰材料千姿百态，因此植物要注意自然材料与墙体协调的问题，应注意不破坏建筑墙基的安全，通过植物色彩、质感将人工产物和自然完美融合在一起，注重构图、色彩、肌理等的细微处理。例如建筑墙基的色彩鲜艳、质地粗糙，植物选择应以纯净的绿色调为主，质地柔和，形成对比和谐统一；若建筑墙基为灰色调、质地中性，植物选择较为多样，可是彩色植物也可是绿色植物。纪念性建筑应选择庄重的树种。在墙基保护方面，要求在墙基 3m 以内不种植深根性乔灌木，一般种植浅根性草本或灌木。

古典园林常有以白墙为背景的植物配置，如几丛修竹，几块湖石形成一幅图画，现代的一些墙体常配置各类攀缘植物进行立体绿化，攀缘植物根据土壤及墙基的状况可以从下往上攀附生长，也可从上往下攀附垂吊生长。在园林中利用墙的南面良好的小气候特点种植植物，继而美化墙面。经过美化的墙面，自然气氛倍增。苏州园林中的白粉墙常起到画纸的作用，通过配植观赏植物，用其自然的姿态与色彩作画。

（4）建筑的角隅植物配置。建筑的角隅多线条生硬，呈直角，偶有其他形状，如直线与圆弧、相交、钝角等形式，转角处常成为视觉焦点，选用植物配置进行软化和点缀很有效果，通常宜选择观果、观叶、观花、观干等种类成丛配植，在这种地方应多种植观赏性强的园林植物，并且要有适当的高度，最好在人的平视视线范围内，以吸引人的目光。也可放置一些山石，同时配合植物种植，可以缓和生硬、增加美感，对于较长的建筑与地面形成的基础前宜配置较规则的植物，以调和平直的墙面，同时也可有统一美的体现。

第四节　外来植物与乡土植物的利用

外来植物也称归化植物，即非本地的乡土植物，是由于环境变迁和人为活动，自外地或国外传入或迁入的植物。通常情况下，某一地区归化植物越多，说明该地区城市化程度越高，对外开放程度越大。

一、外来植物的迁入途径

外来植物有以下迁入途径：

（1）人为有意引进，包括粮食作物、蔬菜作物、果树、园林园艺观赏植物，以及作为工业原材料而引进的橡胶树、烟草、油菜、蓖麻、芝麻等经济植物。观赏植物如熊耳草、秋英、堆心菊、万寿菊、加拿大一枝黄花、牵牛、圆叶牵牛、马缨丹、含羞草、红花酢浆草等。其中，马缨丹原产热带美洲，1645年由荷兰人引入中国台湾，作为观赏植物栽培，现在在中国热带及南亚热带地区蔓延，排挤当地植物，堵塞道路。其植株具有臭味，茎有刺，是一种有害灌木。其肉质果实通过当地鸟类啄食得到进一步的传播。

（2）人为无意带入，见表2-6列的假高粱、豚草、毒麦。

（3）自然传播，见表2-6中紫茎泽兰、薇甘菊、飞机草。

表 2-6　　　　　　　　　　　　　　主要外来植物

中文名	所属科	原产地	侵入时间	危害
空心逃子草	苋科	巴西	20世纪50年代	破坏生态
互花米草	禾本科	美国	1979年引进	破坏生态
大米草	禾本科	英国，美国	1963年，1979年引进	破坏生态
假高粱	禾本科	地中海	20世纪90年代	毒害家畜
毒麦豚草	禾本科	保加利亚	1954年侵入	毒害家畜
三裂叶	菊科	北美洲	1935年侵入	危害人类
豚草	菊科	北美洲	1950年侵入	危害人类
紫茎泽兰	菊科	墨西哥	1935年侵入	破坏生态
飞机草	菊科	中美洲	1934年侵入	破坏生态
薇甘菊	菊科	中南美洲	1980年侵入	破坏生态
北美一枝黄花	菊科	北美洲	1935年引进	破坏生态
水葫芦	雨久花科	南美洲	20世纪30年代	破坏生态

二、引种外来植物的特点概况

1. 外来植物可增加城市植物的多样性

乡土植物虽然具有适应性强、抗逆性强等诸多优势，但景观（视觉）效果有时偏单调。合理引进和应用多样化的植物，有利于丰富城市植物多样性。例如，北京近年来引进的外来园林植物已超过100种，其中的一些优秀种类已经在我国城市园林建设中发挥了重要的作用。再如，北京园林科学研究所于1983年从德国引入的金叶女贞，已成为我国东部和中北部城市绿化中重要的彩叶树种；丰花月季的引进也填补了我国城市园林中缺乏地被型月季的空白。

2. 外来植物可增加城市绿地景观的异质性

景观是由不同生态系统组成的异质性区域，其组成单元为景观单元，而"异质性"是景观的重要属性。景观异质性越人，景观的类型也越多，防止外来干扰的能力也就越强，生态系统因而就更加稳定。景观组分和要素在景观中的不均匀分布构成了景观异质性，景观异质性的存在促进了景观格局的多样性。而景观多样性是景观单元在结构和功能上的多样性，包括板块多样性、类型多样性和格局多样性，反映了景观的复杂程度。景观要素分成三种类型，即板块、廊道与基质。

板块是外貌上与周围地区（本地）有所不同的非线性地表区域，其形状、大小、类型、异质性及其边界特征变化较大。斑块的大小、数量、形状、格局有特定的生态学意义。

廊道是两边均与本地有显著区别的狭长带状地，有着双重性质：一方面将景观的不同部分隔开，另一方面又将景观中不同的部分连接起来。城市中绿色廊道一般有三种形式，即绿带廊道、绿色道路廊道和绿色河流廊道。

在景观要素中，基质是占面积最大、连接度最强、对景观控制作用也最强的景观要素。

三、乡土植物

乡土植物，是指本地原有天然分布、自然演替、已经融入当地自然生态系统中的植物。乡土植物一般自然分布在城乡结合部、近郊田埂、山林及风景名胜区域。下面就为大家介绍一下乡土植物的特点。

（1）适应性强，养护成本低。乡土植物经过长期自然选择和优胜劣汰，对当地环境有较强的适应力，因而易种、易活、易管，能达到适地适树的要求；种植乡土植物容易存活，可降低养护管理成本。

（2）群落稳定，抗逆性强。重视乡土树种的利用，可以构筑稳定的自然生物群落，发挥自养功能，保护当地的自然植被。城市生态立地环境相对较差，生态脆弱，这就要求造景植物抗性强。多种乡土植物组合造林，其稳定的群落可以提高抗病虫害和抗自然灾害的能力。乡土植物能更好地适生于当地环境，形成当地富有生物多样性的顶级生态系统；其本身生态系统的稳定性和可持续发展能大大增加绿地的绿量，提高绿地的总体生态效益。

（3）可突显本土特色。利用乡土树种可突显本土特色，代表了一定的植被文化和地域风情，如广州的木棉、凤凰木，哈尔滨的白桦。秋天的白桦以其白色的主干和金黄色的树叶在哈尔滨成为一道迷人的风景；广州的凤凰木六月花开犹如一朵红云，盛情似火；再如，椰子树是南国风光的典型象征，而白杨树则代表了北方城市的无畏精神。

（4）资源丰富，可满足园林绿化多种要求。比如山东省野生及常见的栽培树种中，乔木有 2000 多种，灌木有 3000 多种，生产上广泛使用的大约只有 50 种，不足树种种类的 1/10，有许多优良的乡土树种生长在深山老林中尚未得到开发利用。即使是植物资源相对贫乏的西北地区也有十分丰富的乡土植物有待开发，比如内蒙古地区现有种子植物和蕨类植物共2343 种，虽然种数不多，但在种的区系成分和生态演化上却很丰富，如胡杨、沙枣等性质优良的植物既有很好的适应性，也有很好的景观效果，应该尽快开发利用这些资源。

四、乡土植物与外来植物的互补

（1）绿化应以乡土树种为主。

（2）城市绿化应合理选用外来植物，有以下方式：

1）选用已驯化的外来植物。不少外来树种经过多年的栽培证明已基本适应本地生长。长江流域现在常用树种中有许多都是经过多年驯化适应当地立地条件的外来树种，如夹竹桃，原产印度、伊朗，经过多年的栽植，已成为当地优良的抗烟尘、气体的优良树种；广玉兰原产北美东部，现已成为良好的城市绿化观赏树种之一；悬铃木原产欧洲东南部等地区，现广泛应用作为行道树。

2）合理引进新型外来植物。在引种的科学性方面，应遵循"气候相似性"原则。任何一个植物品种都有特定的生物学特性，都有最适合的栽植条件及栽培技术要求，所以，引进新优植物品种，既要考虑原产地与本地域的气候条件是否类似，又要考虑引入植物对本地立地环境是否适应，不能盲目引进。

第五节　植物的景观造景

一、园林植物的栽植方式

1. 孤植

在自然式园林绿地上栽植单棵树木叫孤植，孤植的树木称孤植树或孤立树，同一树种2～3株紧密栽植在一起（株距不超过1.5m）远看和单株栽植的效果相同的也称孤植树。孤植不同于规则式的中心种植，中心种植一定要居中，而孤植树一定要偏离中线。

孤植树是园林种构图中的主景，因而四周要空旷，使树木能够向四周伸展。在孤植树的四周要安排最适观赏视距，在树高的3～10倍距离内，不能有别的景物阻挡视线。孤植树主要表现植物的个体美，要求是体形大、挺拔繁茂、雄伟壮观或姿态奇异的树种，色彩要与天空、水面和草地有对比。

作为丰富天际线以及种植在水边的孤植树，必须选用体形巨大、轮廓丰富、色彩与蓝天、绿水有对比的树种，如银杏、乌桕、白皮松、国槐、榕树、枫香、漆树等；小型林地、草地的中央，孤植树的体形应是小巧玲珑、色彩艳丽、线条优美的树种，如玉兰、红叶李、碧桃、梅花等；在背景为密林或草地的场合，最好应用花木或彩叶树为孤植树。姿态、线条色彩突出的孤植树，常作为自然式园林的诱导树、焦点树，如桥头、道路转弯等。与假山石相配的孤植树，应是原产我国盘曲苍古的传统树种，姿态、线条与透漏生奇的山石调和一致，如黑松、罗汉松、梅花、紫薇等。为尽快达到孤植树的景观效果，设计时应尽可能利用绿地中已有的成年大树或百年大树。

2. 二株配植

二株配植要遵循矛盾统一、对比均衡的法则，使成为对立的统一。一般采用同一树种或外形十分相似的2个树种，如图2-6所示。两株树大小和姿态不一，形成对比，以求动势，正如明画家龚贤所说"有株一<u>丛</u>，必一仰一伏，一倚一直，一向左一向右……"。两株树的间距应小于两树冠直径之和，过大就形成分离而不能成为一个和谐的统一整体了。例如两棕榈科相似种或品种，栽植距离以两株树树冠相接为准，不然则会变成两株孤植树。

体量不同，配合和谐　　　树种不同，动势和谐

图2-6　二株配植

3. 三株配植

三株配植最好为同一树种或相似的两个树种，一般不采用3个树种，且它们的大小姿态

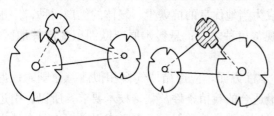

应有对比。其配点法为不等边三角形，如图2-7所示。同一树种，大单株和小单株为一组，树冠相接，中单株为另一组，略远离前两株，树冠可不相接，两组在动势上要有呼应，成为不可分割的一个整体。2种树木相配，最好同为常绿或落叶，同为乔木或灌木，小单株和大单株为一组，或

图 2-7　三株配植

大单株与中单株为一组，这样使两小组既有变化又有统一。棕榈科树种很适于三株丛植。最忌将三株树栽在同一直线上，或栽成等边三角形。若大单株为一组，中小单株为一组，也显得过于呆板。

4. 四株配植

四株树的配植仍采用姿态、大小不同的同一树种，或最多为2个树种，最好同为乔木或灌木。3：1分组，大单株和小单株都不能单独成为一组。最基本的平面形式为不等边四边形或不等边三角形，如图2-8所示。

5. 五株树丛组合

五株树丛组合可以是1个树种或2个树种，分成3：2或4：1两组，若为两个树种，其中一组为两株或三株，分在两个组内，三株一组的组合原则与三株树丛的组合相同，两株一组的组合原则与两株树丛的组合相同。但是两组之间的距离不熊太远，彼此之间也要有呼应和均衡。平面布置可以是不等边三角形，不等边四边形，或不等边五边形，如图2-9所示。

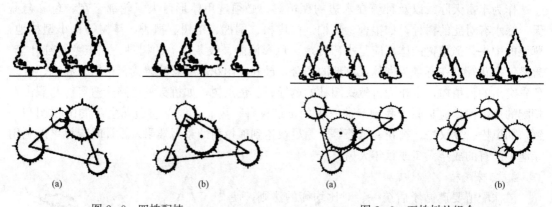

| (a) | (b) | (a) | (b) |

图 2-8　四株配植　　　　　　　　　图 2-9　五株树丛组合
(a) 四株丛植一；(b) 四株丛植二　　　(a) 五株丛植一；(b) 五株丛植二

6. 丛植

两株到十几株同种或异种乔木或灌木成丛地种植在一起称为丛植，丛植而成的集合体称为树丛。树丛是园林绿地中重点布置的一种种植类型，在园林种植中占总种植面积的25%～30%。树丛在除了可作为组成园林空间构图的骨架，还常做主景，起吸引游人视线、诱导方向、兼起对景的作用。

丛植不仅要考虑个体美，更要体现群体美。构成树丛的树木彼此间既有统一的联系又有

各自的变化，既存在于统一的构图中又表现出个体美。在设计树丛时，要很好地处理株间关系和植物种类间关系。就一个单元树丛而言，应有一种主调树，其余为配调树种。树丛可由单一树种组成单纯树丛，也可由两种以上乔灌木搭配栽植，还可与花卉、山石相结合。庇荫为主的树丛一般以单种乔木组成，树丛可供人游，但不能设道路，可设石桌、石凳和天然坐石等；观赏为主的树丛前面植灌木与草本花丛，后面植高大乔木，左右成揖拱或顾盼之状。要显示出错落有致，层次深远的自然美。丛植要注意地方色彩，要防止烦琐杂乱，同时还要考虑树种的生态学习性、观赏特性和生活习性相适应。

7. 群植

由十多株以上至百株左右的乔灌木混合栽植的人工群落结构叫群植。群植是构图上的主景，它与树丛不同之处在于其植株数量多，种植面积大，对单株要求不严格，更重要的一点是它相对郁闭的，表现的主要是群体美。

树群既可由单一树种组合，也可由多种树种组合，树群的树种不宜过多，必须主调突出，通常以 1～2 种为主，最多不超过 5 种。

树群的规模不可过大，一般长度不大于 60m，长宽比不大于 3：1。树群常与树丛共同组成园林的骨架，布置在林缘、草地、水滨、小岛等地成为主景。几个树群组合的树群组，常成为小花园、小植物园的主要构图，在园林绿地中应用很广，占较大的比重，是园林立体栽植的重要种植类型。在群植时，应注意树群的林冠线轮廓以及色相、季相效果，更应注意同种一类个体间及不同种类间的生态习性关系，达到较长时期的相对稳定性。如图 2-10 所示树群配植示例。

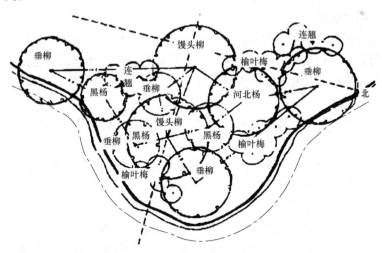

图 2-10 树群配植示例

8. 纯林

以单一的树种成片地栽植在大面积地块上，如图 2-11 所示。由于树种单纯，缺乏垂直郁闭景观和丰富的季相变化，为此常应同异龄树苗与起伏的地形结合，使林冠线断续起伏，以丰富树林的立面变化；亦可于林下配置一些开花华丽的耐阴的多年生草本花卉，如百合科、石蒜科，郁闭度不应太高，以 0.7～0.8 为宜。树种选择采用生长健壮、适应性强、姿态优美等富有观赏特征的乡土树种为宜。

图 2-11　纯林

9. 混交林

两种以上的树种成片地栽植在大面积地块上，如图 2-12 所示。一般具有垂直郁闭的层结构和较为丰富的季相变化。植物配置时，在供游人观赏的林缘和路边，既要采用复层混交形成垂直郁闭的层层景观，供人欣赏，又应布置单纯大乔木以留出一定的风景透视线，使游人视线纵深透入林内，洞察林下幽邃深远的空间效果，还可设置小型的草地或铺装场地以及简单的休息设施，供游人集散和休息。

图 2-12　混合林

二、园林植物的规则式组合

按照一定株行距成行栽植乔、灌木称为行列植。在景观上较为整齐、单纯而有气魄。主要配置在规则式的园林绿地中及道路两旁，也可采用人工修剪整齐的绿墙、绿篱等形式。如图 2-13 所示园林树木的规划式组合式样。

三、花卉的植物造景

常用各种花卉创造形形色色的花池、花坛、花境、花台、花箱等。它们是一种有生命的花卉群体装饰图案。多布置在公园、交叉路口、道路广场、主要建筑物之前和林荫大道、滨河绿地等风景视线集中处，起着装饰美化的作用。

1. 花池

由草皮、花卉等组成的具有一定图案画面的地块称为花池。因内部组成不同又可以分为草坪花池、花卉花池、综合花池等。

（1）草坪花池：一块修剪整齐而均匀的草地，边缘稍加整理，或布置成行的瓶饰、雕像、装饰花栏等，称为草坪花池。它适合布置在楼房、建筑平台前沿，形成开阔的前景，具有布置简单、色彩素雅的特点。

（2）花卉花池：在花池中既种草又种花，并可利用它们组成各种花纹或动物造型，称为花卉花池。池中的毛毡植物要经常修剪，保持 4~8cm 的高度，形成一个密实的覆盖层。适合布置在街心花园、小游园和道路两侧。

（3）综合花池：花池中既有毛毡图案，又在中央部分种植单色调低矮的一二年生花卉，称为综合花池。

2. 花坛

花坛外部平面轮廓具有一定几何形状，种以各种低矮的观赏植物，配植成各种图案的花池称为花坛。一般中心部位较高，四周逐渐降低，倾斜面在 5°~10°，以便排水，边缘用砖、水泥、瓶、磁柱等做成几何形矮边。花坛按形态可以分为平面花坛与立体花坛。因种植的方式不同可以分为花丛花坛与模纹花坛。

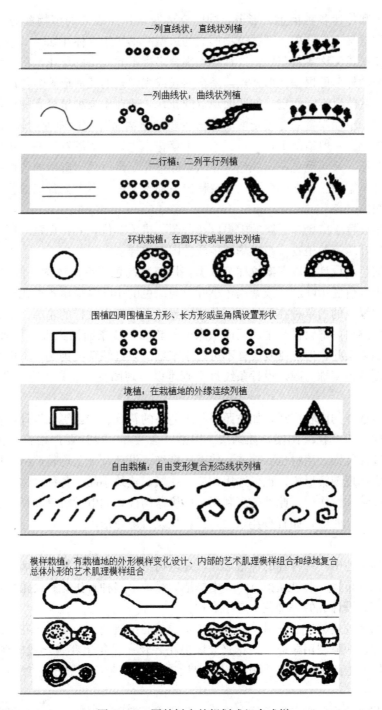

图 2-13　园林树木的规划式组合式样

（1）平面花坛，是指从表面观赏其图案与花色的花坛，其本身除了呈简单的几何形状外，一般不修饰成具体的形体，是园林中最为常见的花坛形式。

（2）立体花坛，是指运用一年生或多年生小灌木或草本植物种植在二维或三维的立体构架上，形成植物艺术造型，是一种园艺技术和园艺艺术的综合展示。它通过各种不尽相同的植物特性，表现和传达各种信息、形象，同时立体花坛作品表面的植物覆盖率至少要达到80%，因此通常意义上的修剪、绑扎植物形成的造型并不属于立体花坛。

（3）花丛花坛，又称集栽花坛，这种花坛集合多种不同规格的草花，将其栽植成有立体感的花丛。花坛的外形可根据地形特点，呈自然式或规则式的几何形等多种形式。内部花卉的配置可根据观赏位置不同而定，如四面观赏的花坛一般在中央种植稍高的植物品种，四周种植较矮的品种；单面观赏的花坛则前面种植较矮的植物品种，后面种植较高的植物品种，使其有前后层次感。一般情况下，以一、二年生草花为主，适当配置一些盆花。

（4）模纹花坛，又叫毛毡花坛或模样花坛，此种花坛是以色彩鲜艳的各种矮生性、多花性的草花或观叶草本为主，在一个平面上栽种出各种图案来，看上去犹如地毡，花坛外形均是规则的几何图形。

模纹花坛多设置于广场和道路的中央以及公园、机关单位，其特点是应用各种不同色彩的观叶植物或花叶均美的植物，组成华丽精致的图案纹样。

模纹花坛的色彩设计应以图案纹样为依据，用植物的色彩突出纹样，使之清晰而精美。如选用五色草中红色的小叶红，或紫褐色小叶黑与绿色的小叶绿描出各种花纹。为使之更清晰，还可以用白绿色的白草种在两种不同色草的界线上，突出纹样的轮廓。

模纹花坛以突出内部纹样为主，因而植床的外轮廓以线条简洁为宜，其面积不宜过大。内部纹样应精细复杂些，但点缀及纹样不可过于窄细。以红绿草类为例，不可窄于5cm，一般草本花卉以能栽植两株为限。设计条纹过窄则难以表现图案；纹样粗宽，色彩才会鲜明，使图案清晰。

内部图案可选择的内容广泛，如仿照某些工艺品的花纹、卷云等，设计成毡状花纹。用文字或文字和纹样组合构成图案，如国旗、国徽、会徽等，设计要严格符合比例，不可改动，周边可用纹样装饰，用材也要整齐，使图案精细。设计及施工均较严格，植物材料也要精选，从而真实体现图案形象。也可选用花篮、花瓶、建筑小品、各种动物、花草、乐器等图案或造型，起装饰性作用。此外还可利用一些机器构件，如电动机等和模纹图案共同组成有实用价值的各种计时器，如日晷花坛、时钟花坛及日历花坛等。

3. 花境

花境是园林绿地中一种特殊的种植形式，是以树丛、树群、绿篱、矮墙或建筑物作背景的带状自然式花卉布置。通过模拟自然界中林地边缘地带多种野生花卉交错生长的状态，运用艺术手法提炼、设计成的一种花卉应用形式。

花境外轮廓多较规整，通常沿某一方向作直线或曲折演进，而其内部花卉的配置成丛或成片，自由变化。一般利用露地宿根花卉、球根花卉及一二年生花卉，栽植在树丛、绿篱、栏杆、绿地边缘、道路两旁及建筑物前，以带状自然式栽种。亦可配置点缀花灌木、山石、器物等。

花境中的花卉植物色彩丰富，形态优美，花期或观赏期一般较长，不需经常更换，管理经济方便，能较长时间保持其群体自然景观，具有较好的群落稳定性，同时具有季相变化。

花境也是现代园林环境绿化美化和生态造景发展的重要内容，广泛应用于建筑基础环境、坡地、道边、水畔、绿地边界等庭园环境造景。

花境可设置在公园、风景区、街心绿地、家庭花园及林荫路旁。它是一种带状布置方式，因此可在小环境中充分利用边角、条带等地段，营造出较大的空间氛围，是林缘、墙基、草坪边级、路边坡地、挡土墙等的装饰；花境的带状式布置，还可起到分隔空间和引导游览路线的作用。

4. 花台

花台的形式因环境、风格而异。有盆景式，即以松、竹、梅、杜鹃、牡丹等传统植物为主，配饰以山石、小草，着重于花卉的姿态、风韵，不追求色彩的华丽。花坛式，以栽植草花做整形式布置，多选择株形较矮，繁密匍匐或枝叶下垂于台壁的花卉，如芍药、玉簪、鸢尾、兰花、天门冬、玉带草、牡丹、杜鹃、迎春等。因花台面积较小，一般只种 1~4 种花。

5. 花箱

用木、竹、瓷、塑料制造的、专供花灌木或草本花卉栽植使用的箱。可以制成各种形状，摆成各种造型的花坛、花台外形。机动灵活地布置在室内、窗前、阳台、屋顶、大门口、道旁、广场中央等处。

四、水体的植物造景

1. 岸边植物造景

园林中水体驳岸有石岸、混凝土岸和土岸等，规则式的石岸和混凝土岸在我国应用较多，线条显得生硬且枯燥，可在岸边配置合适的植物，借其枝叶来遮挡枯燥之处，从而使线条变得柔和。自然式石岸具有丰富的自然线条和优美的石景，在岸边点缀色彩和线条优美的植物，和自然岸边石头相配，使得景色富于变化。土岸曲折蜿蜒，线条优美，岸边的植物也应自然式种植，切忌等距离种植。

适于岸边种植的植物材料种类很多，有水松、落羽松、杉木、迎春、枫杨、垂柳、小叶榕、竹类、黄菖蒲、玉蝉花、马蔺、慈姑、千屈菜、萱草、玉簪、落新妇等。草本植物及小灌木多用于装饰点缀或遮掩驳岸，大乔木用于衬托水景并形成优美的水中倒影。国外自然水体或小溪的土岸边多种植大量耐水湿的草本花卉或野生水草，富有自然情调。

2. 水体边缘植物造景

水体边缘是水面和堤岸的分界线，水体边缘的植物配置既能对水面起到装饰作用，又能实现从水面到堤岸的自然过渡。

在自然水体景观中，一般选用适宜在浅水生长的挺水植物，如荷花、菖蒲、水葱、千屈菜、风车草、芦苇、水蓼、水生鸢尾等。这些植物本身具有很高的观赏价值，对驳岸也有很好的装饰遮挡作用。例如：成丛的菖蒲散植于水边的岩石旁或桥头、水榭附近，姿态挺拔舒展，淡雅宜人；千屈菜花色鲜艳醒目，娟秀洒脱，与其他植物或水边山石相配，更显得生动自然；芦苇植于水边能表现出"枫叶荻花秋瑟瑟"的意境，因此，芦苇多成片种植于湖塘边缘，呈现一片自然景象。

3. 水面植物造景

水面具有开畅的空间效果，特别是面积较大的水面常给人空旷的感觉。用水生植物点缀水面，可以增加水面的色彩，丰富水面的层次，使寂静的水面得到装饰与衬托，显得生机勃勃，而植物产生的倒影更使水面富有情趣。

适宜布置于水面的植物材料有荷花、王莲、睡莲、凤眼莲、萍蓬莲、两栖蓼、香菱等。不同的植物材料与不同的水面形成不同的景观。例如：在广阔的湖面种植荷花，碧波荡漾，浮光掠影，轻风吹过泛起阵阵涟漪，景色十分壮观；在小水池中点缀几丛睡莲，却显得清新秀丽，生机盎然；而王莲由于具有硕大如盘的叶片，在较大的水面种植才能显示其粗犷雄壮的气势；繁殖力极强的凤眼莲常在水面形成丛生的群体景观。

4．滩涂造景

在园林水景中可以再现自然的滩涂景观，结合湿生植物的配置，带给游人回归自然的审美感受。有时将滩涂和园路相结合，让人在经过时不仅看到滩涂，还须跳跃而过，顿觉妙趣横生，意味无穷。

5．沼泽造景

沼泽景观在面积较大的沼泽园中，种植沼生的乔、灌、草等植物，并设置汀步或铺设栈道，引导游人进入沼泽园的深处。在小型水景园中，除了在岸边种植沼生植物外，也常结合水池构筑沼园或沼床，栽培沼生花卉，丰富水景园的观赏层次。

水生植物还可用于绿化、美化干涸断流的河床，使河床在枯水季节依然充满情趣。水生植物除布置室外水景，形成宜人的景观效果外，还可用于室内观赏。用玻璃制成水草箱，种植各种翠绿光亮的水草，配上色彩斑斓的热带鱼漫游其中，能把室内布置得清新优雅。

五、垂直绿化

垂直绿化就是使用攀缘植物在墙面、阳台、花棚架、庭廊、石坡、岩壁等处进行绿化。由于攀缘植物依附建筑物或构筑物生长，所以占地面积少而绿化效果却很大。因此，在建筑密集的城市，对机关、学校、医院、工厂、居住区、庭院等进行垂直绿化，具有现实意义。许多攀缘植物对土壤、气候的要求并不苛刻，而且生长迅速，可以当年见效，因此，垂直绿化又具有省工、见效快的特点。

攀缘植物有其不同的生态习性和观赏价值，所以在绿化设计时要根据不同的环境特点、设计意图，科学地选择植物种类并进行合理的布置。在白粉墙及砖墙上，可以选择爬山虎、络石等，它们生长快、效果好，可形成生动的画面，秋季还可观赏叶色的变化。

垂直绿化的藤本植物可根据使用、观赏形式的不同适当选择。

1．棚架式

棚架式绿化在园林中可单独使用，也可用作由室内到花园的类似建筑形式的过渡物，一般以观果遮阴为主要目的。卷须类和缠绕类的攀缘植物均可使用，木质的如猕猴桃类、葡萄、五味子类、木通类、山柚藤、马兜铃等，草质的如西番莲、观赏南瓜、观赏葫芦等。花格、花架、绿亭、绿门一类的绿化方式也属于棚架式的范畴，但在植物材料选择上应偏重花色鲜艳、枝叶细小的种类，如铁线莲、三角花、双蝴蝶、蔓长春花、探春等。部分蔓生种类也可用作棚架式，如木香和野蔷薇及其变种七姊妹、荷花蔷薇等，但前期应当注意设立支架、人工绑缚以帮助其攀附。

2．凉廊式

凉廊式绿化是以攀缘植物覆盖长廊的顶部及侧方，从而形成绿廊或花廊、花洞。应选择生长旺盛、分枝力强、叶幕浓密而且花朵秀美的种类，一般多用木质的缠绕类和卷须类攀缘植物。因为廊的侧方多有格架，不必急于将藤蔓引至廊顶，否则容易造成侧方空虚。在北方可选用紫藤、金银花、南蛇藤、木通、蛇葡萄等落叶种类，在南方则有三角花、鸡血藤、炮仗花、常春油麻藤、龙须藤、使君子、红茉莉、串果藤等多种植物可供应用。

3．篱垣式

篱垣式主要用于矮墙、篱架、栏杆、钢丝网等处的绿化，以观花为主要目的。由于一般高度有限，对植物材料攀缘能力的要求不太严格，几乎所有的攀缘植物均可用于此类绿化，但不同的篱垣类型各有适宜材料。钢丝网、竹篱、小型栏杆的绿化以茎柔叶小的草本种类为宜，如牵牛花、香豌豆、月光花、倒地铃、打碗花、海金沙、金钱吊乌龟等，在背阴处还可选用瓜叶乌头、荷包藤、两色乌头、竹叶子等；普通的矮墙、钢架等可选植物更多，如蔓生类的野蔷薇、藤本月季、云实、软枝黄蝉，缠绕类的使君子、金银花、探春、北清香藤，具卷须的炮仗藤、甜果藤，具吸盘或气生根的五叶地锦、蔓八仙、凌霄等。

4. 附壁式

附壁式绿化只能选用吸附类攀缘植物，可用于墙面、裸岩、桥梁、假山石、楼房等设施的绿化。较粗糙的表面可选择枝叶较粗大的种类如有吸盘的爬山虎、崖爬藤，有气生根的凌霄、常春卫矛、钻地枫、海风藤、冠盖藤等，而表面光滑、细密的墙面如马赛克贴面则宜选用枝叶细小、吸附能力强的种类如络石、石血、紫花络石、小叶扶芳藤、常春藤等。在华南地区，阴湿环境还可选用蜈蚣藤、量天尺、绿萝、球兰等。

5. 立柱式

随着城市建设，各种立柱如电线杆、灯柱、高架桥立柱、立交桥立柱等不断增加，它们的绿化已经成为垂直绿化的重要内容之一。另外，园林中一些枯树如能加以绿化也可给人一种枯木逢春的感觉。从一般意义上讲，缠绕类和吸附类的攀缘植物均适于立柱式绿化，用爬山虎、五叶地锦、常春油麻藤、常春藤、木通、南蛇藤、络石、金银花、南五味子、软枣猕猴桃、蝙蝠葛、扶芳藤等耐阴种类。一般的电线杆及枯树的绿化可选用观赏价值高的如凌霄、络石、素方花、西番莲等。植物材料宜选用常绿的耐阴种类如络石、扶芳藤、常春藤、南五味子、海金沙等，以防止内部空虚，影响观赏效果。

第三章 园林地形设计

第一节 园林地形的设计基础

一、园林地形设计的原则

1. 边坡稳定性

在地表塑造时，地形起伏应适度，坡长应适中。通常，坡度小于1％的地形易积水、地表不稳定；坡度介于1％～5％的地形排水较理想，适合于大多数活动内容的安排；但当同一坡面过长时，显得较单调，易形成地表径流。坡度介于5％～10％之间的地形排水良好，而且具有起伏感，坡度大于10％的地形只能局部小范围加以利用。

2. 因地制宜

在进行园林工程地形设计时，为达到用地功能、园林意境、原地形特点三者之间的有机统一，应在充分利用原有地形地貌的基础上，加以适当的地形改造，公园地形设计时，应顺应自然，充分利用原地形，宜水则水、宜山则山，布景做到因地制宜，得景随形。这样有利于减少土方工程量，从而节约劳动力，降低基建费用。

3. 创造适合园林植物生长的种植环境

城市园林中的用地，由于受城市建筑、城市垃圾等因素的影响，土质极为恶劣，对植物生长极为不利。因此，在进行园林设计时，要通过利用和改造地形为植物生长发育创造良好的环境条件。城市中较低凹的地形可挖湖，并用挖出的土在园中堆山；为适宜多数乔木生长，可抬高地面；利用地形坡面，创造一个相对温暖的小气候条件，满足喜温植物的生长等。利用地形的高低起伏改变光照条件为不同的需光植物创造适生条件。

4. 园林用地功能划分

园林空间是一个综合性的环境空间，它既是一个艺术空间，同时也是一个生活空间，而可行、可赏、可游、可居是园林设计所追求的基本思想。因此，在建园时，对园林地形的改造需要考虑构园要素中的水体、建筑、道路、植物在地形骨架上的合理布局及其比例关系。对园林中的各类要素大致的要求为：

植物约占60％以上，水体占20％～25％，建筑约为3％～5％，道路为5％～8％。在具体的设计中，各部分比例可酌减，但植物不得少于60％。

二、地形处理的几种情况

园林中所有的景物、景点及大多数的功能设施都对地形有着多方面的要求。由于功能、性质的不同，对地形条件的要求也不同。园林绿地要结合地形造景或修建必要的实用性建筑。如果原有地形条件与设计意图和使用功能不符，就需要加以处理和改造，使之符合造园的需要。园林建设中，对地形进行处理一般有如下几种要求。

1. 园林功能的要求

园林中各项功能要求决定了地形处理的必要性，不同功能分区及景点设施对于地形的要求也有所不同。如文化娱乐、体育活动、儿童游戏区要求场地平坦，而游览观赏区最好要有起伏的地形及空间的分隔，水上娱乐区应有满足不同需要的水面等。

2. 园林造景的要求

园林造景要根据园林用地的具体条件及中国传统的造园手法，通过地形改造构成不同的空间。如要突出立面景观，就得使地形的起伏度、坡度较大；若要创设开朗风景，则可利用开阔的地段形成开敞的空间，地形的坡度要小。

3. 植物种植方面的要求

植物有多种不同的生态习性，要想形成生物多样、生态稳定的植物群落景观，就必须对地形进行改造和处理，从而为各种植物创造出适宜的种植环境。这样既可丰富植物景观，又可保证植物有较好的生态条件。

4. 城市环境的要求

园林景观是城市面貌的组成部分，城市格局当然就会对园林地形的处理产生影响。如风景区或公园出入口的设计，就取决于周围地形环境因素和公园内外联系的需要。由于周围环境是一个定值，因此，园林出入口的位置、集散广场、停车场的布置要根据环境的变化进行处理。

5. 弥补自然地形现状缺陷的要求

土地的现状不一定能满足设计的需要，必须在改造处理之后才能为园林建设所用。如由于一些大城市纷纷建起了高层建筑，其周围的地上、地下管线星罗棋布，挤占或破坏了绿化用地，如果不进行改土换土，就不能栽种植物，因此也需要根据地形状况进行必要的处理。

6. 园林工程技术的要求

在园林工程措施中，要考虑地形与园内排水的关系。地形不能造成积水和涝害，要有利于排水。同时，也要考虑排水对地形坡面稳定性的影响，进行有目的的护坡、护岸处理。在坡地设置建筑，需要对地形进行整平改造；在洼地开辟水体，也要改变原地形，挖湖堆山，降低和抬高一部分地面的高程。即使是一般的建筑修建，也需要破土挖槽，做好基础工程。所以，地形处理也是园林工程技术的要求。

第二节 园林地形的类型

一、平地

由于排水的需要，园林中完全水平的平地是没有意义的。因此，园林中的平地是具有一定坡度的相对平整的地面。为避免水土流失和提高景观效果，单一坡度的地面不宜延续过长，应有小的起伏或施工成多个坡面。平地坡度的大小，可根据植被和铺装情况以及排水要求而定。

1. 平地分类

（1）种植平地。如游人散步草坪的坡度可大些，介于1%～3%较理想，以求快速排水，便于安排各项活动和设施。

（2）铺装平地。广场铺地的坡度可小些，宜在0.3%～1.0%之间，但排水坡面应尽可能多向，以加快地表排水速度。如广场、建筑物周围、平台等。

2. 视觉效果及园林用途

（1）视觉效果。较为空旷、开阔。没有任何屏障，景观具有强烈的视觉连续性，与水平造型相互协调，使其很自然地同外部环境相吻合，与垂直造型形成鲜明的对比，使景物更加突出，如天安门广场的人民英雄纪念碑。

但平地不能形成私密的空间，私密空间的建立需要借助其他要素，如植物、建筑等。

（2）园林用途。它可作为集散广场、交通广场、草地和建筑等方面的用地，便于开展各种集体性的文体活动。容纳游人较多，利于人流集散，供游人游览和休息，形成开朗的园林景观。

二、坡地

坡地一般与山地、丘陵或水体并存。其坡向和坡度大小视土壤、植被、铺装、工程设施、使用性质以及其他地形地物因素而定。坡地的高程变化和明显的方向性（朝向）使其在造园用地中具有广泛的用途和施工灵活性。但坡地、坡角超过土壤的自然安息角时，为保持土体稳定，应当采取护坡措施，如砌挡土墙、种植地被植物和堆叠自然山石等。

1. 坡地的形式

（1）缓坡地。在地形中属陡坡与平地或水体间的过渡类型。道路、建筑布置均不受地形约束，可作为活动场地和种植用地，如作为篮球场（坡度 i 取 3%~5%）、疏林草地（i 取 3%~6%）等。

（2）中坡地。在建筑区需设台阶，建筑群布置受限制，通车道路不宜垂直于等高线布置。坡角过长时，可与台阶及平台交替转换，以增加舒适性和平立面变化。

（3）陡坡地。道路与等高线应斜交，建筑群布置受较大限制。陡坡多位于山地处，作活动场地比较困难，一般作为种植用地。25%~30%的坡度可种植草皮，25%~50%的坡度可种植树木。

（4）急坡地。急坡地是土壤自然安息角的极值范围。急坡地多位于土石结合的山地，一般用作种植林坡。道路一般需曲折盘旋而上，梯道需与等高线呈斜角布置，建筑需做特殊处理。

（5）悬崖和陡坎。坡度大于90%，坡角在45°以上，已超出土壤的自然安息角。一般位于土石山或石山，种植需采取特殊措施（如挖鱼鳞坑修树池等）保持水土、涵养水分。道路及梯道布置均困难，工程措施投资大。

2. 园林中常见的坡地利用方式

（1）利用坡地组织和分隔空间，创造富于变化的空间景观。如山顶障住谷底的不悦物。

（2）利用坡地控制游览视线。如土山障住山后的不悦物，利用坡地挡住不悦物；坡地形成夹景，使游览者视线引向前方停留在某一特殊焦点上；利用倾斜的坡面展示观赏因素；利用地形控制视线及创造空间，如图3-1所示；利用地形控制视线及引导游览，如图3-2所示；利用坡道障景先藏后露，如图3-3所示；利用坡地的障景视觉效果，引起观赏者的好奇心和观赏欲望，如图3-4所示。

（3）利用坡地影响导游路线和速度。

（4）利用坡地改善局部小气候。

（5）利用坡地形成良好的自然排水类型和水景景观。

视线和空间中地形的效果

图 3-1 利用地形控制视线及创造空间

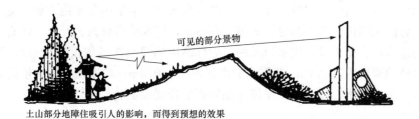

土山部分地障住吸引人的影响, 而得到预想的效果

图 3-2 利用地形控制视线及引导游览

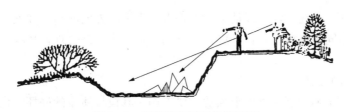

图 3-3 利用坡道障景先藏后露

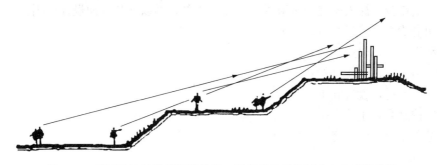

图 3-4 利用坡地的障景视觉效果, 引起观赏者的好奇心和观赏欲望

三、山地

园林山地多为土山, 它直接影响到空间的组织、景物的安排、天际线的变化和土方工程量等, 园林中的土山地按其在组景中的功能不同可分为主景山、背景山、障景山和配景山。

(1) 主景山。体量大, 位置突出, 山形变化丰富, 构成园林主题, 便于主景升高, 多用于主景式园林, 高 10m 以上。

(2) 背景山。用于衬托前景, 使前景更加明显, 用于纪念性园林, 高 8～10m。

(3) 障景山。阻挡视线, 用于分隔和围合空间形成不同景区, 增加空间层次, 呈蜿蜒起伏丘陵状，高 1.5m 以上。

（4）配景山。用于点缀园景，登高远眺，增加山林之趣，一般园林中普遍运用，多为主山高度的 1/3～2/3。

四、其他地形

（1）丘陵。丘陵的坡度一般在 10%～25% 之间，在土壤的自然安息角以内不需工程措施，高度也多在 1～3m，在人的视平线高度上下浮动。丘陵在地形施工中可视作土山的余脉、主山的配景、平地的外缘。

（2）水体。理水是地形施工的主要内容，水体施工应选择低或靠近水源的地方，因地制宜，因势利导。山水结合，相映成趣。在自然山水园中，应呈山环水抱之势，动静交呈，相得益彰。配合运用园桥、汀步、堤、岛等工程措施，使水体有聚散、开合、曲直、断续等变化。水体的进水口、排水口、溢水口及闸门的标高应满足功能的需要并与市政工程相协调。汀步、无护栏的园桥附近 2.00m 范围内的水深不大于 0.5m；护岸顶与常水位的高差要兼顾景观、安全、游人近水心理和防止岸体冲刷等要求合理确定。

第三节　园林地形的竖向设计

地形竖向设计是指在设计区场地上进行垂直于水平面方向的布置和处理。竖向设计应与园林绿地总体规划同时进行。在设计中，应做到园林工程经济合理，环境质量舒适良好，风景景观优美动人。

一、竖向设计的原则

竖向设计是直接塑造园林立面形象的重要工作。其设计质量的好坏、设计所定各项技术经济指标的高低以及设计的艺术水平如何，都将对园林建设的全局造成影响。因此，在设计中不仅要反复比较、深入研究、审慎落笔之外，还要遵循以下几方面设计原则：

（1）功能优先，造景并重；

（2）利用为主，改造为辅；

（3）因地制宜，顺应自然；

（4）就地取材，就近施工；

（5）填挖结合，土方平衡。

二、竖向设计具体内容

1. 地形设计

地形设计和整理是竖向设计的一项主要内容。地形骨架的"塑造"，山水布局，峰、峦、坡、谷、河、湖、泉、瀑等地貌小品的设置，它们之间的相对位置、高低、大小、比例、尺度、外观形态、坡度的控制和高程关系等都要通过地形设计来解决。不同的土质有不同的自然倾斜角。山体的坡度不宜超过相应土壤的自然安息角。水体岸坡的坡度也要按有关规范的规定进行设计和施工。水体的设计应解决水的来源、水位控制和多余水的排放。

2. 园路、广场、桥涵和其他铺装场地的设计

图纸上应以设计等高线表示出道路（或广场）的纵横坡和坡向，道桥连接处及桥面标高。在小比例图纸中则用变坡点标高来表示园路的坡度和坡向。

在寒冷地区，冬季冰冻、多积雪。为安全起见，广场的纵坡应小于 7%，横坡不大于

2%；停车场的最大坡度不大于 2.5%；一般园路的坡度不宜超过 8%。超过此值应设台阶，台阶应集中设置。为了游人行走安全，避免设置单级台阶。另外，为方便伤残人员使用轮椅和游人推童车游园，在设置台阶处应附设坡道。

3. 植物种植在高程上的要求

在规划过程中，公园基地上可能会有些有保留价值的老树。其周围的地面依据设计如需增高或降低，应在图纸上标注出保护老树的范围、地面标高和适当的工程措施。植物对地下水很敏感，有的耐水，有的不耐水，如雪松等，规划时应与不同树种创造不同的生活环境。水生植物种植，不同的水生植物对水深有不同要求，有湿生、沼生、水生等多种，如荷花适宜生活于水深 0.6～1m 的水中。

4. 建筑和其他园林小品

建筑和其他园林小品（如纪念碑、雕塑等）应标出其地坪标高及其与周围环境的高程关系，大比例图纸建筑应标注各角点标高。如在坡地上的建筑，是随形就势还是设台筑屋；在水边上的建筑物或小品，则要标明其与水体的关系。

5. 排水设计

在地形设计的同时要考虑地面水的排除，一般规定无铺装地面的最小排水坡度为 1%，而铺装地面则为 5%，但这只是参考限值，具体设计还要根据土壤性质和汇水区的大小、植被情况等因素而定。

6. 管道综合

园内各种管道（如供水、排水、供暖及煤气管道等）的布置，难免有些地方会出现交叉，在规划上就须按一定原则，统筹安排各种管道交会时合理的高程关系，以及它们和地面上的构筑物或园内乔灌木的关系。

三、竖向设计的方法

竖向设计的表达方法有多种，一般有等高线法、断面法和模型法三种。

1. 等高线法

等高线法是园林地形设计中最常用的方法。由于在绘有原地形等高线的地图上用设计等高线进行设计，所以在同一张图纸上便可表达原有地形、设计地形、平面布置及各部分的高程关系，能极大地方便设计。

（1）概念。所谓等高线，就是绘制在平面图上的线条，将所有高于或低于水平面、具有相等垂直距离的各点连接成线。等高线也可以理解为一组垂直间距相等、平行于水平面的假想面与自然地形相交切所得到的交线在平面上的投影。等高线表现了地形的轮廓，它仅是一种象征地形的假想线，在实际中并不存在。等高线法中还有一个需要了解的相关术语，就是等高距。等高距是一个常数，它指在一个已知平面上任何两条相邻等高线之间的垂直距离。如图 3-5 所示，为等高线形成过程。

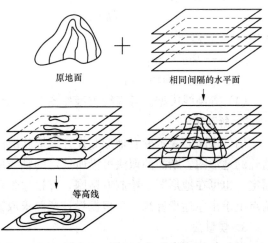

原地面　　　相同间隔的水平面

等高线

图 3-5　等高线的形成过程

（2）性质。每一条等高线都是闭合的，在同一条等高线上的所有的点，其高程都相等，如图3-6所示。

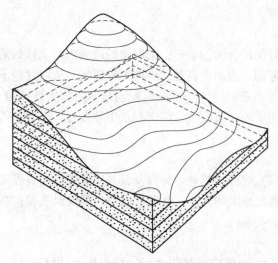

图3-6　等高线在切割面上闭合的情况

等高线水平间距的大小，表示地形的缓或陡。如疏则缓，密则陡。等高线的间距相等，表示该坡面的角度相同，如果该组等高线平直，则表示该地形是一处平整过的同一坡度的斜坡。

等高线一般不相交或重叠，只有在悬崖处等高线才可能出现相交的情况。在某些垂直于地平面的峭壁、地坎或挡土墙驳岸处等高线才会重合在一起。

等高线在图纸上不能直穿横过河谷、堤岸和道路等；由于以上地形单元或构筑物在高程上高出或低陷于周围地面，所以等高线在接近低于地面的河谷时转向上游延伸，而后穿越河床，再向下游走出河谷；如遇高于地面的堤岸或路堤时等高线则转向下方，横过堤顶再转向上方而后走向另一侧。

（3）用等高线设计地形的方法。用设计等高线进行竖向设计时一般经常用到两个公式：一是用插入法求两相邻等高线之间任一点的公式；二是坡度公式。

1）插入法：如图3-7所示，为一地形图局部，求A点的高程。

B点高程为65m，A点位于两条等高线之间，通过A点画一条大致垂直于等高线的线段mn，则可确定nA点占mn的几分之几，从而可确定A点高程。

$$H_A = H_B + nA/mn \times (68m - 65m)$$
$$= 65m + 0.7 \times 3m$$
$$= 67.1m$$

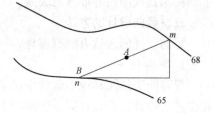

图3-7　地形图局部
（用插入法求A点高程，单位：m）

2）坡度公式：

$$I = h/L$$

式中　I——坡度，%；

　　　h——高差，m；

　　　L——水平间距，m。

（4）等高线类型。等高线类型如图3-8所示。

2. 断面法

用许多断面表示原有地形和设计地形状况的方法，这种方法便于土方量计算，但需要较精确的地形图。断面的取法可沿所选定的轴线取设计地段的横断面，断面间距根据所需精度而定。也可在地形图上绘制方格网，方格边长可依据设计精度确定。设计方法是在每一方格角点上求出原地形标高，再根据设计意图求取该点的设计标高。

3. 模型法

用制作模型方法进行的地形设计方法，优点是直观形象，缺点是费工、费时、费料且投

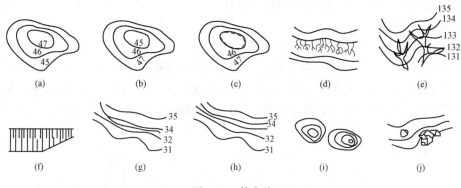

图 3-8 等高线

(a) 山丘；(b) 盆地；(c) 凹地；(d) 峭壁；(e) 冲沟；(f) 护坡；(g) 陡坡；(h) 缓地；(i) 鞍部；(j) 露岩

资大。制作材料有陶土、土板、泡沫板等。

第四节 挡土墙的设计

一、挡土墙的形式

挡土墙有很多种形式，工程上常见的有重力式、悬臂式、扶壁式、板桩式、锚定式、加筋土挡土墙和土钉墙等。挡土墙形式不同，其应用条件也不一样，实际工程中选用挡土墙形式时，需综合考虑工程地质、水文条件、地形条件、环境条件、作用荷载、施工条件和造价等因素。

园林中通常采用重力式挡土墙，即借助于墙体的自重来维持土坡的稳定。

1. 重力式挡土墙

重力式挡土墙断面较大，常做成梯形断面，主要靠自重来维持土压力下的自身稳定，如图 3-9 所示。由于它要承受较大的土压力，故墙身常用浆砌石、浆砌混凝土预制块、现浇混凝土等材料。由于重力式挡土墙体积和重力都较大，常导致较大的基础压应力，所以软土地基上它的高度往往受到地基承载力的限制而不能筑得太高；地基条件较好时，如果墙太高，则不经济。因此重力式挡土墙常在挡土高度不太大时使用，其墙高可达到 8～10m。重力式挡土墙具有就地取材、形式简单、施工方便等优点。

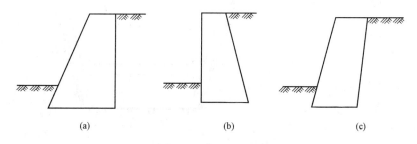

图 3-9 重力式挡土墙

2. 悬臂式挡土墙

悬臂式挡土墙属于轻型结构挡土墙，材料一般为钢筋混凝土，靠底板上的填土重量来维持挡土墙的稳定性，用于8m以下的墙高较为有利，如图3-10所示。悬臂式挡土墙具有体积小、工程量小等优点。

3. 扶壁式挡土墙

扶臂式挡土墙也属于轻型结构挡土墙，材料一般为钢筋混凝土。它是为了增强悬臂式挡土墙的抗弯性能，在悬臂式挡土墙的基础上，沿长度方向每隔0.8～1.0倍墙高距离做一跺扶臂，如图3-11扶臂式挡土墙用于墙高9～15m的情况下较为经济。其优点是工程量小，缺点是施工较复杂。

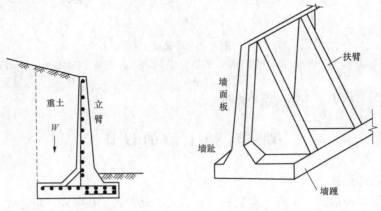

图3-10 悬臂式挡土墙　　　　　图3-11 扶臂式挡土墙

4. 板桩式挡土墙

板桩式挡土墙主要用于基坑开挖或边坡支护，材料为钢板桩和钢筋混凝土板桩，分为悬臂式（独立式）挡土墙［图3-12（a）］、支撑式挡土墙［图3-12（b）］。悬臂式板桩墙用于高度8m以下的情况，靠将立板打入较深地层中来维持其稳定性。支撑式板桩墙一般用于高度15m。以下的情况，主要构件有立板和支撑，其稳定性主要靠支撑来维持，支撑有单层、双层、多层等。

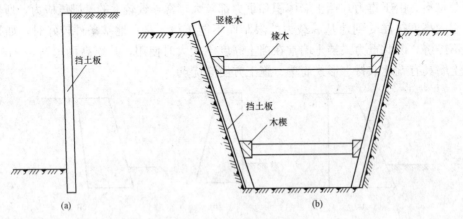

图3-12 板桩式挡土墙
(a) 悬臂式（独立式）；(b) 支撑式

5. 锚定式挡土墙

锚定式挡土墙分为锚桩式、锚板式、锚杆式等。

　　锚桩式挡土墙由立板（挡板）、梁帽、拉杆、锚桩等构件组成。依靠锚桩的抗拔力来维持结构的整体稳定，挡板是挡土墙的承压构件，其建筑高度可达 10m，如图 3-13（a）所示。锚板式挡土墙由立板（挡板）、连接件、拉杆、锚板等组成。依靠锚板的抗拔力维持稳定，建筑高度可达 15m 以上，如图 3-13（b）所示。锚杆式挡土墙的建筑高度可达 15m 以上，设有立板（挡板）、连接件、锚杆和锚固体等。这种形式的挡土墙，锚杆末端设端板或弯钩，靠锚杆或锚固体与周边土层的摩阻力来平衡传力，当条件允许时，可对锚杆孔进行高压灌浆处理，使其建筑高度有较大提高，如图 3-13（c）所示。

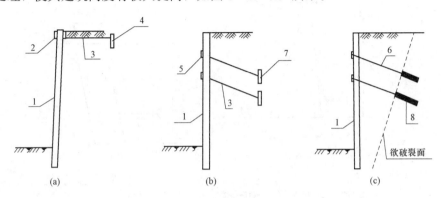

图 3-13　锚定式挡土墙

(a) 锚桩式；(b) 锚板式；(c) 锚杆式

1—立板；2—梁帽；3—拉杆；4—锚桩；5—连接件；6—锚杆；7—锚板；8—锚杆孔（灌浆）

　　6. 加筋土挡土墙

　　加筋土挡土墙由立板（面板或挡板）、筋材和填土共同组成。立板可由钢筋混凝土预制或钢筋混凝土现浇而成；筋材主要有土工合成材料和金属材料。加筋土是在立板后面的填料中分层加入抗拉的筋材，依靠这些改善土的力学性能，提高土的强度和稳定性。这类挡土墙广泛应用于路堤、堤防、岸坡、桥台等各类工程中，如图 3-14 所示。

　　7. 土钉墙

　　土钉墙是在天然土体或破碎软弱岩质路堑边坡中打入土钉，通过土钉对原位土体进行加固，并与喷射混凝土面板相结合，形成一个类似重力挡墙来抵抗墙后的土压力，从而提高土体的强度，保持开挖面的稳定。土钉墙应用于基坑开挖支护和挖方边坡等方面，具有施工噪声小，振动小，不影响环境，成本低，施工不需单独占用场地，施工设备简单等优点，如图 3-15 所示。

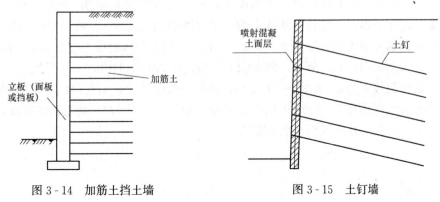

图 3-14　加筋土挡土墙　　　　　　　　图 3-15　土钉墙

二、挡土墙横断面尺寸的决定

挡土墙横断面的结构尺寸根据墙高来确定墙的顶宽和底宽。压顶石和趾墙还要另行酌定。实际工作中，较高的挡土墙必须经过结构工程师专门计算，保证其稳定，才能施工。

重力式挡土墙的断面有梯形断面 [图3-16（a）]、平行四边形断面 [图3-16（b）]、仰斜四边形断面 [图3-16（c）]、扩大基础的梯形断面 [图3-16（d）] 及衡重式挡土墙断面 [图3-16（e）] 等。

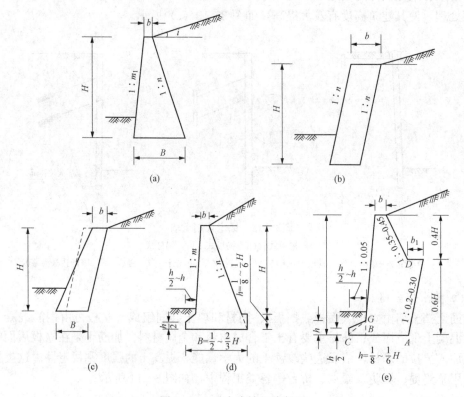

图3-16　重力式挡土墙断面

(a) 梯形断面；(b) 平行四边形断面；(c) 仰斜四边形断面；
(d) 扩大基础的梯形断面；(e) 衡重式挡土墙断面

重力式挡土墙的断面尺寸随墙型和墙高而变。但一般来说其墙面胸坡和墙背的背坡选用 $1:0.2 \sim 1:0.3$。仰斜墙背坡度越缓，土压力越小。但为避免施工困难及稳定的要求，墙背坡度不小于 $1:0.25$。对于垂直墙，如地面较陡时，墙面坡度可采用，$1:0.05 \sim 1:0.2$，对于中高墙，地势平坦时，墙面坡度可较缓，但不宜缓于 $1:0.4$。墙顶宽度一般为 $H/12$ 左右，且对于钢筋混凝土挡土墙不小于 $0.2m$，混凝土和石砌体的挡土墙不小 $0.4m$。对于衡重式挡土墙，如图3-16（e）所示，墙面胸坡一般设计为仰斜 $1:0.05$，墙背上部（衡重台以上部分）的俯斜坡度为 $1:0.35 \sim 1:0.45$，高度一般设计为 $0.4H$（H 为挡土墙的高度）；墙背下部的仰斜坡度采用 $1:0.2 \sim 1:0.3$，高度一般设计为 $0.6H$。衡重台的宽度 b_1 一般取为 $(0.15 \sim 0.17)H$，且不应小于墙顶宽度 b。

第四章 假山与置石设计

第一节 假山与置石设计的概述

一、假山的分类

1. 依堆山主要材料分

（1）土山。以土壤作为基本堆山材料，在陡坎、陡坡处，可用块石作护坡、挡土墙或作蹬道，但一般不用自然山石在山上造景。这类假山占地面积往往很大，是构成园林基本地形和基本景观的重要构造因素。在实际造园中，常利用建筑垃圾（废砖瓦、墙土等）堆积成山，外覆土壤而成。

（2）石山。堆山材料主要是自然山石，只在石间空隙处填土配植植物。由于这类山造价较高，故这种假山一般规模都比较小，主要用在庭院、水池等空间比较闭合的环境中，或者在挡土墙一侧作为瀑布、滴泉的山体来应用，取得事半功倍的景观效果。

（3）带石土山。主要堆山材料是泥土，只在土山的山凹、山麓点缀有岩石，在陡坎或山顶部分用自然山石堆砌成悬崖绝壁景观，一般还有山石做成的梯级和磴道。带石土山可以做得比较高，但其用地面积却比较少，多用在较大的庭园中。

（4）带土石山。山体从外观看主要是由自然山石造成的，山石多用在山体的表面，由石山墙体围成假山的基本形状，墙后则用泥土填实。这种土石结合而露石不露土的假山占地面积较小，山的特征却尤为突出，适宜于营造奇峰、悬崖、深峡、崇山峻岭等多种山地景观，尤其是在古典园林中最为常见。

（5）塑山。

1）FRP 塑山、塑石：FRP 是玻璃纤维强化树脂的简称，俗称玻璃钢。它是由不饱和聚酯树脂与玻璃纤维结合而成的一种质量轻、质地韧的复合材料。FRP 工艺成型速度快、质薄而轻、刚度好、耐用、价廉，方便运输，可直接在工地施工，适用于异地安装的塑山工程。但对操作者的要求高；劳动条件差，树脂溶剂为易燃品；工厂制作过程中产生有毒气体；玻璃钢在室外强日照下，受紫外线的影响，易导致表面酥化，寿命为 20～30 年。

2）GRC 假山：GRC 是玻璃纤维强化水泥的简称，是将抗碱玻璃纤维加入到低碱水泥砂浆中硬化后产生的高强度的复合物。优点是：石的造型、皱纹逼真，具岩石坚硬润泽的质感，模仿效果好；材料自身质量轻，强度高，抗老化且耐水湿，易进行工厂化生产，施工方法简便、快捷、造价低，可在室内外及屋顶花园等处广泛使用；GRC 假山造型设计、施工工艺较好，可塑性大，在造型上需要特殊表现时可满足要求，加工成各种复杂型体，与植物、水景等配合，可使景观更富于变化和表现力；GRC 造假山可利用计算机进行辅助设计，结束过去假山工程无法做到石块定位设计的历史，使假山不仅在制作技术，而且在设计手段上取得了新突破；具有环保特点，可取代真石材，减少对天然矿产及林木的开采。

3）CFRC 塑石：CFRC 即碳纤维增强混凝土。20 世纪 70 年代，英国首先制作出聚丙烯腈基碳素纤维增强水泥基材料的板材，并应用于建筑，开创了 CFRC 应用的先例。

4）CFRC 人工岩：是把碳纤维搅拌在水泥中，制成碳纤维增强混凝土并用于造景工程。其抗盐侵蚀、抗水性、抗光照能力等方面均明显优于 GRC，并具抗高温、抗冻融干湿变化等优点。其长期强度保持，适合于河流、港湾等各种自然环境的护岸、护坡。由于其具有电磁屏蔽功能和可塑性，因此可用于隐蔽工程等，更适用于园林假山造景、彩色路石、广告牌、浮雕等各种景观的再创造。

2. 依景观特征分

（1）仿真型。假山的造型是真实自然山形的模仿或微缩，山景逼真。峰、崖、岭、谷、洞、壑的形象都按照自然山形塑造，能够以假乱真，达到"虽由人作，宛自天开"的景观效果。

（2）写意型。山景具有一些自然山形特征，但经过明显的抽象概括和夸张处理。在塑造山形时，特意夸张了山体的动势、山形的变异和山景的寓意，而不再以真山山形为造景的主要依据。

（3）透漏型。山景基本没有自然山形的特征，而是由很多穿眼嵌空的奇形怪石堆叠成可游可行可登攀的石山地。山体中洞穴、孔眼密布，透漏特征明显，身在其中也能感到一些山地境界。

（4）实用型。这类假山既可以有自然山形特征，又可以没有山的特征，其造型多数是一些庭院实用品的形象，如庭院山石门、山石屏风、山石楼梯、山石墙等。在现代公园中，也常把工具房、配电房、厕所等附属小型建筑掩藏在假山内部。

（5）盆景型。在一些园林庭园中，布置成大型的山水盆景。盆景中的山水景观大多数都是按照真山真水形象塑造的，而且还有着显著的小中见大的艺术效果，能够让人领会到咫尺千里的山水意境。

3. 依环境取景造山分

（1）以楼面做山。以楼房建筑为主，用假山叠石做陪衬，强化周围的环境气氛。这种类型在园林建筑中普遍采用。

（2）依坡岩叠山。多与山亭建筑相结合，利用土坡山丘的边岩掇石成山。将石块半嵌在土中，显得厚重有根。土壤自然潮湿，使得林木芳草丛生，在山上建一小亭，更显得幽雅自然。

（3）水中叠岛成山。在水中用山石堆叠成岛山，在山上配以建筑。这种假山工程庞大，但具有非常的诱惑力。

（4）点缀型小假山。在庭院中、房屋旁、水池边，用几块山石堆叠的小假山，作为环境布局的点缀。高不过屋檐，径不过 5 尺（1m＝3 尺），规模不大，小巧玲珑。

二、山石的种类

从一般掇山所用的材料来看，假山的材料可以概括为如下几大类，每一类又因各地地质条件不一可细分为多种。

1. 湖石

湖石因原产太湖一带而得名，是在江南园林中运用最为普遍的一种，也是历史上开发较早的一类山石。湖石在我国分布很广，但在色泽、纹理和形态方面有些差别。湖石又可分为 5 种。

（1）太湖石。色泽于浅灰中露白色，比较丰润、光洁，紧密的细粉砂质地，质坚而脆，纹理纵横，脉络显隐。轮廓柔和圆润，婉约多变，石面环纹、曲线婉转回还，穴窝（弹子窝）、孔眼、漏洞错杂其间，使石形变异极大。太湖石原产于苏州所属太湖中的西洞庭山，江南其他湖泊区也有出产，如图4-1所示。

（2）房山石。新开采的房山石呈土红色、橘红色或更淡一些的土黄色，日久以后表面带些灰黑色。质地坚硬，质量大，有一定韧性，不像太湖石那样脆。这种山石也具有太湖石的窝、沟、环、洞的变化，因此，也有人称它们为北太湖石，如图4-2所示。它的特征除了颜色和太湖石有明显的区别以外，相对密度比太湖石大，扣之无共鸣声，多密集的小孔穴而少有大洞，因此外观比较沉实、浑厚、雄壮。这和太湖石外观轻巧、清秀、玲珑有明显差别。与这种山石比较接近的还有镇江所产的砚山石，其形态颇多变化而色泽淡黄清润，扣之微有声。房山石产于北京房山区大灰厂一带的山上。

图4-1　太湖石　　　　　　　　　　图4-2　房山石

（3）英德石。原产广东省英德县一带。岭南园林中有用这种山石掇山，也常见于几案石品。英德石质坚而特别脆，用手指弹扣有较响亮的共鸣声。淡青灰色，有的间有白脉笼络。这种山石多为中、小形体，很少见有很大块的。英德石又可分白英、灰英和黑英三种，一般以灰英居多，白英和黑英均甚为罕见，所以多用作特置和散置，如图4-3所示。

（4）灵璧石。原产安徽省灵璧县。石产土中，被赤泥渍满，须刮洗方显本色。石中灰色且甚为清润，质地亦脆，用手弹亦有共鸣声。石面有坳坎的变化，石形亦千变万化，但其很少有宛转回折之势，须藉人工以全其美。这种山石可掇山石小品，更多的情况下作为盆景石玩，如图4-4所示。

图4-3　英德石

图4-4　灵璧石

图4-5　宣石

（5）宣石。初出土时表面有铁锈色，经刷洗过后，时间久了就转为白色；或在灰色山石上有白色的矿物成分，犹若皑皑白雪盖于石上，具有特殊的观赏价值。此石极坚硬，石面常有明显棱角，皱纹细腻且多变化，线条较直，如图4-5。宣石产于安徽省宁国县。

2. 黄石

黄石是一种带橙黄色的细砂岩，质重、坚硬、形态浑厚沉实、拙重顽夯，且具有雄浑挺括之美。苏州、常州、镇江等地皆有所产，以常熟虞山的自然景观最为著名。采下的单块黄石多呈方形或长方墩状，少有极长或薄片状者。由于黄石节理接近于相互垂直，所形成的峰面具有棱角锋芒毕露，棱之两面具有明暗对比、立体感较强的特点，无论掇山、理水都能发挥出其石形的特色，如图4-6所示。明代所建上海豫园的大假山、苏州耦园的假山和扬州个园的秋山均为黄石掇成的佳品。

3. 青石

青石一种青灰色的细砂岩，质地纯净而少杂质。北京西郊洪山口一带均有所产。青石的节理面不像黄石那样规整，不一定是相互垂直的纹理，也有交叉互织的斜纹。由于青石是沉积而成的岩石，石内就有一些水平层理。水平层的间隔一般不大，所以石形大多为片状，而有"青云片"的称谓。石形也有一些块状的，但呈厚墩状者较少，如图4-7所示。北京圆明园"武陵春色"的桃花洞、北海公园的

图4-6　黄石

濠濮间和颐和园后湖某些局部都用这种青石为山，这种山石在北京应用较多。

4. 石笋

石笋是外形修长如竹笋的一类山石的总称。这类山石产地颇广。石皆卧于山土中，采出后直立地上，园林中常作独立小景布置。石笋颜色多为淡灰绿色、土红灰色或灰黑色。质重而脆，是一种长形的砾岩岩石。石形修长呈条柱状，立于地上即为石笋，顺其纹理可竖向劈分。石柱中含有白色的小砾石，如白果般大小。石面上"白果"未风化的称为龙岩；若石面砾石已

图 4 - 7 青石

风化成一个个小穴窝，则称为风岩。石面还有不规则的裂纹。石笋石产于浙江与江西交界的常山、玉山一带。常见石笋又可分为 4 种，见表 4 - 1。

表 4 - 1 石 笋 分 类

类型	特点
白果笋	在青灰色的细砂岩中沉积了一些卵石，犹如银杏所产的白果嵌在石中，因之而得名。北方则称白果笋为"子母石"或"子母剑"。"剑"喻其形，"子"即卵石，"母"是细砂岩。这种山石子在我国各园林中均有所见。也有把大而圆的头向上的称"虎头笋"，而上面尖而小的称"凤头笋"
乌碳笋	一种乌黑色的石笋，比煤炭的颜色稍浅而无甚光泽。如用浅色景物作背景，这种石笋的轮廓就更清晰
慧剑	一种净面青灰或灰青色的石笋。北京颐和园前山东腰有高可数丈的大石笋就是这种"慧剑"
乳石笋	将石灰岩经熔融形成的钟乳石倒置，或用石笋正放用以点缀景色

5. 其他石品

其他石品如黄蜡石、水秀石、石蛋、木化石和松皮石等。

黄蜡石色黄，具有蜡质光泽，圆光面形的墩状块石，也有呈条状的。其产地主要分布在我国南方各地。此石以石形变化大而无破损、无灰砂，表面滑若凝脂、石质晶莹润泽者为上品。一般也多用作庭园石景小品，将墩、条配合使用，成为更富于变化的组合景观。

水锈石颜色有白色、土黄色、红褐色，是石灰岩的砂泥碎屑，随着含有碳酸钙的地表水被冲到低洼地或山崖下沉积凝结而成；石质不硬，疏松多孔，石内含有草根，苔藓、树枝印痕和枯枝化石等，易于雕琢；其面石形状有纵横交错的树枝状、草秆化石状、杂骨状、蜂窝状、粒状等凹凸形状。

石蛋即产于海边、江边或旧河床的大卵石，有砂岩及各种质地的。岭南园林中运用比较广泛，如广州市动物园的猴山、广州烈士陵园等均大量采用。

木化石古老朴质，常作特置或对置。

松皮石是一种暗土红的石质中杂有石灰岩的交织细片，石灰岩部分经长期熔融或人工处理以后脱落成空块洞，外观像松树皮突出斑驳。

三、掇山与置石的设计要求

1. 石料的要求

堆叠假山和置石，体量、形式和高度必须与周围环境协调，假山的石料应提出色彩、质地、纹理等要求，置石的石料还应提出大小和形状的要求。

2. 安全性能

叠山、置石和利用山石的各种造景，必须统一考虑安全、护坡、登高、隔离等各种功能要求。

3. 基础设计的要求

叠山、置石以及山石梯道的基础设计应符合《建筑地基基础设计规范》（GB 50007—2011）的规定。孤赏石、山石洞壑由于荷重集中，要做可靠基础，过去常用直径 12～15cm 木桩，按 20～30cm 间距以梅花点打夯至持力层，上覆厚实石板为基础。现在只要土质硬实，无流砂、淤泥、杂质、松土，一般采用混凝土板，达到 8t/m² 以上即可，较省时省工。驳岸石为节省投资，在水下、泥下 10～20cm，一般用毛石砌筑。剑石为减少入土长度和安全起见，四周必须以混凝土包裹固定。山石瀑布如造于老土上（过去堆土造山已有数年功夫），可在素土、碎石夯实上捣筑一层钢筋混凝土作基础。

4. 山洞的要求

游人进出的山洞，其结构必须稳固，应有采光、通风、排水的措施，并应保证通行安全。

假山、山洞的结构可以采用梁柱式或拱券式，可以用钢筋混凝土做内部结构，外表饰以山石，也可以用天然石料直接堆筑。无论哪一种形式 | 都要经过设计，或者设计人与施工部门共同商定，山石之间的加固措施也要同时确定。山洞曲折，深邃、内部较黑暗的要有采光。采光的方式可以用人工照明，也可以留出孔洞引入自然光。山洞内要有排水坡度以便外界流入的地表水，内部结露滴下的水以及内部清扫冲刷时的水排出。

5. 注意事项

叠石必须保持本身的整体性和稳定性。山石衔接以及悬挑、山洞部分的山石之间、叠石与其他建筑设施相接部分的结构必须牢固，确保安全。山石勾缝作法可在设计文件中注明。

用自然山石堆叠假山除了在艺术上要有完整性外，在结构上也要有整体性，其重心应稳定，以防局部塌落。悬挑和山洞口的山石，为了防止塌落，常在山石间埋设铁件，以山石作建筑物的梯道或在墙上作壁山都在其间采用拉结措施，以防不均匀沉降或地震时出现问题。

第二节　假山的布局

一、假山的平面布局

1. 假山布局与周围环境处理

（1）位置的选择与确定。大规模的园林假山既可布置在园林的中部稍偏地带，又可在园林中偏于一侧布置，而小型的假山一般只在园林庭院或园墙一角布置。假山最好能布置在园林湖池溪泉等水体的旁边，使其山影婆娑，水光潋滟，山水景色交相辉映，共同成景。在园林出入口内外、园路的端头、草地的边缘地带等位置上，一般也都适宜布置假山。

（2）在受城市建筑影响的环境中的假山布置。假山与其环境的关系很密切，受环境影响也很大。在一侧或几侧受城市建筑所影响的环境中，高大的建筑对假山的视觉压制作用十分突出。在这样的环境中，就一定要采取隔离和遮掩的方法，用浓密的林带为假山区围出一个独立的造景空间来；或者将假山布置在一侧的边缘地带，山上配置茂密的混交风景林，使人们在假山上看不到或很少看到附近的建筑。

（3）庭院中的假山布置。在庭院中布置假山时，庭院建筑对假山的影响无法消除，只有采取一些措施来加以协调，以减轻建筑对假山的影响。例如：在仿古建筑庭院中的假山，可以通过在山上合适之处设置亭廊的办法来协调；在现代建筑庭院中，也可以通过在假山与建筑、围墙的交接处配植灌木丛的方式来进行过渡，以协调二者关系。

2. 明确主次关系与结构布局

（1）突出主山、主峰的主体地位。主山或主峰的位置虽然不一定要布置在假山区的中部地带，但却一定要在假山山系结构核心的位置上。主山位置不宜在山系的正中，而应当偏于一侧，以免山系平面布局呈现对称状态。主山、主峰的高度及体量一般应比第二大的山峰高以及大 1/4 以上，要充分突出主山、主峰的主体地位，做到主次分明。

（2）客山、陪衬山与主山相伴。除了孤峰式造型的假山以外，一般的园林假山都要有客山、陪衬山与主山相伴。客山是高度和体量仅次于主山的山体，具有辅助主山构成山景基本结构骨架的重要作用。客山一般布置在主山的左、右、左前、左后、右前、右后等几个位置上，一般不能布局在主山的正前方和正后方。陪衬山比主山和客山的体量小了很多，不会对主山、客山构成遮挡关系，反而能够增加山景的前后风景层次，很好地陪衬、烘托主山、客山，故其布置位置十分灵活，几乎没有什么限制。

（3）协调主山、客山、陪衬山的相互关系。要以主山作为结构核心，充分突出主山。而客山则要根据主山的布局状态来布置，要与主山紧密结合，共同构成假山的基本结构。陪衬山主要应当围绕主山布置，但也可少量围绕着客山布置，可以起到进一步完善假山山系结构的作用。

3. 遵循自然法则与形象布局

园林假山虽然有写意型与透漏型等不一定直接反映自然山形的造山类型，但所有假山创作的最终源泉还是自然界的山景资源。即使是透漏型的假山，其形象的原形也还是能够在风蚀砂岩或海蚀礁岸中找到。堆砌这类假山的材料如太湖石、钟乳石，其空洞形状本身也就是自然力造成的。因此，假山布局和假山造型都要遵从对比、运动、变化、聚散的自然景观发展规律，从自然山景中汲取创作的素材营养，并有所取舍、提炼、概括与加工，从而创造出更典型、更富于自然情调的假山景观。

4. 整体风景效果及观赏安排

假山的风景效果应当具有丰富的多样性，不但要有山峰、山谷、山脚景观，而且还要有悬崖、峭壁、深峡、幽洞、山道、怪石、瀑布、泉涧等多种景观，甚至还要配植一定数量的青松、红枫、地柏、岩菊等观赏植物，进一步烘托假山景观。假山的整体风景效果以及观赏安排要注意四点：

（1）景观力求小中见大。由于假山是建在园林中，规模不可能像真山那样无限地大，要在有限的空间中创造无限大的山岳景观，就要求园林假山必须具有小中见大的艺术效果。小中见大效果的形成是创造性地采用多种艺术手法才能实现的。利用对比手法、按比例缩小景物、增加山景层次、逼真的造型、小型植物衬托等方法，都有利于小中见大效果的形成。

（2）游线力求步移景异。在山路的安排中，增加路线的弯曲、转折、起伏变化和路旁景物的布置，造成"步移景异"的强烈风景变换感，也能够使山景效果丰富多彩。

（3）效果力求面面俱到。任何假山的形象都有正面、背面和侧面之分，在布局中要调整好假山的方向，让假山最好的一面向着视线最集中的方向。例如：在湖边的假山，其正面应当朝着湖的对岸；在风景林边缘的假山，也应以其正面向着林外，而以背面朝向林内。确定假山朝向时，还应考虑山形轮廓，要以轮廓最好的一面向着视线集中的方向。

（4）观赏力求视距合适。假山的观赏视距确定要根据设计的风景效果来考虑。需要突出假山的高耸和雄伟时，将视距确定在山高的 1～2 倍距离上，使山顶成为仰视风景；需要突出假山优美的立面形象时，就应采取山高的 3 倍以上距离作为观赏视距，使人们能够看到假山的全景。在假山内部，一般不刻意安排最佳观赏视距，随其自然。

5. 造景观景与兼顾功能

假山布局一方面是安排山石造景，为园林增添重要的山地景观；另一方面还要在山上安排一些台、亭、廊、轩等设施，提供良好的观景条件，使假山造景和观景两相兼顾。另外，在布局上，还要充分利用假山的组织空间作用、创造良好生态环境的作用和实用小品的作用，满足多方面的造园要求。

二、假山的立面布局

假山的造型主要应解决假山山形轮廓、立面形状态势和山体各局部之间的比例、尺度等关系。

1. 变与顺，多样统一

（1）多样的变化性。设计和堆叠假山，最重要的就是既要求变，更要会变和善变。要在平中求变，在变中趋平。用石要有大有小、有轻有重、有宽有窄，并且随机应变地应用多种拼叠技法，使假山造型既有自然之态，更有艺术之神，还有山石景观的丰富性和多样性。在假山造型中，追求形象变化也要有根据，不能没有根据地乱变，正所谓"万变不离其宗"，变有变的规律，变中还要有顺，还要有统一。

（2）统一的和谐性。假山造型中的"顺"就是其外观形式上的统一和协调。堆砌假山的山石形状可以千变万化，但其表面的纹理、线条要平顺统一，石材的种类、颜色、质地要保持一致，假山所反映的地质现象或地貌特征也要一致。在假山上，如果在石形、山形变化的同时不保持纹理、石种和形象特征的平顺协调，假山的"变"就是乱变，是没有章法的变。

（3）既变化又统一。只要在处理假山形象时一方面突出其多样的变化性，另一方面突出其统一的和谐性，在变化中求统一，在统一中有变化，做到既变化又统一，就能够使假山造型取得很好的艺术效果。

2. 深与浅，层次分明

叠石造山要做到凹深凸浅，有进有退。凹进处要突出其深，凸出点要显示其浅，在凹进和凸出中使景观层层展开，山形显得十分深厚、幽远。尤其是在"仿真型"假山造型中，在确保对山体布局进行全面层次处理的同时，还必须确保游人能够在移步换景中感受到山形的种种层次变化。这不只是正面的层次变化，同时也是旁视的层次变化；不仅只是由山外向山内、洞内看时的深远层次效果，还要是由山内、洞内向山外、洞外观赏时的层次变化；不仅只是由低矮的山前而窥山后，使山石能够前不遮后，以显山体层层上升的高远之势，而且要由高及低，即由山上看山下的层次变化，以显出山势之平远。因此，叠石造山的层次变化是多方位、多角度的。叠石造山。

3. 高与低，看山看脚

假山的立基起脚直接影响到整个山体的造型。山脚转折弯曲，则山体立面造型就有进有退，形象自然，景观层次性好；而山脚平直呆板，则山体立面变化少，山形臃肿，山景平淡无味。叠石造山不但要注意山体、山头的造型，而且更要注意山脚的造型。山脚的起结开合、回弯折转布局状态和平板、斜坡、直壁等造型都要仔细推敲，要结合着可能对立面形象产生的影响来综合考虑，力求为假山的立面造型提供最好的条件。

4. 态与势，动静相济

石景和假山的造型是否生动自然，是否具有较深的内涵，还取决于其形状、姿态、状态等外观视觉形式与其相应的气势、趋势、情势等内在的视觉感受之间的联系情况。只有态、势关系处理很好的石景和山景才能真正做到生动自然，也才能让人从其外观形象中感受到更多的内在的东西，如某种情趣、意味、意境和思想等。

（1）"势"的表现。具有写意特点的山石造景，能够让人明显地感受到强烈的运动性和奔趋性，这种运动型和奔趋性就是山石景观中内涵的"势"的表现。在山石与山石之间进行态势关系的处理，能够在假山景观体系内部及假山与环境之间建立起紧密的联系，使景观构成一个和谐的、有机结合的整体，做到山石景物之间的"形断迹连，势断气连"，相互呼应，共同成景。

（2）静势与动势。从视觉感受方面来看，山石景物的"势"可大致分为静势和动势两类。静势的特点是力量内聚，能给人静态的感觉。山石造型中，使景物保持重心低、形态平正、轮廓与皴纹线条平行等状态都可以形成静势。动势的特点则是内力外射、具有向外张扬的形态。山石景物有了动势，景象就十分活跃与生动。

造成动势的方法有：将山石的形态姿势处理成有明显方向性和奔趋性的倾斜状，将重心布置在较高处，使山石形体向外悬出等。

（3）动静结合。山石的静势和动势要结合起来，要静中生动，动中有静；以静衬托动，以动对比静，同时突出动势和静势两方面的造景效果。

5. 藏与露，虚实相生

假山造型犹如山水画的创作，处理景物也要宜藏则藏，宜露则露，在藏露结合中尽可能扩大假山的景观容量。

（1）藏景做法。藏景的做法并不是要将景物全藏起来，而是藏起景物的一部分，其他部分还得露出来，达到"犹抱琵琶半遮面"的效果。以露出部分来引导人们去追寻、想象藏起的部分，从而在引入联想中就可以扩大风景内容。

（2）藏露方式。假山造景中应用藏露方法一般的方式是：以前山掩藏部分后山，而使后山神秘莫测；以树林掩藏山后，而不知山有多深；以山路的迂回穿插自掩，而不知山路有多长；以灌木丛半掩山洞，以怪石、草丛掩藏山脚，以不规则山石墙分隔、掩藏山内空间等。

（3）藏露效果。经过藏景处理的假山虚虚实实，隐隐约约，风景更加引人入胜，景观形象也更加多样化，体现出虚实结合的特点。风景有实有虚，则由实景引人联想，虚景逐步深化，还可能形成意境的表现。

6. 意与境，情景交融

园林中的意境是由园林作品情景交融而产生的一种特殊艺术境界，即它是"境外之境，象外之象"，是能够使人觉得有"不尽之意"和"无穷之味"的"只可意会，难于言传"的特殊风景。成功的假山造型也可能产生自己的意境。假山意境的形成是综合应用多种艺术手法的结果。

第三节　假山的设计

一、山顶的造型设计

假山山顶的基本造型设计一般有四种，包括：峰顶式、峦顶式、岩顶式和平山顶式。

1. 峰顶式

峰顶式是指将假山山峰塑造成各种形式的山峰。常用山峰形式有以下六种：

（1）分峰式。将山顶塑造成多个高低不同的尖峰形式，既群连又峰离，如图4-8（a）所示。它适用于峰体部分有较大面积的山头造型。

（2）合峰式。将高低山峰融合在一起，高峰突出为主，低峰附属为肩，形成有峰有谷的群峰山体，如图4-8（b）所示。它适用于峰体部分有较大面积，并且要求突出主山峰雄伟姿态的山体。

（3）剑立式。将山峰塑造成挺拔直立的尖顶单峰，如同石笋石林一般，如图4-8（c）所示。它适用于峰体部分面积较小而山体为竖立式结构的造型。

（4）斧立式。又称冠状式，即将挺拔直立的峰尖顶塑造成峰冠，犹如立斧之状，如图4-8（d）所示。它多适用于观赏性强的单峰石景。

（5）流云式。这是一种横向纹体的造型，是将山峰做成横向延伸，层层错落，如同层云横飞，流霞盘绕之态的造型，如图4-8（e）所示。它适用于山体为层叠式结构的情况。

（6）斜立式。这是流云式的改进型，即将山石斜放，层叠错落，势若奔趋之状，如图4-8（f）所示。它适用于山体结构为斜立式的假山。

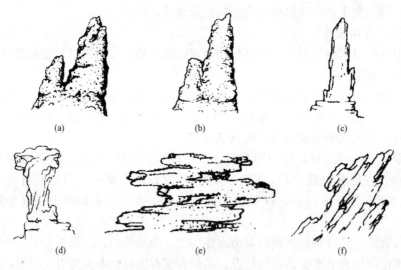

(a)　　　　　　　　(b)　　　　　　　　(c)

(d)　　　　　　　　(e)　　　　　　　　(f)

图4-8　峰顶式

（a）分峰式；（b）合峰式；（c）剑立式；（d）斧立式；（e）流云式；（f）斜立式

2. 峦顶式

将山顶做成峰顶连绵、重峦叠嶂的一种造型。根据其做法分为：圆丘式峦顶、梯台式峦顶、玲珑式峦顶和灌丛式峦顶。

（1）圆丘式峦顶。将山顶做成不规则的圆丘隆起，如同低山丘陵之状。这种峦顶观赏性较差，只适用于假山中个别小山的山顶。

（2）梯台式峦顶。即用板状大块石，做成不规则的梯台状。

（3）玲珑式峦顶。用含有许多洞眼的玲珑型山石，做成不规则的奇形怪状山头。它多用作环透式结构假山的收顶。

（4）灌丛式峦顶。即将山顶做成不规则的隆起填充土丘，在土丘上栽种耐旱灌木丛林，形成灌丛式峦顶。

3. 岩顶式

将山体边缘做成陡峭的山岩形式，作为登高远望的观景点。按岩顶形状分为：平顶式、斜坡式、悬垂式和悬挑式。

（1）平顶式。将岩壁做成直立，岩顶用片状山石压顶，岩边以矮型直立山石围砌，使整个山崖呈平顶状，如图4-9（a）所示。

（2）斜坡式。将岩顶顺着山势收砌成斜坡状。上顶可以是平整的斜坡，也可以是崎岖不平的斜坡，如图4-9（b）所示。

（3）悬垂式。将岩顶石向前悬出并有所下垂，使岩壁下部向里凹进，有垂有悬的一种悬岩，如图4-9（c）所示。

（4）悬挑式。将岩顶以山石层层出挑，构成层叠式的悬岩，如图4-9（d）所示。

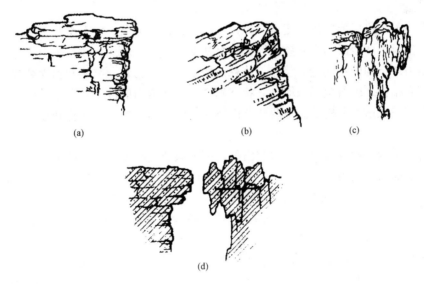

图4-9 岩顶式

(a) 平顶式；(b) 斜坡式；(c) 悬垂式；(d) 悬挑式

4. 平山顶式

将假山顶做成平顶，使其具有可游可憩的特点，根据需要可做成：平台式、亭台式和草坪式等山顶。

（1）平台式。将山顶用片状山石平铺做成，边缘围砌矮石墙以作拦护，即成为平台山顶。在其上设置石桌石凳，供游人休息观景。

（2）亭台式。在平顶上设置亭子，与下面山洞相配合，形成另一番景象。

（3）草坪式。将山顶填充一些泥土，种植草坪，借以改善山顶生气。

二、山体的造型设计

山体内部的结构形式主要有四种：环透结构、层叠结构、竖立结构和填充结构。

1. 环透结构

环透结构是指利用多种不规则孔洞和孔穴的山石，组成具有曲折环形通道或通透型空洞的一种山体结构。所用山石多为太湖石和石灰岩风化的怪石。

2. 层叠结构

假山结构若采用层叠式，假山立面的形象就具有丰富的层次感，一层层山石砌为山体，山形朝横向伸展，或敦实厚重，或轻盈飞动，容易获得多种生动的艺术效果。层叠式又可分为以下两种。

（1）水平层叠。每一块山石都采用水平状态叠砌，假山立面的主导线条都是水平线，山石向水平方向伸展。

（2）斜面层叠。山石倾斜叠砌成斜卧状、斜升状，石的纵轴与水平线形成一定夹角，角度一般为 10°～30°，最大不超过 45°。

层叠式假山石材一般可用片状的山石，片状山石最适于做叠层的山体。体形厚重的块状、墩状自然山石，也可以用于层叠式假山。由这类山石做成的假山，山体充实，孔洞较少，具有浑厚、凝重、坚实的景观效果。

3. 竖立结构

这种结构形式可以形成假山挺拔、雄伟、高大的艺术形象。山石全部采用立式砌叠，山体内外的沟槽及山体表面的主导皴纹线，都是从下至上竖立着的，故整个山势呈向上伸展的状态。根据山体结构的不同竖立状态，这种结构形式又分为直立结构和斜立结构。

（1）直立结构。山石全部采取直立状态砌叠，山体表面的沟槽及主要皴纹线都相互平行并保持直立。采取这种结构的假山要注意山体在高度方向上的起伏变化和在平面上的前后错落变化。

（2）斜立结构。构成假山的大部分山石，都采取斜立状态，山体的主导皴纹线也是斜立的。山石与地面的夹角为 45°～90°，夹角一定不能小于 45°，否则就成了斜卧状态而不是斜立状态。假山主体部分的倾斜方向和倾斜程度应是整个假山的基本倾斜方向和倾斜程度。山体陪衬部分则可以分为 1～3 组，分别采用不同的倾斜方向和倾斜程度，与主山形成相互交错的斜立状态，以增加变化，使假山造型更加具有动感。

采用竖立式结构的假山石材，一般多是条状或长片状的山石，矮而短的山石不能多用。这是由于长条形的山石易于砌出竖直的线条。但长条形山石在用水泥砂浆黏合成悬垂状时，全靠水泥的黏结力来承受其重量，因此对石材质地就有了新的要求。一般要求石材质地粗糙或石面密布小孔，这样的石材用水泥砂浆作黏合材料的附着力很强，容易将山石黏合牢固。

4. 填充结构

一般的土山、带土石山和个别的石山，或者在假山的某些局部山体中，都可以采用这种结构形式。这种假山的山体内部是由泥土、废砖石或混凝土材料填充起来的，其结构的最大特点就是填充。按填充材料及其功用的不同，可以将填充式假山结构分为以下 3 种。

（1）填土结构。山体全由泥土堆填构成，或在用山石砌筑的假山壁后或假山穴坑中用泥土填实，都属于填土结构。假山采取这种结构形式，既能够造出陡峭的悬崖绝壁，又可少用山石材料,降低假山造价,而且还能确保假山有足够大的规模,此外,也十分有利于假山上的植物配置。

(2)砖石填充结构。以无用的碎砖、石块、灰块和建筑渣土作为填充材料,填埋在石山的内部或者土山的底部。既可增大假山的体积,又处理了园林工程中的建筑垃圾,一举两得。这种方式在一般的假山工程中都可以应用。

(3)混凝土填充结构。有时需要砌筑的假山山峰又高又陡,在山峰内部填充泥土或碎砖石都不能确保结构的牢固,山峰容易倒塌。在这种情况下,就应用混凝土来填充,使用混凝土作为骨架,从内部将山峰凝固成一整体。混凝土石采用水泥、沙、石按1:2:4~1:2:6的比例搅拌配制而成,主要是作为假山的基础材料和山峰内部的填充材料。混凝土填充的方法是:先用山石将山峰砌筑成一个高70~120cm高低错落、平面形状不规则的山石筒体,然后用C15混凝土浇筑筒中至筒的最低口处。待基本凝固,再砌筑第2层山石筒体,并按相同的方法浇筑混凝土。如此操作,直到封顶为止,就能砌筑起高高的山峰。

三、洞壁的造型设计

大中型假山一般都要有山洞,山洞可以使假山幽深莫测,有助于创造山景幽静和深远的境界。山洞本身也是有景可观的,能够引起游人极大的游览兴趣。在设计中,还可以使假山山洞产生更多的变化,从而更加丰富其景观内容。从结构特点和承重分布情况来看,假山洞壁可分为墙柱式洞壁和墙式洞壁,具体内容如下:

(1)墙柱式洞壁。由洞柱和柱间墙体构成洞壁。其中洞柱是主要的承重构件,洞墙只承担少量的洞顶荷载。由于洞柱支撑了主要的荷载,柱间墙就可以做得比较薄,可以节约洞壁所用的山石。墙柱式洞壁受力比较集中,壁面容易做出大幅度的凹凸变化,洞内景观自然,所用石材的总量可以比较少,故假山造价可以降低一些。洞柱有独立柱和连墙柱两种。独立柱又有直立石柱和层叠石柱两种做法。直立石柱是用长条形山石直立起来作为洞柱,在柱底有固定柱脚的座石,在柱顶有起联系作用的压顶石;层叠石柱则是用块状山石错落地层叠砌筑而成,柱脚、柱顶也可以用垫脚座石和压顶石。

(2)墙式洞壁。以山石墙体为基本承重构件。山石墙体是用假山石砌筑的不规则石山墙,用作洞壁具有整体性好、受力均匀的优点。但洞壁内表面比较平,不易做出大幅度的凹凸变化,故洞内景观比较平淡。采用这种结构形式做洞壁,所需石材总量比较多,假山造价稍高。

四、洞顶的造型设计

由于一般条形假山石的长度有限,大多数条石的长度都在1~2m,如果山洞设计为2m左右宽度,则条石的长度就不足以直接用作洞顶石梁,这就要采用特殊的方法才能做出洞顶来。因此,假山洞的洞顶结构一般都要比洞壁、洞底复杂一些。从洞顶的常见做法来看,其基本结构方式有3种,即盖梁式、挑梁式和拱券式。

1. 盖梁式洞顶

假山石梁或石板的两端直接放在山洞两侧洞柱上,呈盖顶状。这种结构的洞顶整体性强,结构比较简单,也很稳定,是造山中最常用的结构形式之一。但由于受石梁长度的限制,采用盖梁式洞顶的山洞不宜做得过宽,且洞顶的形状往往太平整,不像自然的洞顶。因此,在洞顶设计中就应对假山施工提出要求,尽可能采用不规则的条形石材来做洞顶石梁。石梁在洞顶的搭盖方式一般有以下六种:

（1）单梁盖顶：即洞顶由一条石梁盖顶受力，如图4-10（a）所示。

（2）丁字梁盖顶：由两条长石梁相交成丁字形，作为盖顶的承重梁，如图4-10（b）所示。

（3）井字梁盖顶：两条石梁纵向并行在下，另外两条石梁横向并行搭盖在纵向石梁上，多梁受力，如图4-10（c）所示。

（4）双梁盖顶：使用两条长石梁并行盖顶，洞顶荷载分布于两条梁上，如图4-10（d）所示。

（5）三角梁盖顶：三条石梁呈三角形搭在洞顶，由三梁共同受力，如图4-10（e）所示。

（6）藻井梁盖顶：洞顶由多梁受力，其梁头交搭成藻井状，如图4-10（f）所示。

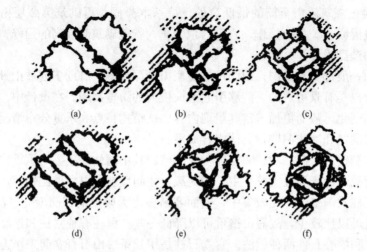

（a）　　　　　　　　（b）　　　　　　　　（c）

（d）　　　　　　　　（e）　　　　　　　　（f）

图4-10　石梁在洞顶的搭盖方式

（a）单梁盖顶；（b）丁字梁盖顶；（c）井字梁盖顶；（d）双梁盖顶；（e）三角梁盖顶；（f）藻井梁盖顶

2. 挑梁式洞顶

用山石从两侧洞壁洞柱向洞中央相对悬挑伸出，并合拢做成洞顶的结构，如图4-11所示。

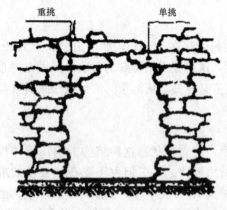

重挑　　　　　单挑

图4-11　挑梁式洞顶

3. 拱券式洞顶

拱券式洞顶是用块状山石作为券石，以水泥砂浆作为黏合剂，顺序起拱，做成拱形洞顶，多用于较大跨度的洞顶。这种洞顶的做法也有称作造环桥法的，其环拱所承受的重力是沿着券石从中央分向两侧相互挤压传递，能够很好地向洞柱洞壁传力，故不会像挑梁式和盖梁式洞顶那样将石梁压裂，将挑梁压塌。这种结构的山洞洞顶整体感很强，洞景自然变化，与自然山洞形象相近。在拱券式结构的山洞施工过程中，当洞壁砌筑到一定高度后，须先用脚手架搭起操作平台，而后在平台上进行施工，这样就能够方便操作，同时也容易对券石进行临时支撑，能够确保拱券施工质量，如图 4-12 所示。

五、山脚造型设计

1. 假山掇石平面形状的布置原则

假山掇石的平面形状是以山脚平面投影的轮廓线加以表示的，对山脚轮廓进行布置称为"布脚"。在布脚时，应掌握下列原则。

（1）山脚线应设计成回转自如的曲线形状，禁忌成为直线或直线拐角。由于曲线可以体现山形的自然美观，同时可使立面造型更加丰富灵活。而直线显得生硬呆板，并且容易形成山体的不稳定因素。

（2）山脚线的凸凹曲率半径，应与立面坡度相结合进行考虑。在布脚时要考虑假山掇石高低所形成的坡度大小，对坡度平缓处，曲率半径可以大些；在坡度陡峭处，曲率半径应小些。

图 4-12 拱券式洞顶

（3）应根据现场情况，合理控制山脚基底面积。山脚基底所占面积越大，假山工程造价也会越高，因此在满足山体造型和稳定的基础上，应尽可能减小山脚的占地面积。

（4）山脚平面布置的形状，要确保山体的稳定安全。

2. 山脚布置形状

山脚的布置形状有以下三种：

（1）长条直线形。当山脚布置成长条直线形状时，如图 4-13 所示，容易受风力和其他外力的作用而产生向一边倾覆倒塌的危险，同时又会影响立面造型的不协调。

（2）长条转折形。当山脚平面布置成长条转折形状时，如图 4-14 所示，虽然稳定度比长条直线较好，但仍显得不够安全，整个山体造型显得比较单调。

（3）向前后左右伸出余脉形。如果山脚布置成向前后左右伸出余脉形状，如图 4-15 所示，将会获得最好的稳定性，同时也使立面造型更加丰富多彩。

图 4-13 长直线形山脚

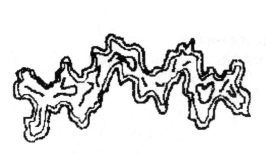

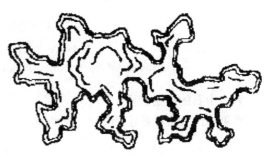

图 4-14 长条转折形山脚　　　　图 4-15 向前后左右伸出余脉形

3. 山脚平面布置的几种处理手法

山脚平面布置的处理手法有三种：

（1）山脚平面的转折处理。整个山脚的平面投影形状可以采用转折的处理方式，使山势形成回转、凸凹，如图 4-16（a）所示。

（2）山脚凸凹的错落处理。山脚平面采用相互之间凸凹错开布置，如前后错落、左右错落、深浅错落、曲直错落、线段长短错落等处理，可使假山形状具有丰富的变化效果，如图 4-16（b）所示。

（3）山脚的延伸与环抱处理。山脚向外延伸，山沟向内延伸，不但可以增添观赏效果，而且会给人造成深不可测的印象。两条余脉形成环抱之势，可以造成假山的局部半围空间，在此空间内可以按幽静、点缀等的需要，塑造另一番天地，如图 4-16（c）所示。

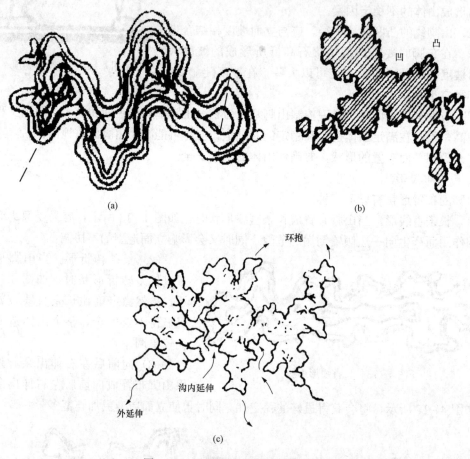

图 4-16　山脚平面布置的处理手法

（a）山脚平面的转折处理；（b）山脚凹凸的错落处理；（c）山脚的延伸与环抱处理

六、山石的堆叠技术

常见的山石堆叠技法如图 4-17 所示。

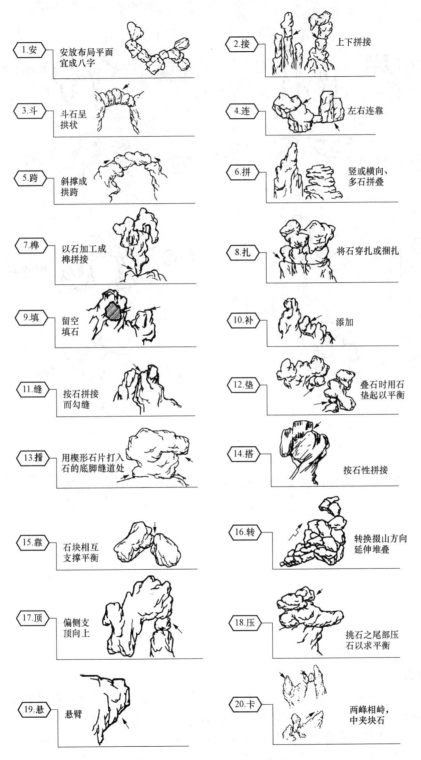

1.安　安放布局平面宜成八字	2.接　上下拼接
3.斗　斗石呈拱状	4.连　左右连靠
5.跨　斜撑成拱跨	6.拼　竖或横向、多石拼叠
7.榫　以石加工成榫拼接	8.扎　将石穿扎或捆扎
9.填　留空填石	10.补　添加
11.缝　按石拼接而勾缝	12.垫　叠石时用石垫起以平衡
13.撬　用楔形石片打入石的底脚缝道处	14.搭　按石性拼接
15.靠　石块相互支撑平衡	16.转　转换掇山方向延伸堆叠
17.顶　偏侧支顶向上	18.压　挑石之尾部压石以求平衡
19.悬　悬臂	20.卡　两峰相峙，中夹块石

图 4 - 17　常见的山石堆叠技法

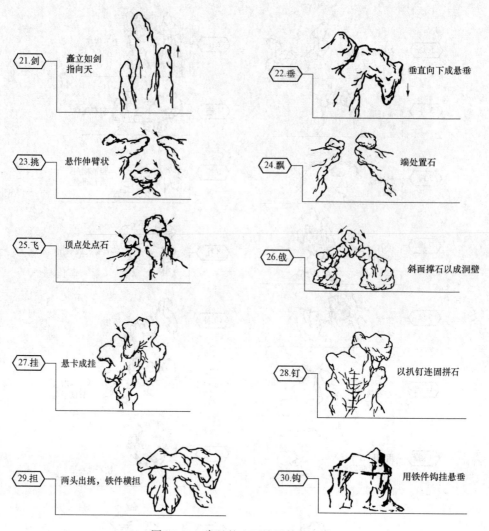

图 4-17　常见的山石堆叠技法（续）

第四节　置石的设计形式

置石在园林中的应用方面亦有多种类型，常见形式有特置、对置、散置、群置、山石器设等。

一、特置

特置是指将体量较大、形态奇特，具有较高观赏价值的山石单独布置成景的一种置石方式，亦称单点、孤置山石。应选用体量大、轮廓线分明、姿态多变、色彩突出、具有较高观赏价值的山石。特置常用作入门的障景和对景，或置于天井中间、漏窗后面、亭侧、水边、路口或园路转折之处，也可以和壁山、花台、岛屿、驳岸等结合布置。现代园林中的特置多结合花台、水池、草坪或花架来布置。特置山石还可以结合台景布置。台景也是一种传统的布置手法，用石头或其他建筑材料做成整形的台，内盛土壤，台下有一定的排水设施，然后在台上布置山石和植物。或仿作大盆景布置，使人欣赏这种有组合的整体美。

特置的要点在于相石立意，山石体量与环境应协调；前置框景、背景衬托和利用植物弥补山石的缺陷等。特置山石的安置可采用整形的基座，如图 4-18 所示；也可以坐落在自然的山石上面，如图 4-19 所示，这种自然的基座称为磐。

图 4-18　整形基座上的特质

图 4-19　自然基座上的特置

二、对置

对置是指在建筑物前两旁对称地布置 2 块山石，以陪衬环境，丰富景色，如图 4-20 所示。

三、散置

散置是仿照山野岩石自然分布之状而施行点置的一种手法，亦称"散点"，如图 4-21 所示。散置并非散乱随意点摆，而是断续相连的群体。散置山石时，要求有聚有散、有断有续、主次分明、高低曲折、顾盼呼应、有疏有密、远近适合、层次丰富，切不可众石纷杂、零乱无章。

散置的运用范围甚广，在土山的山麓、山坡、山头，在池畔水际，在溪涧河流中，在林下、在花径、在路旁均可以散点山石而得到意趣。北京北海琼华岛南山西路山坡上有用房山石做的散置，处理得比较成功，不仅起到了护坡作用，同时也增添了山势的变化。

图 4-20　对置

四、群置

群置又称"大散点"，是指运用数块山石互相搭配点置，组成一个群体，亦称聚点。其置石要点与散点基本相同，区别在于群置所占空间比较大。如果用单体山石作散点会显得与环境不相称，因此便以较大量的材料堆叠，每堆体量都不小，而且堆数也可增多。但就其布

图 4-21　散置

置的特征而言仍是散置。只不过以大代小，以多代少而已。群置常用于园门两侧、廊间、粉墙前、路旁、山坡上、小岛上、水池中或与其他景物配合造景。

群置的关键手法在于一个"活"字，这与我国国画石中所谓"攒三聚五""大间小、小间大"等方法相仿。布置时要主从有别，宾主分明。搭配适宜，根据"三不等"原则（即石之大小不等，石之高低不等，石之间距不等）进行配置。

群置山石还常与植物相结合，若配置得体，则树、石掩映，妙趣横生，景观之美，足可入画，如图 4-22 所示。

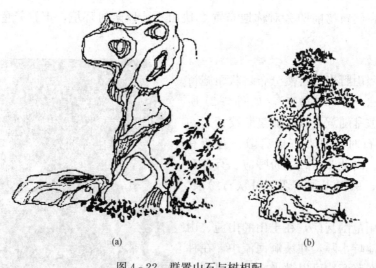

(a)　　　　　　　　　　　　　　　　　(b)

图 4-22　群置山石与树相配
(a) 示例一；(b) 示例二

五、山石器设

用山石作室内外的家具和器设是我国园林中的传统做法。山石几案不仅具有实用价值，而且可与造景密切配合，特别适用于有起伏地形的自然地段，这样很容易与周围的环境取得协调，既节省木材又坚固耐久，且不怕日晒雨淋，无需搬进搬出。

山石几案宜布置在林间空地或有树木遮阴的地方，以免游人受太阳暴晒。山石几案虽有桌、几、凳之分，但切不可按一般家具那样对称安置。如图4-23所示，几个石凳大小、高低、体态各不相同，却又很均衡地统一在石桌周围，西南隅留空，植油松一株以挡西晒。

图4-23 青石几案布置

第五节 置石的造型设计

一、单峰石的造型设计

单峰石主要是利用天然怪石造景，因此造型过程中选石和峰石的形象处理最为重要，其次还要做好拼石和置石基座的安排。单峰石设计要点如图4-24所示。

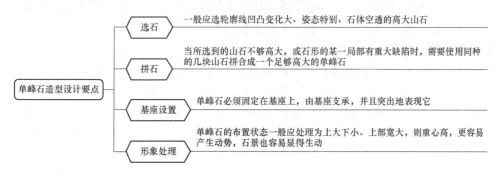

图4-24 单峰石造型设计要点

二、子母石的造型设计

子母石造型最重要的是保证山石的自然分布和石形、石态的自然表现。为此，子母石的石块数量最好为单数，要"攒三聚五"，数石成景。所用的石材应大小有别，形状相异，并有天然的风化石面。

（1）平面构成。子母石的布置应使主石绝对突出，母石在中间，子石围绕在周围。石块的平面布置应按不等边三角形法则处理，即每三块山石的中心点都要排成不等边三角形，要有聚有散，疏密结合。

（2）立面组合。在立面上，山石要高低错落，其中当然以母石最高。母石应有一定的姿态造型，采取卧、斜、仰、伏、翘、蹲等体态都可以，要在单个石块的静势中体现全体石块共同的生动性。子石的形状一般不再造型，是利用现成的自然山石布置在母石的周围，要以其方向性、倾向性和母石紧密联系，互相呼应。

三、散兵石的造型设计

布置散兵石与布置子母石最不相同的是一定要布置成分散状态，石块的密度不能大，各个山石相互独立最好。当然，分散布置不等于均匀布置，石块与石块之间的关系仍然应按不等边三角形处理。置石要注意石头之间的位置关系，要疏密结合，不要出现平接或是全部散点的情况，如图 4-25 所示。

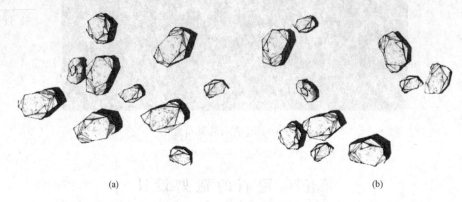

(a)　　　　　　　　　　　　　　　　(b)

图 4-25　散兵石造型设计
(a) 缺乏规律的造型设计；(b) 疏密结合的造型设计

在地面布置散兵石，一般应采取浅埋或半埋的方式安置山石。山石布置好后，应当像是地下岩石、岩层的自然露头，而不要像是临时性放在地面上似的。散兵石还可以附属于其他景物而布置，如半埋于树下、草丛中、路边、水边等。

四、象形石的造型设计

由于人工塑造的山石物象很难做到以假乱真，故一般不应由人工来塑造或雕琢出象形石。象形石要天然生成，但略加修整还是可以的，修整后往往能使象形的特征更为明显和突出。修整后的表面一定要清除加工中留下的痕迹。象形石放在草坪上、庭院中或广场上，应采取特置或孤置的方式。周围可加栏杆围护，可以起到保护石景的作用，还能增加象形石的珍贵感。

第六节　置石与周围环境的结合

一、置石与植物的结合

置石与植物的关系大致可以概括为"遮、挡、露、衬"。所谓"遮、挡"，是指通过合理的植物配置，遮掩局部置石（多为基部或瑕疵处），用以修正、弥补置石的某些缺陷，柔化僵硬的山石棱角，同时增强置石景观的透视效果。"露、衬"则是强调通过植物的衬托，突出置石主要观赏面，渲染和强化置石，提升景观意境。

与置石组合造景时，根据置石的特性，选择植物搭配，力求体现植物本身的形态美。如松柏造型刚劲有力常与浑厚古朴的泰山石搭配，梅、竹体态清逸宜与湖石之玲珑剔透相结合。根据植物的形态特征，结合置石的个体美，可以更好地凸显景观效果。

此外，应结合场地考虑布置。一般在比较开阔的区域，植物与石搭配，常选常绿树与落叶树混合栽植作背景，配以少数成长较慢、姿态较好、叶片较小、枝条纤细的花木，或点缀常绿球类于石前，利用植物的秀美与置石相结合，创造和谐的景观效果；当场地比较局限，结合具体情况，选用一至两种常绿植物搭配，手法简洁明快，亦可突出置石景观。置石与植物结合如图 4-26 所示，置石与植物和水体结合如图 4-27 所示。

图 4-26　置石与植物结合

图 4-27　置石与植物、水体结合

二、置石与水体的结合

石景一般都能很好地与水环境相协调。水石结合的景观所给人的自然感觉更为强烈。河流溪涧散点置石，或半含土中，或与驳岸相结合，生动自然；或与动水结合，凸显动势，或与静水相交，彰显静谧，或静铺水底。不同的组合形式营造出迥然不同景观效果。在规则式水体中，石景一般不在池边布置，而常常是布置在池中，但不宜布置在水池正中，要在池中稍偏后和稍偏于一侧的地方布置，石景与水景结合如图 4-28 所示。

总体来讲，在现代园林绿地中，置石与水景的组合关系，以山石驳岸应用居多。以山石作驳岸不仅可以加固岸基，防止水流冲刷坍塌，便于游人临池游赏，更重要的是以山石作驳岸，或在岸边点缀置石，可以打破水池边缘棱角，利用山石自然形态的变化呈现各种犬牙交错的形式，这样就在水陆之间形成自然的过渡，而不至于产生突然、生硬的感觉，使景观更加生动灵活。山石的摆放要曲折而富有变化；石块的大小和形状应搭

图 4-28　石景与水体结合

配巧妙；大小相间、疏密有致，并具有不规则的节奏感，使其在有限的空间里塑造"一勺则江湖万顷"的意境，如图4-29所示。

图4-29　山石驳岸示意图

三、置石与建筑的结合

置石与园林建筑结合多是为了借置石来丰富建筑轮廓，使置石与建筑浑然一体，增添环境的自然氛围。建筑与置石之间的体量对比侧重景观的自然性。

现代园林中置石与建筑的关系处理，在继承传统应用形式的同时，结合材料的创新，手法更为简洁，形式更灵活，选石品类也更为多样。例如苏州博物馆而苏州博物馆主庭院则选以泰山石为题材，与建筑结合，组石造景。整组置石景观"以壁为纸，以石为绘"，借拙政园白墙为纸，把高五六米，厚三四米的泰山石切片、打磨、煅烧，高低错落地堆叠于墙前，与卵石、水面相映，与墙后的拙政园顺势相连，新旧园景笔断意连，巧妙地与建筑融为一体。其泰山石特有的色彩和纹理层层退晕，意境深远。又巧借水池阻隔人靠近片石，形成必要的观赏视距，保证观赏角度最佳，满足置石整体尺度感，达到"只可远观，而不可亵玩"的意境，如图4-30所示。

图4-30　苏州博物馆石景

四、置石与道路的结合

在现代园林中，经常在道路交叉口或拐角处散点置石，从而增强道路景观的观赏性，营造"路因景曲，境因曲深"的景观意境。

　　现代园林中道路的布局形式，一般分为自然式、规则式和混合式，针对道路的不同布局形式，置石的应用形式、所起作用也分别有所侧重。在自然式道路中，置石多用来点缀和美化道路景观，或兼以作挡土墙、种植池；在规则式道路中，置石则侧重于打破道路转折点形成的死角，增添景观的自然性，如图 4 - 31 所示。

(a)　　　　　　　　　　　　　　　　(b)

图 4 - 31　置石与道路结合

　　现代园林中妥善地利用地形，结合植物的合理配置，可以为置石作品提供背景依托，提升置石景观的观赏性。由于地形可以建立丰富的空间序列，提供一系列的观赏点，因此，可以为置石景观提供千变万化的透视效果，独特的高差优势，可以强化和突出置石景观。

　　与此同时，置石与地形结合，也可满足置石的功能要求。例如，利用山石在坡度较陡的地形上散置可兼做护坡，用以阻挡和分散地面径流，通过降低地面径流的流速来减少对地面的冲刷。置石与地形结合如图 4 - 32 所示。

图 4 - 32　置石与地形结合

第五章 园林水景设计

第一节 水 体

一、水体的类型

1. 水体按形式划分

（1）自然式。园林水体中的自然式水体是指边缘不规则、自然变化的水体，如保持天然或模仿天然形状的河、湖、池、溪、涧、泉、瀑等。这些水体随地形变化而变化，常与山石结合，也是我国园林传统的选园方法，如图 5-1 所示。

（2）规则式。园林中的规则式水体是指水体四周边缘比较规则，并且具有明显水体轴线，一般由人工开凿成几何形状的水环境。按水体线形又可分为几何形水池和流线形水池两种。前者如北海画舫斋和南京煦园的水面，如图 5-2 所示，后者如某西山道游憩绿地水池及某绿地水池，如图 5-3 所示。

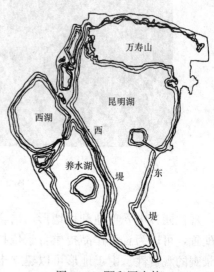

图 5-1 颐和园水体

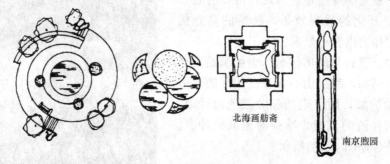

图 5-2 几何形规则式水池

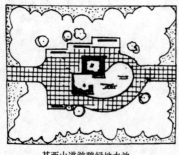

某西山道游憩绿地水池

某绿地水池

图 5-3 流线形规则式水池

（3）混合式。园林中的混合式水体是自然式水体和规则式水体交替穿插形成的水环境。它吸收了前两种水体的特点，使水体更富于变化，特别适用于水体组景。如颐和园扬仁风水景、某庭园水景，如图 5-4 所示。

2. 水体按使用功能划分

（1）观赏性水体。也称装饰性水池，是以装饰性构景为主的面积较小的水体。其特点是具有很强的可视性、透景性，常利用岸线、曲桥、小岛、点石、雕塑加强观赏性和层次感。水体可设计喷泉、落水或种植水生植物兼养观赏鱼类。

（2）开展水上活动的水体。指可以开展水上活动，如游船、游泳、垂钓、滑冰等具有一定面积的水环境。此类水体要求活动功能与观赏性相结合，并有适当的水深、良好的水质、较缓的坡岸及流畅的岸线。一般综合性公园中的湖泊均属于此类水体。

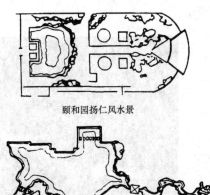

颐和园扬仁风水景

某庭园水景

图 5-4 混合式水体

3. 水流状态划分

（1）静态水体。指园林中成片状汇聚的水面，常以湖、塘、池等形式出现。它的主要特点是安详、宁静、朴实、明朗，能反映出周围景物的倒影，微波荡漾，水光潋滟，给人以无穷的想象。其作用主要是净化环境、划分空间、丰富环境色彩、增加环境气氛，如图 5-5 所示。

（2）动态水体。就流水而言，流动的水具有活力和动感，令人振奋。形式上主要有溪涧、喷水、瀑布、跌水等。动态水体常利用水姿、水色、水声创造活泼、跳跃的水景景观，让人倍感欢快、振奋。

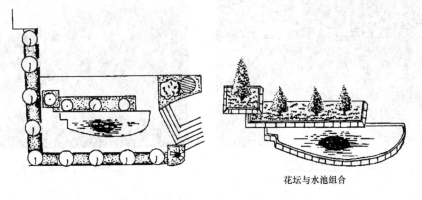

花坛与水池组合

图 5-5 观赏性规则式水池

二、水体的景观特点

1. 溪涧及河流

溪涧及河流均属于流动水体。由山间至山麓，集山水而下，汇集成了溪流、山涧和河流。一般溪浅而阔，涧深而狭。园林中的溪涧，应左右弯曲，萦回于岩石山林间，环绕亭树，穿岩入洞，有分有合，有收有放，构成大小不同的水面与宽窄各异的水流。对溪涧的源头应做隐蔽处理，使游赏者不知源于何处、流向何方，使流水成为循流追源中展开景区的线索。溪涧垂直处理应随地形变化，形成跌水和瀑布，落水处则可以成为深潭幽谷。溪流如图5-6所示。

图5-6　溪流

2. 池塘

池塘属于平静水体，有规则式和自然式。规则式有方形、圆形、矩形、椭圆形及多角形等，也可在几何形的基础上加以变化。自然式水池在园林中常依地形而建，是扩展空间的良好办法。池塘如图5-7和图5-8所示。池塘的位置可结合建筑、道路、广场、平台、花坛、雕塑、假山石、起伏的地形及平地等布置，可以作为景区局部构图中心的主景或副景，还可以结合地面排水系统，成为积水池。

图5-7　规则式池塘　　　　　　　　　图5-8　自然式池塘

3. 瀑布

瀑布是由水的落差造成的，是自然界的壮观景色。瀑布的造型千变万化、千姿百态。瀑布的形式有直落式、跌落式、散落式、水帘式、薄膜式以及喷射式等。按瀑布的大小有宽瀑、细瀑、高瀑、短瀑以及各种混合型的洞瀑等。自然瀑布如图5-9所示。人造瀑布虽无自然瀑布的气势，但只要形神具备，也会产生自然之趣。

图 5-9 自然瀑布

4. 潭

潭即深水池。自然界的潭有与瀑相连的,悬空倒泻如喷珠飞雪,或白链悬空山鸣谷应,百尺狂澜从半山飞泻而下,十分壮观。潭的大小不一,自古以来以龙命名的居多,与月组成的景观也很多。因潭景著名的风景区不下数十个。潭给人的情趣不同于溪、涧、河流、池塘,是人工水景中不可缺少的题材。

5. 泉

自然的泉来自山麓或地下,有温泉与冷泉之分。人工泉的形式则更为繁多,在现代园林中应用较多的是喷泉、壁泉、地泉和涌泉,其中尤以喷泉被视为现代园林的明星。泉如图 5-10 所示。喷泉不仅使空气湿润,而且可提供多姿多彩的视听享受。近几年来还出现和应用的光控喷泉、声控喷泉、音乐舞蹈喷泉,如云南昆明世博园内大型音乐喷泉长达一百多米,为世界之最。

大型的喷泉,最能吸引游人的目光,在园林中常作主景,布置在主副轴的交点上,在城市中也可布置在交通绿岛的中心和公共建筑前庭的中心。小型喷泉常用在自然式小水体的构图重心上,给平静的水面增加动感,活跃环境气氛。水柱粗大的喷泉,由于水柱呈半透明,背景也深。而水柱细小的喷泉,最好有平面背景以便突出人工造型,如绿色的草坪,更能显示水柱的线条美。

三、水面的分割与联系

在园林中常将大的水面空间加以分隔,形成几个趣味不同的水区,增加曲折深远的意境和景观的变化。例如:颐和园的昆明湖以十七孔桥接以孤岛成为与南湖的分割线,以西堤与小堤,形成昆明湖、南湖、上西湖、下西湖四个湖区,如图 5-11 所示。

1. 岛

岛在园林中可以作障景、隔景划分水面的空间,使水面形成几种情趣的水域,水面仍有连续感,但能增加风景的层次。尤其是较大的水面,可以打破水面平淡的单调感。岛在水中,四周有开阔的环境,是欣赏风景的良好的眺望点。岛布置在水面即是水面的景点,被四

图 5 - 10　泉

图 5 - 11　颐和园昆明湖

周的游人所欣赏。岛也是游人很好的活动空间。

　　岛可以分为山岛、平岛、半岛、岛群、礁等几种。水中设岛忌居中、整形，一般多在水面的一侧，以便使水面有大片完整的感觉，或按障景的要求考虑岛的位置。岛的数量不宜过多，应视水面的大小和造景的要求而定。岛的形状不应雷同，岛的大小与水面的大小应成适当的比例，一般情况下，岛宁小勿大，这样可使水面显得大些。岛上可建亭立石种植花木，取得小中见大的效果。岛大可设建筑，叠山引水以丰富岛的景观。北海公园琼华岛如图 5 - 12所示。

图 5 - 12 北海公园琼华岛

2. 堤

堤可以划分空间，将较大的水面分隔成不同景色的水区，作为游览的通道，是园林中一道亮丽的风景线。杭州西湖之苏堤春晓如图 5 - 13。堤上植树可增加分隔的效果，长堤上植物叶花的色彩，水平与垂直的线条，能使景色产生连续的韵律。堤上路旁可设置廊、亭、花架、凳椅等设施。

园林中多为直堤，曲堤较少。为避免单调平淡，堤不宜过长。为便于水上交通和沟通水流，堤上常设桥。堤上如设桥较多，桥的大小形式要有变化。堤在水面的位置不宜居中，多在一侧，以便将水面划分成大小不同、主次分明、风景有变化的水区。堤岸有缓坡或石砌的驳岸，堤身不宜过高，以便于游人接近水面。

图 5 - 13 杭州西湖之苏堤春晓

3. 桥

桥既可以分隔水面，又是两岸联系的纽带。桥还是水面上一个重要的景观，使水面隔而不断。

园林中桥的形式变化多端，有曲桥、平桥、廊桥、拱桥、亭桥等。如为增加桥的变化和景观的对位关系，可设曲桥，曲桥的转折处可设对景。拱桥不仅是船只的通道，而且在园林中可打破水面平淡、平直的线条，拱桥在水中的倒影，都是很好的园林景观。将亭桥设在景观视点较好的桥上，便于游人停留观赏。廊桥则有高低转折的变化。亭桥如图 5 - 14 所示。

图 5 - 14　亭桥

四、水体景观的应用

在园林水景规划设计中，水景已占据了很重要的地位，它具有水的固有特性，表现形式多样，易与周围景物形成各种关系。

1. 与临水硬质景观相互搭配

红花需要绿叶配，水景也是同样。水影要有景物搭配才能形成；水声要有硬质物体才能发音；水影舞动要与动力相结合才能活跃；水波要有起伏变化的驳岸才能起落。因此没有其他要素相配，很难衬托出水景本质的美。

（1）邻水硬质景观一：亭。

水面不同特点也不相同，有些明朗、开阔、舒展，有些宁静、幽深，有些碧波荡漾、情趣各异。所以，为突出不同的水面效果，在进行景观设计时，一般在小水面建亭时，为了能够仔细观察细微的涟漪宜低邻水面建造；大水面时，为了能够观赏到波涛汹涌的整体效果，宜在临水高台或者比较高的石台上建亭，以方便观赏远山近水。

（2）邻水硬质景观二：桥。

桥为人类带来生活的进步和交通的便捷，素有人间彩虹的美誉。在中国自然山水园林景观中，地形与水路通常各自变化、独立成景，这就需要用桥来联系交通、沟通景区、组织游览路线，同时桥因其造型优美、形式多样，也经常作为园林中重要的造景建筑。因此在设计桥时，应充分与园林道路系统配合，与道路系统相互补充、相得益彰。

（3）邻水硬质景观三：亲水平台与亲水步道。

小范围缩短人与水面的距离是增加亲水性的方法之一。创建亲水平台和亲水步道等亲水设施，在保障安全的情况下，能更近距离地让人体验水体景观的优美和乐趣。

亲水平台可以让人更加亲密地接触水景，能够满足人们嬉水和观赏水景的双重需要。

亲水步道则一般是在河岸边缘的走道或是由沿河岸边高低起伏的台阶组成，此时部分台阶延伸到水面以下，部分台阶矗立在水面以上，这样就可以使人们在进行亲水活动时，不会受到水面高度的起伏变化的影响。

2. 水体景观与植物景观相结合

在园林规划设计建设中，重视水体的造景作用，处理好植物与园林水体景观的相互关系，不但可以建造出引人入胜的场所，而且能够进一步体现园林水体景观的卓越风姿。

（1）与植物景观相结合一：配置岸边植物。

为避免出现形式单调呆板的情况，进行水岸边植物配植不要等距种植或统一进行整式修剪，应该在构图上注意使用探向水面的枝、干，尤其是一些倾斜的水边乔木，这样才能收获到一些意想不到的效果。

因此一般可以在水边种植垂柳，营造柔条拂水的效果，同时在水边种植落羽松、池松、水杉等耐水湿植物，以及具有下垂气生根的高山榕等植物，这样可以勾勒线条和构图，增加水面的层次效果。

（2）与植物景观相结合二：配置水中植物。

种植于水中的植物一般宜低于人们的观赏视线，因此在设计时要注意使其与水中倒影、水边景观互相搭配。如果是小水池或大水池中相对独立的一个小的局部水面，可以采取水面全部栽满植物的方式。

在一些较大的水面种植植物时，在水面部分栽植水生植物的情况则比较普遍，在设计时一定要注意植物与水面周围景观的视野、水面的大小比例等相协调，尤其不要妨碍岸边景观倒影产生的效果。

第二节 水景的概述

一、水景的内容

水景工程是园林工程中涉及面最广、项目组成最多的专项工程之一。狭义上水景包括湖泊、水池、水塘、溪流、水坡、水道、瀑布、水帘、叠水、水墙和喷泉等多种水景。当然就工程的角度而言，对水景工程的设计施工实际上主要是对盛水容器及其相关附属设施的设计与施工。为了实现这些景观，需要修建诸如小型水闸、驳岸、护坡和水池等工程构筑物，配备必要的给排水设施和电力设施等。

园林水景工程的项目组成主要包括以下内容。

1. 园林理水

园林理水原指中国传统园林的水景处理，今泛指各类园林中的水景处理。在中国传统的自然山水园林中，水和山同样重要，以各种不同的水形，配合山石、花木和园林建筑来组景，是中国造园的传统手法，也是园林工程的重要组成部分。水是流动的、不定型的，与山的稳重、固定形成鲜明对比。水中的天光云影和周围景物的倒影，水中的碧波游鱼、荷花睡莲等，使园景生动活泼，所以有"山得水而活，水得山而媚"之说。园林中的水面还可以划船、游泳，或做其他水上活动，并有调节气温、湿度和滋润土壤的功能，又可用来浇灌花木和防火。由于水无定形，它在园林中的形态是由山石、驳岸等来限定的，掇山与理水不可分，所以《园冶》一书把池山、溪涧、曲水、瀑布和埋金鱼缸等都列入"掇山"一章。理水也是排泄雨水，防止土壤流失，稳固山体和驳岸的重要手段。

模拟自然的园林理水，常见类型有以下几种：

（1）泉瀑。泉为地下涌出的水，瀑是断崖跌落的水，园林理水常把水源做成这两种形式。水源或为天然泉水，或园外引水或人工水源（如自来水）。泉源的处理，一般都做成石窦之类的景象，望之深邃幽暗，似有泉涌。瀑布有线状、帘状、分流迭落等形式，主要在于处理好峭壁、水口和递落叠石。水源现在一般用自来水或用水泵抽吸池水、井水等。苏州园林中有导引屋檐雨水的，雨天才能观瀑。

（2）渊潭。小而深的水体，一般在泉水的积聚处和瀑布的承受处。岸边宜做叠石，光线宜幽暗，水位宜低下，石缝间配植斜出、下垂或攀缘的植物，上用大树封顶，造成深邃气氛。

（3）溪涧。泉瀑之水从山间流出的一种动态水景。溪涧宜多弯曲以增加流程，显示出源远流长，绵延不尽。多用自然石岸，以砾石为底，溪水宜浅，可数游鱼，又可涉水。游览小径须时沿溪行，时踏汀步，两岸树木掩映，表现山水相依的景象，如杭州"九溪十八涧"。有时造成河床石骨暴露，流水激湍有声，如无锡寄畅园的"八音涧"。曲水也是溪涧的一种，今绍兴兰亭的"曲水流觞"就是用自然山石以理涧法做成的。

（4）河流。河流水面如带，水流平缓，园林中常用狭长形的水池来表现，使景色富有变化。河流可长可短，可直可弯，有宽有窄，有收有放。河流多用土岸，配植适当的植物；也可造假山插入水中形成"峡谷"，显出山势峻峭。两旁可设临河的水榭等，局部用整形的条石驳岸和台阶。水上可划船，处架桥，从纵向看，能增加风景的幽深和层次感。例如北京颐和园后湖、扬州瘦西湖等。

（5）池塘、湖泊。池塘、湖泊指成片汇聚的水面。池塘形式简单，平面较方整，没有岛屿和桥梁，岸线较平直而少叠石之类的修饰，水中植荷花、睡莲、荇、藻等观赏植物或放养观赏鱼类，再现林野荷塘、鱼池的景色。湖泊为大型开阔的静水面，但园林中的湖一般比自然界的湖泊小得多，基本上只是一个自然式的水池，因其相对空间较大，常作为全园的构图中心。

（6）其他。规整的理水中常见的有喷泉、几何形的水池、迭落的跌水槽等，多配合雕塑、花池，水中栽植睡莲，布置在现代园林的入口、广场和主要建筑物前。

2. 园林驳岸

园林驳岸是起防护作用的工程构筑物，由基础、墙体、盖顶等组成。驳岸是园林水景的重要组成部分，修筑时要求坚固和稳定，同时，要求其造型要美观，并同周围景色协调。

园林驳岸按断面形状可分为整形式和自然式两类。对于大型水体和风浪大、水位变化大的水体以及基本上是规则式布局的园林中的水体，常采用整形式直驳岸，用石料、砖或混凝土等砌筑整形岸壁。对于小型水体和大水体的小局部，以及自然式布局的园林中水位稳定的水体，常采用自然式山石驳岸，或有植被的缓坡驳岸。自然式山石驳岸可做成岩、矶、崖、岫等形状，采取上伸下收、平挑高悬等形式。

3. 园林护坡

在园林中，自然山地的陡坡、土假山的边坡、园路的边坡和湖池岸边的陡坡，有时为了顺其自然不做驳岸，而是改用斜坡伸向水中做成护坡。护坡主要是防止滑坡，减少水和风浪的冲刷，以保证岸坡的稳定。即通过坚固坡面表土的形式，防止或减轻地表径流对坡面的冲刷，使坡地在坡度较大的情况下也不至于坍塌，从而保护了坡地，维持了园林的地形地貌。

4. 园林喷泉

园林中的喷泉，一般是为了造景的需要，人工建造的具有装饰性的喷水装置。喷泉可以湿润周围空气，减少尘埃，降低气温。喷泉的细小水珠同空气分子撞击，能产生大量的负氧离子。因此，喷泉有益于改善城市面貌和增进居民身心健康。喷泉有很多种类和形式，如果进行大体上的区分，可以分为以下两类：

（1）普通装饰性喷泉。它是由各种普通的水花图案组成的固定喷水型喷泉。

（2）与雕塑结合的喷泉。喷泉的各种喷水花型与雕塑、水盘、观赏柱等共同组成景观。

5. 小型水闸

水闸是控制水流出入某段水体的水工构筑物，常设于园林水体的进出水口。小型水闸在风景名胜区和城市园林中应用比较广泛，主要作用是蓄水和泄水。

二、水景设计的要素

1. 水的尺度和比例

水面的大小与周围环境景观的比例关系是水景设计中需要慎重考虑的内容，除自然形成的或已具规模的水面外，一般应加以控制。把握设计中水的尺度需仔细推敲所采用的水景设计形式、表现主题和周围的环境景观。尺度较大的水面浩瀚缥缈，适合于大面积自然风景、城市公园和巨大的城市空间或广场。但过大的水面散漫、不紧凑，难以组织，而且浪费用地。水面的大小是相对的，同样大小的水面在不同环境中所产生的效果可能完全不同。小尺度的水面较亲切怡人，适合于宁静、不大的空间，如庭院、花园、城市小公共空间；但过小的水面则显得局促，难以形成气氛。总之，无论是大尺度的水面，还是小尺度的水面，关键在于掌握空间中水与环境的比例关系。

2. 水的平面限定和视线

用水面限定空间、划分空间有一种自然形成的感觉，使得人们的行为和视线不知不觉地在一种较亲切的气氛下得到控制，这种手段明显优于过多地、单单地使用墙体、绿篱等手段生硬地分隔空间、阻挡穿行。由于水面只是平面上的限定，因此能保证视觉上的连续性和渗透性。

用水面控制视距、分隔空间还应考虑岸畔或水中景物的倒影。这样一方面可以扩大和丰富空间，另一方面还可以使景物的构图更完美。利用水面创造倒影时，水面的大小应由景物的高度、宽度、希望得到的倒影长度以及视点的位置和高度等决定。倒影的长度或倒影量的大小应从景物、倒影和水面加以综合考虑，视点的位置或视距的大小应满足较佳的视角。

三、水景设计的方法

水景设计常用的方法见表 5-1。

表 5-1　　　　　　　　　　　**水景设计常用的方法**

设计方法	内容	景观效果
亲和	通过贴近水面的汀步、平曲桥，映入水中的亭、廊建筑，以及又低又平的水岸造景处理，把游人与水景的距离尽量地缩短，水景与游人之间就体现出一种十分亲和的关系，使游人既感亲切，又风景宜人	

设计方法	内容	景观效果
沟通	分散布置的若干水体，通过渠道、溪流顺序地串联起来，构成完整的水系，这就是沟通	
开阔	水面广阔坦荡，天光水色，烟波浩渺，有空间无限之感。这种水景效果的形成，常见的是利用天然湖泊点缀人工景点，使水景完全融入环境之中。水边景物如山、树、建筑等看起来都比较遥远	
延伸	园林建筑一半在岸上，另一半延伸到水中；或岸边的树木采取树干向水面倾斜、树枝向水面垂落或向水心伸展的态势。这些都使临水之意显然	
萦回	蜿蜒曲折的溪流在树林、水草地、岛屿、湖滨之间回还盘绕，突出了风景流动感	
隐约	使配植着疏林的堤、岛和岸边景物相互组合与相互分隔，将水景时而遮掩、时而显露、时而透出，这样就可以获得隐隐约约、朦朦胧胧的水景效果	
迷离	在水面空间处理中，利用水中的堤、岛、植物、建筑与各种形态的水面相互包含与穿插，形成湖中有岛、岛中有湖、景观层次丰富的复合性水面空间。在这种空间中，水景、堤景、岛景、树景、建筑景等层层展开，不可穷尽。游人置身其中，感觉境界相异、扑朔迷离	

设计方法	内容	景观效果
暗示	池岸岸口向水面悬挑、延伸，让人感觉水面似乎延伸到了岸口下面，这是水景的暗示作用。将庭院水体引入建筑物室内，水声、光影的渲染使人仿佛置身于水底世界，这也是水景的暗示效果	
收聚	大水面宜分，小水面宜聚。面积较小的几块水面相互聚拢，可以增强水景表现。尤其是在坡地造园，由于地势所限，不能开辟很宽大的水面，就可以随着地势升降，安排几个水面高度不一样的较小水体，相互聚在一起，同样可以达到大水面的效果	
渗透	水景空间和建筑空间相互渗透，水池、溪流在建筑群中流连、穿插，给建筑群带来自然鲜活的气息，使水景空间的形态更加富于变化，建筑空间的形态则更加宽敞，更加灵秀	
水幕	建筑被设置在水面之下，水流从屋顶均匀跌落，在窗前形成水幕。再配合音乐播放，则既有跌落的水幕，又有流动的音乐，室内水景别具一格	
藏幽	水体在建筑群、林地或其他环境中，都可以把源头和出水口隐藏起来。隐去源头的水面，反而可给人留下源远流长的感觉；把出水口藏起的水面，水的去向也更能让人遐想	
隔流	对水景空间进行视线上的分隔，使水流隔而不断，似断却连	

续表

设计方法	内容	景观效果
象征	以水面为陪衬景，对水面景物给予特殊的造型处理，利用景物象形、表意、传神的作用，来象征某一方面的主题意义，使水景的内涵更深，更有想象和回味的空间，如右图日本式的枯山水	
引出	庭园水池设计中，不管有无实际需要，都将池边留出一个水口，并通过一条小溪引水出园，到园外再截断。对水体的这种处理，其特点还是在尽可能扩大水体的空间感，向人暗示园内水池就是源泉，暗示其流水可以通到园外很远的地方	
引入	引入和水的引出方法相同，但效果相反。水的引入暗示的是水池的源头在园外，而且源远流长	

四、水景设计的作用

园林水景工程设计的作用可分为以下几点：

（1）园林水景工程设计是上级主管部门批准园林工程建设的依据。我国目前建设正处在城镇化加快发展过程中，各类园林工程较多，而较大的园林工程施工，必须经上级主管部门的批准。上级批准必须依据园林工程设计资料，组织相关专家进行分析研究，只有科学的、艺术的、合理的并符合各项技术和功能要求的设计方能获得批准。

（2）园林水景工程设计是园林设计企业生存及园林施工企业施工的依据。园林设计院、设计所是专门从事园林工程设计的企业，而这些企业就是通过进行园林工程设计而获取设计费，从而求得生存和发展。园林施工企业则是依据设计资料进行施工，如果没有园林工程设计资料，施工企业则无从着手。

（3）园林水景工程设计是建设单位投入建设费用及施工方进行招投标预算的依据。园林工程本身的复杂性和艺术性、多变性，导致在同样一个地段建造园林，由于设计的方案不同，其园林工程造价有较大的差异。

（4）园林水景工程设计是工程建设资金筹措、投入、合理使用及工程决算的依据。现阶段大型的园林工程多由国家或地方政府投资，而资金的筹措、来源、投入必须要有计划、有目的。同时，在园林工程的实施过程中，资金能否合理使用也是保证工程质量、节约资金的关键。当工程完工后，还要进行决算，所有这些都必须以工程设计技术资料为依据。

（5）园林水景工程设计是建设单位及质量管理部门对工程进行检查验收和施工管理的依据。园林工程比一般的建设工程要复杂得多，特别在绿地喷灌、园林供电等方面有许多地下隐蔽工程，在园林水景工程方面要充分表现艺术性。一旦隐蔽工程质量不合格或植物造景不能体现设计的艺术效果，就会造成很大的损失。建设单位和监理技术人员必须进行全程监督管理，而管理的依据就是工程设计文件。

五、水景设计的注意事项

在进行水景工程设计时，应注意以下事项：

（1）安全性。由于水有巨大的魅力，特别是对于儿童的吸引力更大，因此，进行水景设计时必须要考虑安全因素，这比水体的美观更重要。

（2）水循环。在干旱缺水地区采用水景要特别注意：系统中的水要设计为持续循环利用，因为许多地方性法规要求观赏喷泉要利用循环水；一般应选择非饮用水。

（3）水蒸发。蒸发是水景失掉水分的重要因素，特别是在炎热干旱的气候条件下。通风口、浅水池、喷雾及水体的运动蒸发失水是最大的。为了控制水蒸发，有些地方性法规限制使用喷头设备或限制某一场地水体的总表面积。

（4）水体透视。在设计大水面时，空间与运动的原则同样重要。平面设计图如果透视看的话，要比设计图纸上看起来收缩，当设计落实到真正的水体时，这种情况就更明显了，这是因为水体的表面常常低于周围的环境，所以一定距离看，只能看到小部分的水体。并且即使在水体提高到视平线时，情况也同样如此。

第三节　驳岸与护坡的设计

一、驳岸的造型

按照驳岸的造型形式可将驳岸分为规则式、自然式和混合式三种。各造型特点如下：

1. 规则式驳岸

用块石、砖、混凝土砌筑的几何形式岸壁，常见的有重力式驳岸、半重力式驳岸和扶壁式驳岸等。多属永久性的，要求有较好的砌筑材料和较高的施工技术。其特点是简洁规整，但缺少变化。

2. 自然式驳岸

外观无固定形状或规格的岸坡，如常用的假山石驳岸、卵石驳岸。这种驳岸自然堆砌，景观效果好。

3. 混合式驳岸

规则式与自然式驳岸相结合的驳岸造型。一般为毛石岸墙，自然山石岸顶。混合式驳岸易于施工，具有一定装饰性，适用于地形许可且有一定装饰要求的湖岸。

二、常见的驳岸

1. 山石驳岸

采用天然山石，不经人工整形，顺其自然石形砌筑而成的崎岖曲折、凹凸变化的自然山石驳岸。适用于水石庭院、园林湖池、假山山涧等水体。其地基采用沉褥作为基层。沉褥又称沉排，即用树木干枝编成的柴排，在柴排上加载块石，使之下沉到坡岸水下的地表。

特点：当底下的土被冲走而下沉时，沉褥也随之下沉，故坡岸下部分可随之得到保护。在水流流速不大、岸坡坡度平缓、硬层较浅的岸坡水下部分使用较合适。而且可利用沉褥具有较大面积的特点，作为平缓岸坡自然式山石驳岸的基底，借以减少山石对基层土壤不均匀荷载和单位面积的压力，同时也减少了不均匀沉陷。

2. 虎皮墙驳岸

采用水泥砂浆按照重力式挡土墙的方式砌筑成的块石驳岸为虎皮墙驳岸。一般用水泥砂浆抹缝，使岸壁壁面形成冰裂纹、松皮纹等装饰性缝纹。能适应大多数园林水体使用，是现代园林中运用较广泛的驳岸类型。

特点：在驳岸的背水面铺宽约 50cm 的级配砂石带。湖底以下的基础用块石浇灌混凝土，使驳岸地基的整体性加强而不易产生不均匀沉陷；基础以上浆砌块石勾缝；水面以上形成虎皮石外观，朴素大方；岸顶用预制混凝土块压顶，向水面挑出 5cm，使岸顶统一、美观。驳岸并不绝对与水平面垂直，可有 1：10 的倾斜度。每间隔 15cm 设伸缩缝。伸缩缝用涂有防腐剂的木板条嵌入，而上表略低于虎皮石墙面。缝上以水泥砂浆勾缝。虎皮石缝宽度以 2～3cm 为宜。

3. 干砌大块石驳岸

这种驳岸不用任何胶结材料，只是利用大块石的自然纹缝进行拼接镶嵌。在保证砌叠牢固的前提下，为造成大小、深浅、形状各异的石缝、石洞、石槽、石孔、石峡等。广泛用于多数园林湖池水体。

4. 整形条石砌体驳岸

利用加工整形成规则形状的石条整齐地砌筑成条石砌体驳岸。具有规则整齐，工程稳固性好的特点，但造价较高，多用于较大面积的规则式水体。结合湖岸坡地地形或游船码头的修建，用整形石条砌筑成梯状的岸坡，这样不仅可适应水位的高低变化，为增加游园兴趣，还可利用阶梯作为座凳，吸引游人靠近水边赏景、休息或垂钓。

5. 木桩驳岸

木桩驳岸施工前，先对木桩进行处理，木桩入土前，还应在入土的一端涂刷防腐剂，最好选用耐腐蚀的杉木作为木桩的材料。木桩驳岸在施打木桩前，为便于木桩的打入，还应对原有河岸的边缘进行修整，挖去一些泥土，修整原有河岸的泥土。如果原有的河岸边缘土质较松，可能会塌方，那么还应进行适当的加固处理。

6. 仿木桩驳岸

如同木桩驳岸一样，可以以假乱真。仿木桩驳岸施工前，应先预制加工仿木桩，一般是钢筋混凝土预制小圆桩，长度根据河岸的标高和河底的标高决定，一般为 1～2m，直径为 15～20cm，一端头成尖状，内配 5 Φ 10 钢筋，待小圆柱的混凝土强度达到 100% 后，便可施打。成排完成或全部完成后，再用白色水泥掺适量的颜料粉。调配成树皮的颜色，用工具把彩色水泥砂浆，采用粉、刮、批、拉、弹等手法装饰在圆柱体上，使圆柱体仿制成木桩。仿木桩驳岸施工方法类似于木桩驳岸施工方法。

7. 草皮驳岸

为防止河坡塌方，河岸的坡度应在自然安息角以内，也可以把河坡做得较平坦些，对河坡上的泥土进行处理，或铺筑一层易使绿化种植成活的营养土，然后再铺筑草皮。如果河岸较陡，还可以在草皮铺筑时，用竹钉钉在草坡上，使草皮不会下滑。草皮养护一段时间后，草皮生长入土中，就完成了草皮驳岸的建设。

8. 景石驳岸

这种是在块石驳岸完成后，在块石驳岸的岸顶面放置景石，起到装饰作用。具体施工时应根据现场实际情况及整个水系的迂回曲折点置景石。

三、驳岸与水位的关系

驳岸可分为湖底以下部分、常水位至低水位部分、常水位至高水位部分和高水位以上部分。驳岸的水位关系如图5-15所示。

(1) 高水位以上部分。这部分不会被水淹没，主要受风浪撞击和淘刷、日晒风化或超重荷载，致使下部坍塌，造成岸坡损坏。

(2) 常水位至高水位部分。如图5-15中的$B\sim A$，属周期性淹没部分，多受风浪拍击和周期性冲刷，使水岸土壤遭冲刷淤积水中，损坏岸线，影响景观。

(3) 常水位到低水位部分。如图5-15中的$B\sim C$，是常年被淹部分，主要受湖水浸渗冻胀，剪力破坏，风浪淘刷。我国北方地区因冬季结冻，常造成岸壁断裂或移位。有时因波浪淘刷，土壤被掏空后导致坍塌。

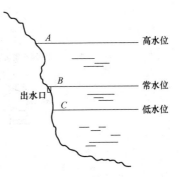

图5-15　驳岸的水位关系

(4) 湖底以下部分。如图5-15中的C以下部分，是驳岸基础，主要影响地基的强度。

四、驳岸的平面位置

驳岸的平面位置可在平面图上以造景要求确定。技术设计图上，以常水位显示水面位置。整形驳岸，岸顶宽度一般为30～50cm。如果设计驳岸与地面夹角小于90°，则可根据倾斜度和岸顶高程求出驳岸线平面位置。

五、驳岸的高程确定

岸顶的高程应比最高水位高出一段距离，以保证水体不致因风浪冲涌而上岸，应高出的距离与当地风浪大小有关，一般高出25～100cm。水面大，风大时，可高出50～100cm；反之，则小一些。

从造景的角度讲，深潭边的驳岸要求高一些，显出假山石的外形之美；而水清浅的地方，驳岸要低一些，以便于水体回落后露一些滩涂与之相协调。为了最大限度节约资金，在人迹罕至，但地下水位高，岸边地形较平坦的湖边，驳岸高程可以比常水位高得不多。

六、驳岸的横截面设计

驳岸的横截面图是反映其材料、结构和尺寸的设计图。驳岸的基本结构从下到上依次为基础、墙体、压顶。由于压顶的材料不同，驳岸又分为规划式和自然式两种类型。规划式驳岸以条石或混凝土压顶的驳岸称规划式驳岸。规整、简洁、明快，适宜于周围为规整的建筑物，或营造明快、严肃等氛围时应用。自然式驳岸以山石压顶的驳岸为自然式驳岸，适宜于湖岸线曲折、迂回，周围是自然的山体等，或营造自然幽静、闲适的气氛时应用。

七、护坡的类型

由于水体的自然缓坡能产生自然、亲水的效果，因此，护坡在园林工程中被广泛采用。护坡方法的选择应依据坡岸用途、构景透视效果、水岸地质状况和水流冲刷程度而定。目前，园林常见的护坡有铺石护坡、灌木护坡和草皮护坡。

1. 铺石护坡

当坡岸较陡，风浪较大或因造景需要时，可采用铺石护坡。铺石护坡由于施工容易，抗冲刷能力强，经久耐用，护岸效果好，还能因地造景，灵活随意，是园林常见的护坡形式。常见的铺石护坡结构如图 5-16 所示。

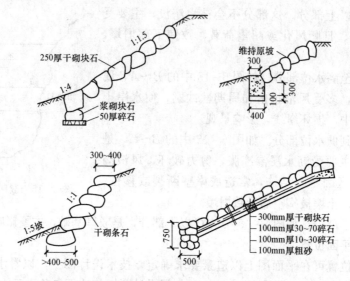

图 5-16　铺石护坡（单位：mm）

2. 灌木护坡

灌木护坡较适于大水面平缓的坡岸。由于灌木有韧性，根系盘结，不怕水淹，能削弱风浪冲击力，减少地表冲刷，因而护岸效果较好。护坡灌木要具备速生、根系发达、耐水湿、株矮常绿等特点，可选择沼生植物护坡。

施工时可直播，可植苗，但要求较大的种植密度。如果因景观需要，强化天际线变化，可适量植草和乔木，如图 5-17 所示。

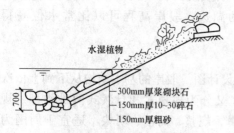

图 5-17　灌木护坡（单位：mm）

3. 草皮护坡

草皮护坡适于坡度在 1:20～1:5 之间的湖岸缓坡。护坡草种要求耐水湿，根系发达，生长快，生存力强，如假俭草、狗牙根等。

护坡做法按坡面具体条件而定，如果原坡面有杂草生长，可直接利用杂草护坡，但要求美观。也有直接在坡面上播草种，加盖塑料薄膜；或先在正方砖、六角砖上种草，然后用竹签四角固定作护坡，如图 5-18 所示。最为常见的是块状或带状种草护坡，铺草时沿坡面自下而上成网状铺草，用木方条分隔固定，稍加压踩。若要增加景观层次，丰富地貌，加强透视感，可在草地散置山石，配以花灌木。

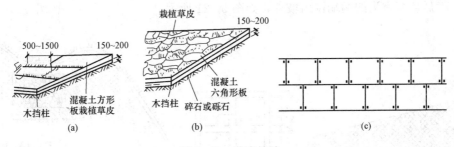

图 5 - 18　草皮护坡

(a) 方形板；(b) 六角形板；(c) 用竹签固定草砖

八、坡面的构造设计

1. 植被护坡的坡面设计

一般对大中型园林中的水体来说，自然形态的水域面积会较大，尽量采用植被岸坡。因为植被护坡不仅经济，而且植被与水体组景，景色自然而优美。通常而言，植被护坡的坡面构造从上到下的顺序为：植被层、坡面根系表土层和底土层。

(1) 植被层。植被层主要采用草皮护坡方式的，植被层厚度为 15～45cm；用花坛护坡的植被层厚为 25～60cm；用灌木丛护坡，则灌木层厚为 45～180cm。植被层一般不用乔木做护坡植物，因为乔木重心较高，有时可因树倒而使坡面坍塌。

(2) 根系表土层。用草皮护坡与花坛护坡时，坡面保持斜面即可。如果坡度太大，达到 60°以上时，坡面土壤应先整细并稍稍拍实，然后在表面铺上一层护坡网，最后才撒播草种或栽种草丛、花苗。用灌木护坡，坡面则可先整理成小型阶梯状，以便栽种树木和积蓄雨水，如图 5 - 19 所示。为了防止地表径流直接冲刷陡坡坡面，还应在坡顶部顺着等高线布置一条截水沟，以拦截雨水。

(3) 底土层。坡面的底土一般应拍打结实，但也可不作任何处理。

2. 预制框格护坡的坡面设计

预制框格护坡施工容易，抗冲刷能力强，经久耐用，又具有造景效果，因此是常用的护坡形式。

框格一般是预制生产的，在边坡施工时再装配成各种简单的图形。预制框格由混凝土、塑料、铁件、金属网等材料制作的，其每一个框格单元的设计形状和规格大小都可以有许多

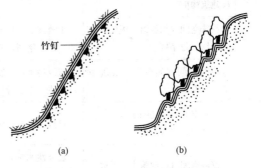

图 5 - 19　植被护坡坡面的两种截面

(a) 草坪护坡；(b) 灌木护坡

变化。用锚和矮桩固定后，再往框格中填满肥沃土壤，土要填得高于框格，并稍稍拍实，以免下雨时流水渗入框格下面，冲刷走框底泥土，使框格悬空。预制混凝土框格的参考形状及规格尺寸如图 5 - 20 所示。

3. 护坡的截水沟设计

截水沟一般设在坡顶，与等高线平行。沟宽 20～45cm，深 20～30cm，用砖砌成。沟底、沟内壁用 1∶2 水泥砂浆抹面。为了不破坏坡面的美观，可将截水沟设计为盲沟，即在

截水沟内填满砾石，砾石层上面覆土种草。从外表看不出坡顶有截水沟，但雨水流到沟边就会下渗，然后从截水沟的两端排出坡外，如图 5-21 所示。

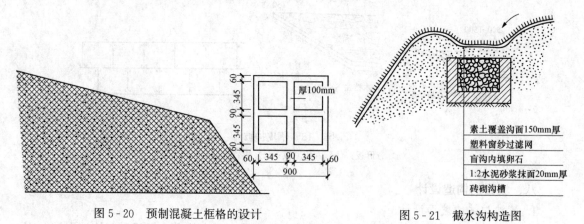

素土覆盖沟面150mm厚
塑料窗纱过滤网
盲沟内填卵石
1:2水泥砂浆抹面20mm厚
砖砌沟槽

图 5-20　预制混凝土框格的设计　　　　　图 5-21　截水沟构造图

第四节　喷泉的设计

一、喷泉的环境要求

喷泉的布置与其周围环境关系密切，具体要求见表 5-2。

表 5-2　　　　　　　　　　　　喷泉对环境的要求

序号	喷泉环境	参考的喷泉设计
1	开朗空间（如广场、车站前公园入口、轴线交叉中心）	宜用规则式水池，水池宜人，喷水要高，水姿丰富，适当照明，铺装宜宽、规整，配盆花
2	半围合空间（如街道转角、多幢建筑物前）	多用长方形或流线型水池，喷水柱宜细，结合简洁，草坪烘托
3	特殊空间（如旅馆、饭店、展览会场、写字楼）	水池圆形、长形或流线型，水量宜大，喷水优美多彩，层次丰富，照明华丽，铺装精巧，常配雕塑
4	喧闹空间（如商厦、游乐中心、影剧院）	流线型水池，线型优美，喷水多姿多彩，水形丰富，音、色、姿结合，简洁明快，山石背景，雕塑衬托
5	幽静空间（如花园小水面、古典园林中、浪漫茶座）	自然式水池，山石点缀，铺装细巧，喷水朴素，充分利用水声，强调意境
6	庭院空间（如建筑中、后庭）	装饰性水池，圆形、半月形、流线型，喷水自由，可与雕塑、花台结合，池内养观赏鱼，水姿简洁，山石树花相间

二、喷头的类型

喷头是喷泉的一个主要组成部分。它的作用是把具有一定压力的水，经过喷嘴的造型作用，在水面上空喷射出各种预想的、绚丽的水花。喷头的形式、结构、材料、外观及工艺质量等对喷水景观具有较大的影响。

制作喷头的材料应当耐磨、不易锈蚀、不易变形。常用青铜或黄铜制作喷头。近年也有用铸造尼龙制作的喷头，耐磨、润滑性好、加工容易、轻便、成本低，但易老化、寿命短零件尺寸不易严格控制等，因此主要用于低压喷头。

喷头的种类较多，而且新形式不断出现。常用喷头类型见表5-3。

表5-3 常见的喷头类型

类型	特点
单射流喷头	是压力水喷出的最基本的形式，也是喷泉中应用最广的一种喷头。可单独使用，组合使用时能形成多种样式的花形
喷雾喷头	这种喷头内部装有一个螺旋状导流板，使水流螺旋运动，喷出后细小的水流弥漫成雾状水滴。在阳光与水珠、水珠与人眼之间的连线夹角为$40°36'\sim42°18'$时，可形成缤纷瑰丽的彩虹景观
环形喷头	出水口为环状截面，使水形成中空外实且集中而不分散的环形水柱，气势粗犷、雄伟
旋转喷头	利用压力由喷嘴喷出时的反作用力或用其他动力带动回转器转动，使喷嘴不断地旋转运动。水形成各种扭曲线形，飘逸荡漾、婀娜多姿
扇形喷头	在喷嘴的扇形区域内分布数个呈放射状排列的出水孔，可以喷出扇形的水膜或像孔雀开屏一样美丽的水花
变形喷头	这种喷头的种类很多，其共同特点是在出水口的前面有一个可以调节的形状各异的反射器。当水流经过时反射器起到水花造型的作用，从而形成各种均匀的水膜，如牵牛花形、扶桑花形、半球形等
吸力喷头	利用压力水喷出时在喷嘴的喷口附近形成的负压区，在压差的作用下把空气和水吸入喷嘴外的套筒内，与喷嘴内喷出的水混合后一并喷出。其水柱的体积膨大，同时由于混入大量细小的空气泡而形成白色不透明的水柱。它能充分反射阳光，尤其在夜晚彩灯的照射下会更加光彩夺目。吸力喷头可分为吸水喷头、加气喷头和吸水加气喷头3种
多孔喷头	这种喷头可以是由多个单射流喷嘴组成的一个大喷头，也可以是由平面、曲面或半球形的带有很多细小孔眼的壳体构成的喷头，能喷射出造型各异、层次丰富的盛开的水花
蒲公英喷头	是在圆球形壳体上安装多个同心放射状短管，并在每个短管端部安装一个半球形变形喷头，从而喷射出像蒲公英一样美丽的球形或半球形水花，新颖、典雅。这种喷头可单独使用，也可几个喷头高低错落地布置
组合喷头	由两种或两种以上、形体各异的喷嘴，根据水花造型的需要，组合而成的一个大喷头。它能够形成较复杂的喷水花型，如图5-22所示

图5-22 组合喷头

三、喷泉水型的基本形式

喷泉水型的基本形式参见表5-4。

表5-4　　　　　　　　　　　　**喷泉水型的基本形式**

序号	名称	喷泉水型基本形式
1	单射型	
2	水幕型	
3	圆柱型	
4	半球型	
5	海鸥型	
6	喇叭型	
7	斜坡型	
8	拱型	
9	冰山型	
10	蜡烛型	
11	旋转型	

序号	名称	喷泉水型基本形式
12	圆锥型	
13	伞型	
14	篱笆型	
15	双坡型	
16	扇型	
17	冰树型	
18	冰树伞型	
19	蜗牛型	
20	王冠型	
21	向心型	
22	编织型	

序号	名称	喷泉水型基本形式
23	内编织型	
24	V字型	
25	蒲公英型	
26	圆弧型	
27	蘑菇型	
28	吸力型	
29	喷雾型	
30	孔雀型	

续表

序号	名称	喷泉水型基本形式
31	洒水型	
32	多层花型	
33	牵牛花型	
34	抛物线型	
35	多排行列型	

四、喷泉的供水

1. 供水方式

一般喷泉的供水系统如图 5-23 所示。

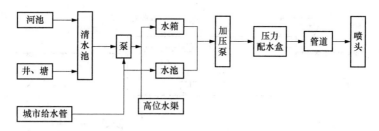

图 5-23 喷泉的供水系统

喷泉常见的供水方式有 3 种，喷泉的供水方式如下：

（1）直流式供水［图 5-24（a）］。特点是自来水供水管直接接入喷水池内与喷头相接，给水喷射一次后即经溢流管排走。其优点是供水系统简单，占地小，造价低，管理简单。缺点是给水不能重复利用，耗水量大，运行费用高，不符合节约用水要求；同时，由于供水管网水压不稳定，水形难以保证。直流式供水常与假山盆景结合，可做小型喷泉、孔流、涌泉、水膜、瀑布、壁流等，适合于小庭院、室内大厅和临时场所。

（2）水泵循环供水［图5-24（b）］。特点是另设泵房和循环管道，水泵将池水吸入后经加压送入供水管道至水池中，水经喷头喷射后落入池内，经吸水管再重新吸入水泵，使水得以循环利用。其优点是耗水量小，运行费用低，符合节约用水要求；在泵房内即可调控水形变化，操作方便，水压稳定。缺点是系统复杂，占地大，造价高，管理麻烦。水泵循环供水适合于各种规模和形式的水景工程。

（3）潜水泵供水［图5-24（c）］。特点是另设泵房和循环管道，水泵将池水吸入后经加压送入供水管道至水池中，水经喷头喷射后落入池内，经吸水管再重新吸入水泵，使水得以循环利用。其优点是耗水量小，运行费用低，符合节约用水要求；在泵房内即可调控水形变化，操作方便，水压稳定。缺点是系统复杂，占地大，造价高，管理麻烦。水泵循环供水适合于各种规模和形式的水景工程。

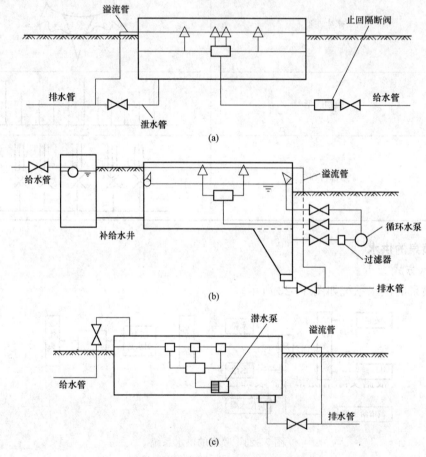

图5-24　喷泉的供水形式
（a）直流式供水；（b）水泵循环供水；（c）潜水泵循环供水

2. 水力计算

喷泉设计中为了达到预定的水形，必须确定与之相关的流量、管径、扬程等水力因子，进而选择相配套的水泵。

（1）喷嘴流量计算公式：

$$q = uf(2gH)^{1/2} \times 10^3$$

式中　q——单个喷头流量，L/s；

　　　u——流量系数，与喷嘴形式有关，一般为 0.62～0.94；

　　　f——喷嘴截面面积，mm^2；

　　　g——重力加速度，$g=9.80m/s^2$；

　　　H——喷头入口水压头（常用管网压头代替），m。

有时为了方便避免计算，g 值可参考厂家提供的数据。

（2）各管段流量计算。某管段的流量为该管段上同时工作的所有喷头流量之和的最大值。

（3）总流量计算。喷泉的总流量为同时工作的所有管段流量之和的最大值。

（4）管径计算：

$$D = (4Q \times 10^{-3}/\pi V)^{1/2} \times 10^3$$

式中　D——管径，mm；

　　　Q——管段流量，L/s；

　　　π——圆周率，$\pi \approx 3.1416$；

　　　V——经济流速，常用的经济流速为 0.6～2.1m/s。

实际中可适当选择稍大些的流速，常用 1.5m/s 来确定管径。

（5）工作压力的确定。喷泉最大喷水高度确定后，压力即可确定。例如：喷高 15m 喷头，工作压力约为 150kPa（工作压头为 $15mH_2O$）。

（6）总扬程计算：

总扬程＝实际扬程＋水头损失

实际扬程＝工作压头＋吸水高度

工作压头（压水高度）是由水泵中线至喷水最高点的垂直高度；吸水高度是指水泵所能吸水的高度，也叫允许吸上真空高度（泵牌上有注明），是水泵的主要技术参数。

水头损失是实际扬程与损失系数乘积。由于水头损失计算较为复杂，实际中可粗略取实际扬程的 10％～30％作为水头损失。

五、喷泉的管道布置

1. 小型、大型喷泉管道布置

喷泉管道要根据实际情况布置。装饰性小型喷泉，其管道可直接埋入土中，或用山石、矮灌木遮盖。大型喷泉，分主管和次管，主管要敷设在可通行人的地沟中，为了便于维修应设检查井；次管直接置于水池内。管网布置应排列有序，整齐美观。

2. 环形管道

环形管道最好采用十字形供水，组合式配水管宜用分水箱供水，其目的是要获得稳定等高的喷流。

3. 溢水口

为了保持喷水池正常水位，水池要设溢水口。溢水口面积应是进水口面积的 2 倍，要在其外侧配备拦污栅，但不得安装阀门。溢水管要有 3％的顺坡，直接与泄水管连接。

4. 补给水管

补给水管的作用是启动前的注水及弥补池水蒸发和喷射的损耗，以保证水池正常水位。

补给水管与城市供水管相连，并安装阀门进行控制。

5. 泄水口

泄水口要设于池底最低处，用于检修和定期换水时的排水。管径 100mm 或 150mm 也可按计算确定，安装单向阀门和公园水体以及城市排水管网连接。

6. 连接喷头的水管

连接喷头的水管不能有急剧变化，要求连接管至少有 20 倍其管径的长度。如果不能满足时，需安装整流器。

7. 管线

喷泉所有的管线都要具有不小于 2% 的坡度，便于停止使用时将水排空，所有管道均要进行防腐处理；管道接头要严密，安装必须牢固。

8. 喷头安装

管道安装完毕后，应认真检查并进行水压试验，保证管道安全，一切正常后再安装喷头。为了便于水型的调整，每个喷头都应安装阀门进行控制。

第五节　瀑布跌水的设计

一、瀑布落水的基本形式

瀑布落水形式十分丰富，其基本型如图 5 - 25 所示。

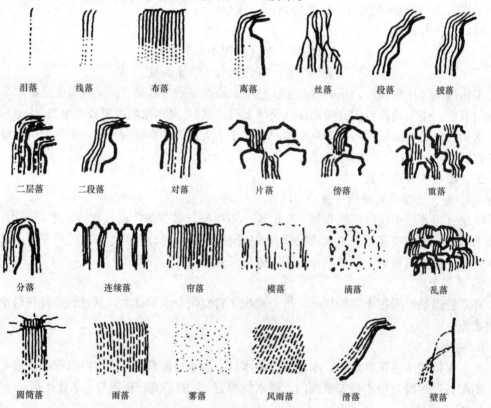

图 5 - 25　瀑布落水的基本形式

二、瀑布的供水方式

瀑布的设计必须保证能够获得足够的水源供给，瀑布的水源有 3 种。

（1）利用天然地形的水位差，这种水源要求建园范围内有泉水、溪、河道。

（2）直接利用城市自来水，用后排走，但投资成本高。

（3）水泵循环供水，是较经济的一种给水方法。对于绝大多数人工瀑布都采用这种供水方式。

绝大多数小型瀑布则在承水潭内设置潜水泵循环供水。瀑布用水要求较高的水质，一般都应配置过滤设备来净化水体。

三、瀑布的布置要点

（1）必须有足够的水源。利用天然地形水位差，疏通水源，创造瀑布水景，或接通城市水管网用水泵循环供水来满足。

（2）瀑布的位置和造型应结合瀑布的形式、周边环境、创造意境及气氛综合考虑，选好合宜的视距。

（3）瀑布着重表现水的姿态、水声、水光，以水体的动态取得与环境的对比。

（4）水池平面轮廓多采用折线形式，便于与池中分布的瀑布池台协调。池壁高度宜小，最好采用沉床式或直接将水池置于低地中，有利于形成观赏瀑布的良好视距。

（5）为保证瀑布布身效果，要求瀑布口平滑，可采用青铜或不锈钢制作。此外，为增加缓冲池的水深，另外在出水管处加挡水板。

（6）为防水花四溅，承水潭宽度应大于瀑布高度的 2/3。

（7）瀑布池台应有高低、长短、宽窄的变化，参差错落，使硬质景观和落水均有一种韵律的变化。

（8）应考虑游人近水、戏水的需要。为使池、瀑成为游人的游乐场所，池中应设置汀步。

四、瀑布的水力学计算

1. 瀑布规模

瀑布规模主要决定于瀑布的落差（跌落高度）、瀑布宽度及瀑身形状。如按落差高低区分，瀑布可分为三类：

小型瀑布，落差：＜2m；

中型瀑布，落差：2～3m；

大型瀑布，落差：≥3m。

落差大于或等于 3m 的瀑布，在跌落过程中，因与空气摩擦，可能造成瀑身的破裂，因此，瀑身水层需要有一定的厚度。跌落方式、瀑布气势及所需瀑身厚度之间的关系见表 5-5。

表 5-5　　　　落差大于或等于 3m，跌落方式、瀑身厚度之间的关系参考值

跌落方式	瀑身厚度/mm	跌落方式	瀑身厚度/mm
沿底衬流淌的瀑身	3～5	气势宏大的悬挂式瀑身	5～20
悬挂式瀑身	3～5	—	—

2. 用水量计算

人工建造瀑布，其用水量较大，因此多采用水泵式循环供水。其用水量标准可参阅表

5-6。根据经验，高 2m 的瀑布，每米宽流量 0.5m³/min 较适宜。

表5-6　　　　　　　　　瀑布用水量估算（每米用水量）

瀑布的落水高度（m）	堰顶水深（mm）	用水量（L/s）
0.30	6	3
0.90	9	4
1.50	13	5
2.10	16	6
3.00	19	7
4.50	22	8
7.50	25	10

3. 水力学计算方法

（1）悬挂式瀑布的水力计算。

1）跌落时间的计算。瀑布跌落时间计算公式为：

$$t = \sqrt{\frac{2h}{g}}$$

式中　t——瀑布的跌落时间，s；

　　　h——瀑布的跌落高度，m；

　　　g——重力加速度，取 9.8m/s²。

2）瀑布体积计算。每米宽度的瀑布所需水体积计算公式为：

$$V = abh$$

式中　V——悬挂式瀑布水体体积，m³/m；

　　　b——瀑身的厚度，m，根据瀑布规模，参见表 5-8；

　　　H——瀑布的跌落高度，m；

　　　a——安全系数，考虑瀑布在跌落过程中空气摩擦造成的水量损失，可取 1.05～1.1，根据规模确定，大型瀑布取上限，小型瀑布取下限。

3）瀑布流量的计算。为使瀑布完整，美观与稳定，瀑布的流量必须满足在跌落时间为 t 的条件下，达到瀑身水体体积为 V（m³），故每米宽度的瀑布，设计流量计算公式为：

$$Q = \frac{V}{t}$$

式中　Q——瀑布每米宽度的流量，m³/（s·m）；

　　　V——瀑布体积，m³；

　　　t——瀑布的跌落时间，s。

（2）折线式瀑布水力计算。折线式瀑布的水流从溢流堰溢出后，受折线底衬的阻挡，流速减慢，水层的厚度可减薄，因此所需流量可以减小。用落差相同的悬挂式瀑布的计算方法，计算出流量 Q，然后取（1～1/2）Q 即可。

（3）采用间隔式矩形薄壁堰形成线状瀑布。根据形成线流的不同方法，采用相应的水力计算公式。

1）采用间隔式矩形薄壁堰形成线状瀑布。间隔式矩形薄壁堰的每个堰的堰宽 b 采用 20

～50mm，间隔宽度 l 采用 100～200mm。经溢流形成的水形即为线状瀑布。堰宽 b 的取值决定了线状的粗细，间隔 l 的取值决定水线的疏密。具体取值，根据设计人员的意图而定。

2）孔口或管嘴出流形成线状瀑布。

①孔口或管嘴出流形成线状瀑布的水力计算可采用下式计算孔口出流流速 v_c（m/s）。

$$v_c = \frac{1}{\sqrt{1+\xi}} \sqrt{2gH_0} = \varphi \sqrt{2gH_0}$$

式中　v_c——孔口自由出流、收缩断面处的流速（m/s）；

　　　φ——孔口流速系数，$\varphi = \frac{1}{\sqrt{1+\xi}}$；

　　　ξ——孔口局部阻力系数；

　　　H_0——孔口淹没深度，m；

　　　g——重力加速度，取 9.8m/s²。

②用下式计算孔口出流流量 q（m³/s）。

$$q = v_c \omega_c = \varphi \omega_c \sqrt{2gH_0}$$

式中　q——孔口流量，m³/s；

　　　v_c——收缩断面处的流速，m/s；

　　　w_c——孔口的面积，m²；

　　　H_0——孔口淹没深度，m；

　　　G——重力加速度，取 9.8m/s²。

③根据落差高度用下式计算孔口出流后的水平射距。

$$l = 2\varphi \sqrt{H + H_0}$$

式中　l——孔口出流的水平射距，m；

　　　φ——孔口流速系数；

　　　H_0——孔口淹没深度，m；

　　　H——水线跌落高度，m。

（4）垂直或倾斜底衬瀑布的水力计算。沿垂直底衬或倾斜底衬流淌的瀑布，由于水流阻力较大，流速较慢，与空气的摩擦也较小，瀑布破裂的可能性小，瀑身厚度可减薄。因此在规模相同（落差与瀑宽）的条件下，所需流量较悬挂式瀑布少。

水力计算时，可取落差相同的悬挂式瀑面流量的 1～1/2 计算，再根据流量选择合适的溢流堰形式，计算堰顶水深 H_0。

五、顶部蓄水池的设计

蓄水池的容积要根据瀑布的流量来确定，要形成较壮观的景象，就要求其容积大；相反，如果要求瀑布薄如轻纱，就没有必要太深、太大。如图 5-26 所示为蓄水池结构。

六、堰口的处理

堰口是使瀑布的水流改变方向的山石部位。其出水口应模仿自然，并以树木及岩石加以隐蔽或装饰，当瀑

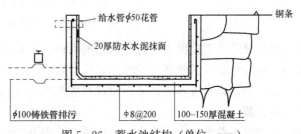

图 5-26　蓄水池结构（单位：mm）

布的水膜很薄时，不仅可以节约用水，而且往往能表现出各种引人注目的水态。但如果堰顶水流厚度只有 6mm，而堰顶为混凝土或天然石材时，由于施工很难达到非常平的水平，因而容易造成瀑身不完整，这在建造整形水幕时，尤为重要。此时可以采用以下办法：

（1）用青铜或不锈钢制成堰唇，以保证落水口的平整、光滑。

（2）增加堰顶蓄水池的水深，以形成较为壮观的瀑布。

（3）堰顶蓄水池可采用花管供水，或在出水管口处设挡水板，以降低流速。一般应使流速不超过 0.9~1.2m/s 为宜，以消除紊流。

七、瀑身设计

瀑布水幕的形态也就是瀑身，它是由堰口及堰口以下山石的堆叠形式确定的。堰口处的山石虽然在一个水平面上，但水际线的伸出、缩进可以使瀑布形成的景观有层次感。若堰口以下的山石在水平方向上堰口突出较多，可形成两重或多重瀑布，这样使得瀑布更加活泼而有节奏感。在城市景观构造中，注重瀑身的变化，可创造多姿多彩的水态。瀑布的水态是很丰富的，设计时应根据瀑布所在环境的具体情况、空间气氛，确定设计瀑布的性格。

瀑布不同的落水形式，如图 5-27 所示。

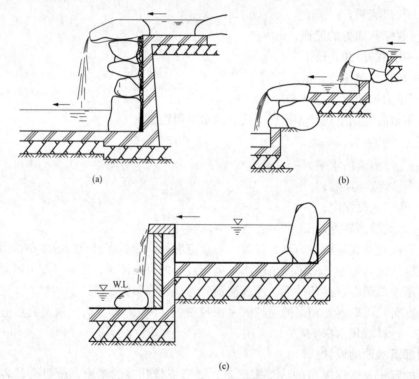

图 5-27　瀑布落水的形式

(a) 远离落水；(b) 三段落水；(c) 连续落水

瀑身设计是表现瀑布的各种水态的性格。在城市景观构造中，注重瀑身的变化，可创造多姿多彩的水态。天然瀑布的水态是很丰富的，设计时应根据瀑布所在环境的具体情况、空间气氛，确定设计瀑布的性格。设计师应根据环境需要灵活运用。

八、潭

天然瀑布落水口下面多为一个深潭。在瀑布设计时，也应在落水口下面做一个受水池。

一般的经验是使受水池的宽度不小于瀑身高度的 2/3，以防止落水时水花四溅。

九、与音响、灯光的结合

为产生如波涛翻滚的意境，可利用音响效果渲染气氛，增加水声。也可以把彩灯安装在瀑布的对面，晚上就可以呈现出彩色瀑布的奇异景观。

十、跌水的特点与形式

1. 跌水的特点

跌水本质是瀑布的变异，它强调一种规律性的阶梯落水形式。跌水的外形就像一道楼梯，台阶有高有低，层次有多有少，并且构筑物的形式有规则式、自然式及其他形式，因此产生了形式不同、水量不同、水声各异的丰富多彩的跌水景观。

2. 跌水的形式

跌水的形式有多种，就其落水的水态可分为如下形式：

（1）单级式跌水。溪流下落时，如果无阶状落差，即为单级跌水（一级跌水）。单级跌水由进水口、胸墙、消力池及下游溪流组成。

进水口是水源的出口，应通过某些工程手段使进水口自然化。胸墙也称跌水墙，它能影响到水态、水声和水韵。胸墙要坚固、自然。消力池底要有一定厚度，一般认为，当流量达到 $2m^3/s$，墙高大于 2m 时，底厚要求达到 50cm。对消力池长度也有一定要求，其长度应为跌水高度的 1.4 倍。连接消力池的溪流应根据环境条件设计。

（2）二级式跌水。即溪流下落时，具有两阶落差的跌水。通常上级落差小于下级落差。二级跌水的水流量较单级跌水小，因此，下级消力池底厚度可适当减小。

（3）多级式跌水。即溪流下落时，具有 3 阶以上落差的跌水。多级跌水一般水流量较小，因而各级均可设置蓄水池。水池可为规则式，也可为自然式，视环境而定。为防水闸海漫功能削弱上一级落水的冲击，水池内可点铺卵石。有时为了造景需要和渲染环境气氛，可配装彩灯，使整个水景景观益然有趣。多级式跌水如图 5-28 所示。

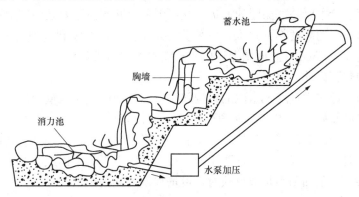

图 5-28 多级式跌水

（4）悬臂式跌水。悬臂式跌水的特点是其落水口的处理与瀑布落水口泄水石处理极为相似，它是将泄水石突出成悬臂状，使水能泻至池中间，因而使落水更具魅力。

（5）陡坡。陡坡跌水是以陡坡连接高、低渠道的开敞式过水构筑物。园林中多应用于上下水池的过渡由于坡陡水流较急，需有稳固的基础。

第六节　水池的设计

水池设计通常分平面设计、立面设计、剖面设计及管线设计四部分。

一、水池的平面设计

水池的平面设计，首先应明确水池在地面以上的平面位置、尺寸和形状，这是水池设计的第一步。水池的大小和形状需要根据整体园林工程建设来确定，其中水池形状设计最为关键，水池的形状可分为自然式水池、规则式水池和混合式水池三种形式。在设计中可视具体情况而设计形式多样、既美观又耐用的水池，如图 5-29 所示。

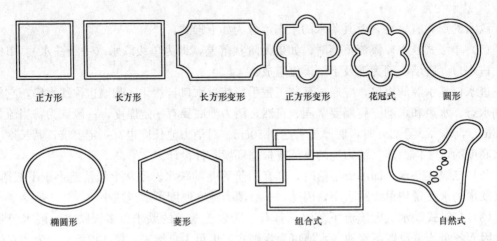

图 5-29　水池的水面形式系列

二、水池的立面设计

水池的立面设计主要是立面图的设计，立面图要反映水池主要朝向的池壁高度和线条变化。池壁顶部离地面的高度不宜过大，一般为 20cm 左右。考虑到方便游人坐在池边休息，高度可以增加到 35~45cm，立面图上还应反映喷水的立面景观。

三、水池的剖面设计

水池的剖面设计应重点反映水池的结构和要点。剖面图应从池壁顶部到池底基础标明各部分的材料、厚度及施工要点。剖面图要有足够的代表性。为了反映整个水池各部分的结构，可以用各种类型的剖面图。如比较简单的长方形水池，可以用一个剖切面，标明各部分的结构和材料。对于组合式水池，就要用两个或两个以上平行平面或相交平面剖切，才能够完全表达。如果一个剖面图不足以反映时，可增加剖面图的个数。

1. 砖石墙池壁水池

水池深小于 1m、面积较小的池壁，防水要求不高时，可以采用图 5-30、图 5-31 的设计。如果对水池的防水要求较高，一般采用砖墙，加二毡三油防水层（通常称为 Z 层），如图 5-32 所示。因为砖比毛石外形规整，浆砌后密实，容易达到防水效果，也可采用现代新型材料，如 SBS 等。

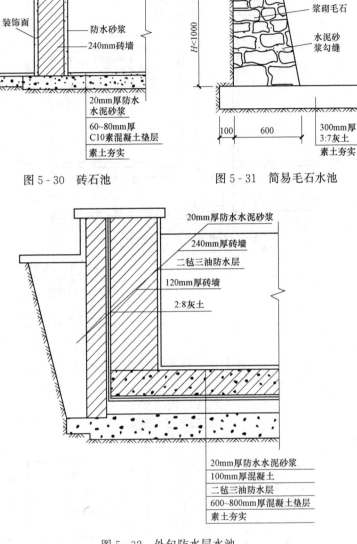

图 5-30 砖石池　　　　　图 5-31 简易毛石水池

图 5-32 外包防水层水池

2. 钢筋混凝土池壁水池

这种结构的水池,特点是自重轻、防渗漏性能好,同时还可以防止各类因素所产生的变形而导致池底、池壁的裂缝。池底、池壁可以按构造配 $\phi 8 \sim \phi 12$ 钢筋,间距 $20 \sim 30cm$。水池深度为 $600 \sim 1000mm$ 的钢筋混凝土水池的构造厚度配筋及防水处理如图 5-33、图 5-34 所示。

四、水池的管线设计

水池的管线设计可以结合水池的平面布置图进行,应重点标出给水管、排水管的位置。上水闸门井平面图要标明给水管的位置及安装方式;如果是循环用水,还要标明水泵及电机的位置。上水闸门井剖面图,不仅要标出井的基础及井壁的结构材料,还应标明水泵电机的

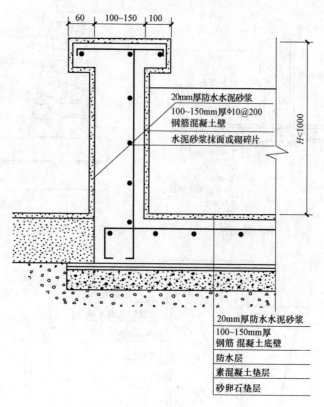

图 5-33 钢筋混凝土地上水池

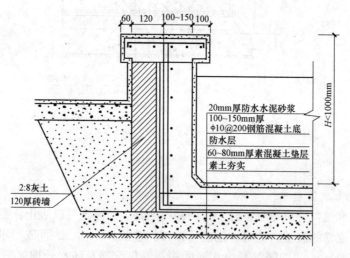

图 5-34 钢筋混凝土地下水池

位置及进水管的高程。下水闸门井平面图应反映泄水管、溢水管的平面位置；下水闸井剖面图应反映泄水管、溢水管的高程及井底部、壁、盖的结构和材料。水池管线平面、立面布置示意图，分别如图 5-35 和图 5-36 所示。

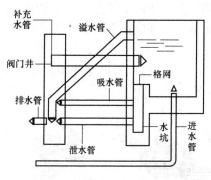

图 5-35 水池管线立面布置示意

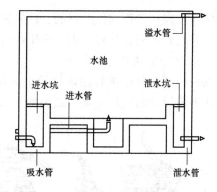

图 5-36 水池管线平面布置示意

第七节 人工湖的设计

一、人工湖布置

（1）湖址选择地势低洼且土壤抗渗性好的园地。

（2）湖的总平面形状可以是方形、长方形或带状，最好是以上各种形状的组合。

（3）湖的面积根据园林性质、水源条件和整体功能等综合考虑确定。

（4）使湖与山地、丘陵组合造景形成湖光山影，利用地貌的起伏变化来加强水景的自然特征。

（5）岸线处理要具有艺术性，有自然的曲折变化；宜借助岛、半岛、堤、桥、汀步、矶石等形式进行空间分割，以产生收放、虚实的变化。

（6）根据周围环境性质和使用要求选择湖岸形式，如块石驳岸简洁大方，仿竹桩驳岸自然多趣，假山石驳岸灵活自然，草皮护坡亲切，毛料石护坡稳重等。

（7）必须设置溢水和泄水通道，常水位要兼顾安全、景观和游人的近水心理。

二、人工湖水源选择与基址对土壤的要求

1. 水源选择

选择水源时，应考虑地质、卫生、经济上的要求，并充分考虑节约用水。水源选择还应考虑的方面是蓄积雨水、池塘本身的底部有泉、引天然河湖水、引井取水。

2. 基址对土壤的要求

（1）黏土、砂质黏土、壤土，土质细密、土层深厚或渗透力小于 0.006～0.009m/s 的黏土夹层最适合挖湖。

（2）以砾石为主，黏土夹层结构密实的地段也适宜挖湖。

（3）砂土、卵石等容易漏水，应尽可能避免在其上挖湖。如果漏水不严重，要探明下面透水层的位置深浅，采用相应的截水墙或用人工铺垫隔水层等工程措施。

（4）基土为淤泥或草煤层等松软层，必须全部挖出。

（5）湖岸立基的土壤必须坚实。黏土虽透水性小，但在湖水到达低水位时，容易开裂，湿时又会形成松软的土层、泥浆。因此，单纯黏土不能作为湖的驳岸。

三、人工湖的平面设计

1. 人工湖平面的确定

人工湖设计的首要问题是根据造园者的意图确定湖在平面图上的位置。人工湖的方位、大小、形状均与园林工程建设的目的、性质密切相关。在以水景为主的园林中，人工湖的位置居于全园的重心，面积相对较大，湖岸线变化丰富，并应占据园中的某半部。

　　2. 人工湖的平面构图

　　人工湖的构图主要是进行湖岸线的平面设计。我国的人工湖岸线型设计以自然曲线为主，湖岸线平面设计的几种基本形式如图 5-37 所示。

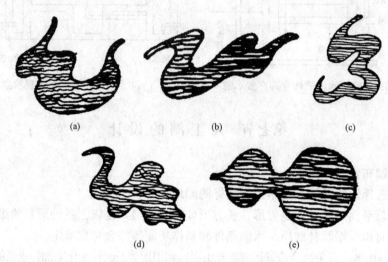

(a)　　　　　　　　　　(b)　　　　　　　　　　(c)

(d)　　　　　　　　　　(e)

图 5-37　湖岸线平面设计基本形式

（a）心字形；（b）流水形；（c）水字形；（d）云形；（e）葫芦形

四、水面蒸发量的测定和估算

　　由于较大的人工湖湖面的蒸发量较大，为了合理设计人工湖的补水量，必须测定湖面水分蒸发量。目前，我国主要采用 E-601 型蒸发器测定，但测出的数值比实际大，年平均蒸发折减系数一般取 0.75～0.85。在缺乏实际资料时，可用公式估算：

$$E = 0.22(1 + 0.17W_{200}^{1.5})(e_0 - e_{200})$$

式中　E——水面蒸发量，mm；

　　　e_0——对应水面温度的空气饱和水汽压，Pa；

　　　e_{200}——水面上空 200cm 处空气水汽压，Pa；

　　　W_{200}——水面上空 200cm 处的风速，m/s。

五、人工湖渗漏损失

　　先要了解整个湖底、岸边的地质和水文情况，才能对整个湖渗漏的总水量进行准确的计算。在设计中，人工湖的渗漏损失只作大体地估算，渗漏损失量可参见表 5-7 进行估算。

表 5-7　　　　　　　　　　　　　　渗 漏 损 失 表

序号	湖底的地质情况	全年水量损失（占水体体积的百分比）
1	良好	5～10
2	中等	10～20
3	较差	20～40

六、人工湖湖底设计

（1）湖底防渗漏处理。由于部分湖的土层渗透性极小，基本不漏水，因此无须进行特别的湖底处理，适当夯实即可。部分基址地下水位较高的人工湖湖体施工时，则必须特别注意地下水的排放以防止湖底受地下水挤压而被抬高。施工时，一般用 15cm 厚的碎石层铺设整个湖底，其上再铺 5～7cm 厚砂子。如果这种方法还无法解决，则必须在湖底开挖环状排水沟，并在排水沟底部铺设带孔 PVC 管，四周用碎石填塞。

（2）湖底的常规处理。人工湖湖底从下至上一般可分为基层、防水层、保护层及覆盖层，常用人工湖湖底防水层处理方法见表 5-8。

表 5-8 常用人工湖底防水层处理方法

方法	内容
聚乙烯防水毯	由乙烯聚合而成的高分子化合物具有热塑性，耐化学腐蚀，成品呈乳白色，含碳的聚乙烯能抵抗紫外线，一般防水用厚度为 0.3mm
聚氯乙烯防水毯（PVC）	以聚氯乙烯为主合成的高聚合物拉伸强度大于 5MPa，断裂伸长率大于 150%，耐老化性能好，使用寿命长，原料丰富，价格便宜
三元乙丙橡胶（EPDA）	由乙烯、丙烯和任何一种非共轭二烯烃共聚合成的高分子聚合物，加上丁基橡胶混炼而成的防水卷材。耐老化，使用寿命可长达 50 年，拉伸强度高，断裂伸长率为 45%，因此，抗裂性能极佳，耐高低温性能好，能在 -45～160℃ 环境中长期使用
膨润土防水毯	一种以蒙脱石为主的黏土矿物体。渗透系数为 $1.1×10^{-11}$m/s，膨润土垫（GCL）经常采用有压安装，遇水后产生反向压力，具有修补裂隙的功能，可直接铺于夯实的土层上，安装容易，防水功能持久
赛柏斯掺合剂	水泥基渗透结晶型防水掺合剂，为灰色结晶粉末，遇水后形成不溶于水的网状结晶，与混凝土融为一体，为达到防水目的，应阻断混凝土中的微孔
土壤固化剂	由多种无机和有机材料配制而成的水硬性复合材料。适用于各种土质条件下的表层、深层土的改良加固，固化剂中的高分子材料通过交联形成三维网状结构，能提高土壤的抗压、抗渗、抗折性能，固化剂元素无污染，对水的生态环境无副作用，水中动植物可健康生长。 其做法如下：清除石块、杂草，松散土壤均匀拌和固化剂，摊平、碾压、常温养生，经胶结的土粒，填充了其中的孔隙，将松散的土变为致密的土而固定

第八节 溪流的设计

一、溪流的形态

自然界中的溪流多是在瀑布或涌泉下游形成，上通水源，下达水体。溪岸高低错落，流水晶莹剔透，且多有散石净沙，绿草翠树。溪流的一般模式如图 5-38 所示，从图中可以看出：

（1）溪流呈狭长形带状，曲折流动，水面有宽窄变化；

（2）溪中常分布沙心滩、沙漫滩，岸边和水中有岩石、矶石、汀步、小桥等；

（3）岸边有可近可远的自由小径。

图 5-38　溪流的模式图

二、溪流的平面设计

　　溪流的平面形态应根据环境条件、水量、流速、水深、水面宽和所用材料进行合理的设计，注意曲折、宽窄变化。流水道线形的平面布置如图 5-39 所示。在溪流设计中，对弯道的弯曲半径有一定的要求，当迎水面有铺设时，$R>2.5$；当迎水面无铺设时，$R>50$。溪流迎水面如图 5-40 所示。

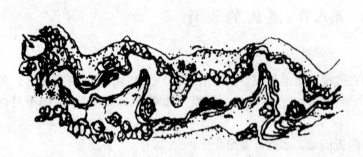

图 5-39　流水道线形的平面布置

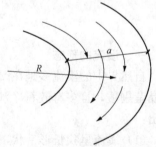

图 5-40　溪流迎水面

三、溪流的剖面设计

当溪水流经不同坡度的地面时，会产生不同的效果。在园林水景工程中，地面排水的坡度在0.5％~0.6％，能明显感觉到水流动的坡度最小为3％。一般设计坡度为1％~2％。在无护坡的情况下，坡度不宜超过3％。有工程措施处理的溪流坡度，超过10％时，在溪流床底设置一定数量的石头等阻挡，可激起水花，产生激悦的声响，形成声景相容的特别效果。

溪流的结构做法主要由溪流所在地的气候、土壤地质情况、溪流水深、流速等情况决定，溪流剖面结构如图5-41和图5-42所示。

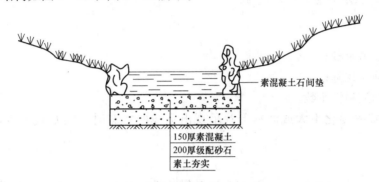

图5-41 自然山石草护坡小溪结构图（单位：mm）

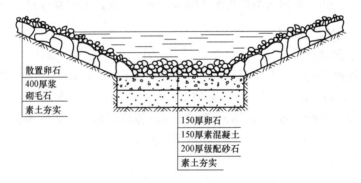

图5-42 卵石护坡小溪结构图（单位：mm）

四、溪流的水力设计

1. 常用术语

（1）过水断面（W）。过水断面是指水流垂直方向的断面面积。其断面面积随着水位的变化而变化，因而又可分为洪水断面、枯水断面、常水断面，通常把经常过水的断面称为过水断面。

（2）湿周（X）。水流和岸壁相接触的周界称湿周。湿周为溪水与流床的接触周界。湿周的长短表示水流所受阻力的大小。湿周越长，表示水流受到的阻力越大；反之，水流所受的阻力就越小。

（3）水力半径（R）。水流的过水断面积与该断面湿周之比，称为水力半径，即：

$$R = \frac{W}{X}$$

（4）边坡斜率（m）。边坡斜率是指边坡的高与水平距离的比，即：

$$m = \frac{H}{L}$$

（5）河流比降（i）。任一河段的落差 ΔH 与河段长度 L 的比称为河流比降，以千分率（‰）计。即：

$$i = \frac{\Delta H}{L}$$

2. 水力计算

（1）流速。溪水流速计算公式为：

$$v = \frac{1}{n} R^{\frac{2}{3}} i^{\frac{1}{2}}$$

式中　R——水力半径；

　　　i——河流比降；

　　　n——河道粗糙系数。

当河槽粗糙率变化不大或河槽形状呈现出宽浅的状态时，取 h_a 代替 R，则公式可简化为：

$$v = n h_a^{\frac{2}{3}} i^{\frac{1}{2}}$$

式中　h_a——河道平均水深，m。当河道为三角形断面时，$h_a = 0.5$，当河道为梯形断面时，$h_a = 0.6h$，当河道为矩形断面时 $h_a = h$，当河道为抛物线形断面时，$h_a = \frac{2}{3}h$。

　　　h——河道中最大水深。

　　　n——河道粗糙系数。

溪流的最大流速（m/s），其中混凝土硬质块石砌筑，$v = 8.00 \sim 10.00$；混凝土砌筑，$v = 5.00 \sim 8.00$；草皮护坡，$v = 0.8 \sim 1.00$；黏质土护坡，$v = 1.00 \sim 1.20$。

（2）流量。单位时间内通过溪流某一横截面水的体积称流量，以 Q 表示，单位 m³/s。即：

$$Q = W \cdot v$$

式中　Q——流量，m³/s；

　　　W——过水断面积，m²；

　　　v——平均流速，m/s。

（3）溪流的流量损失。溪流的流量损失主要是渗漏。影响渗漏的因素有溪流的长短、水量的大小及土壤的渗漏性等。

根据土壤的透水情况，估计溪流的流量损失。一般情况下，经过铺砌的溪流河床，其流量损失为 5%～10%；自然土壤上的溪流河床，透水性微弱的，流量损失约为 30%；中等透水的河床，流量损失约为 40%；而透水性强的河床，流量损失为 50% 左右。

小溪要达到一定的设计流量，供给小溪的水量就必须为设计流量与损失流量的和，如果还要考虑溪流水面蒸发水量损失，可再增加损失流量的 1%。

3. 常见河道横截面形状

（1）梯形河道。当河道近似梯形时，如图 5 - 43 所示。

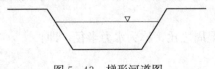

图 5 - 43　梯形河道图

（2）矩形河道。当河道近似矩形时，如图 5 - 44 所示。

（3）抛物线形河道。当河道近似抛物线形时，如图5-45所示。

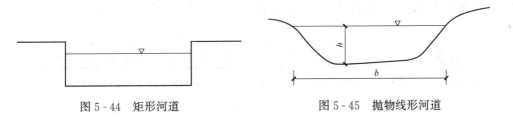

图5-44　矩形河道　　　　　　　　图5-45　抛物线形河道

五、溪流的布置要点

1. 溪流的形态布置

溪流的形态应根据环境条件、水量、流速、水深、水面宽和所用材料进行合理的设计。其布置讲究师法自然，宽窄曲直对比强烈，空间分隔开合有序。平面上要求蜿蜒曲折，立面上要求有缓有陡，整个带状游览空间层次分明，组合有致，富于节奏感。

2. 溪流的坡度布置

溪流的坡度应根据地理条件及排水要求而定。普通溪流的坡度宜为0.5%，急流处为3%左右，缓流处不超过1%。溪流宽度宜在1～3m，可通过溪流宽窄变化控制流速和流水形态，如图5-46所示。溪流水深一般为0.3～1m左右，分为可涉入式和不可涉入式两种。可涉入式溪流的水深应小于0.3m，以免儿童溺水，同时水底应做防滑处理。可供儿童嬉水的溪流应安装水循环和过滤装置。不可涉入式溪流超过0.4m时，应在溪流边采取防护措施（如石栏、木栏、矮墙等）。同时，宜种养适应当地气候条件的水生动植物，增强观赏性和趣味性。

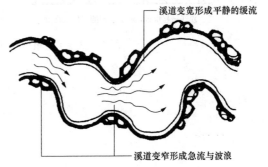

图5-46　溪道的宽窄变化对水流形态的影响

3. 溪流的布置离不开石景

在溪流中配以山石可充分展现其自然风格，石景在溪流中所起到的景观效果见表5-9。

表5-9　　　　　　　　　溪流中石景的布置及景观效果

名称	景观效果	应用部位
主景石	形成视线焦点，起到对景作用，点题，说明溪流名称及内涵	溪流的道尾或转向处
跌水石	形成局部小落差和细流声响	铺在局部水线变化位置
溅水石	使水产生分流和飞溅	用于坡度较大、水面较宽的溪流
劈水石	使水产生分流和波动	不规则布置在溪流中间
垫脚石	具有力度感和稳定感	用于支撑大石块
抱水石	调节水速和水流方向，形成隘口	溪流宽度变窄及转向处
河床石	观赏石材的自然造型和纹理	设在水面下
踏步石	装点水面，方便步行	横贯溪流，自然布置
铺底石	美化水底，种植苔藻	多采用卵石、砾石、水刷石、瓷砖铺在基底上

　　在溪流设计中，通过在溪道中散点山石可创造水的各种流态及声响，如图5-47所示。同时，可利用溪底的平坦和凹凸不平产生不同的景观效果，如图5-48所示。

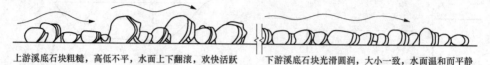

上游溪底石块粗糙，高低不平，水面上下翻滚，欢快活跃　　　下游溪底石块光滑圆润，大小一致，水面温和而平静

图5-47　利用水中置石创造不同景观

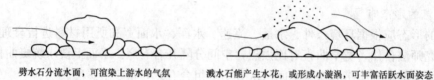

劈水石分流水面，可渲染上游水的气氛　　　溅水石能产生水花，或形成小漩涡，可丰富活跃水面姿态

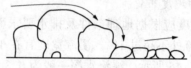

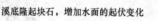

溪底隆起块石，增加水面的起伏变化　　　跌水石使水面跌落，水声跌宕

图5-48　溪底粗糙情况不同对水面波纹的影响

第六章 园路与广场设计

第一节 园路与广场的概述

一、园路的作用

园林道路，简称园路，是组织和引导游人观赏景物的驻足空间，与建筑、水体、山石、植物等造园要素一起组成丰富多彩的园林景观。其作用包括以下 5 个方面。

1. 划分空间

园林功能分区的划分多是利用地形、建筑、植物、水体或道路。对于地形起伏不大、建筑比重小的现代园林绿地，用道路围合、分隔不同景区则是主要方式。同时，借助道路面貌（线形、轮廓、图案等）的变化可以暗示空间性质、景观特点的转换以及活动形式的改变，从而起到组织空间的作用。尤其在专类园中，划分空间的作用十分明显。

2. 组织交通

（1）经过铺装的园路能耐践踏、碾压和磨损，可满足各种园务运输的要求，并为游人提供舒适、安全、方便的交通条件。

（2）园林景点间的联系是依托园路进行的，为动态序列的展开指明了前进的方向，引导游人从一个景区进入另一个景区。

（3）园路为欣赏园景提供了连续不同的视点，可以取得步移景换的景观效果。

3. 构成园林景观

作为园林景观界面之一，园路自始至终伴随着游览者，影响着风景的效果，它与山、水、植物、建筑等，共同构成优美丰富的园林景观，主要表现在以下方面。

（1）创造意境。中国古典园林中园路的花纹和材料与意境相结合，有其独特的风格与完善的构图，很值得学习。

（2）构成园景。通过园路的引导，将不同角度、不同方向的地形地貌、植物群落等园林景观一一展现在眼前，形成一系列动态画面，此时园路也参与了风景的构图，即因景得路。再者，园路本身的曲线、质感、色彩、纹样以及尺度等与周围环境的协调统一，也是园林中不可多得的风景。

（3）统一空间环境。通过与园路相关要素的协调，在总体布局中，使尺度和特性上有差异的要素处于共同的铺装地面，相互间连接成一体，在视觉上统一起来。

（4）构成个性空间。园路的铺装材料及其图案和边缘轮廓，具有构成和增强空间个性的作用，不同的铺装材料和图案造型，能形成和增强不同的空间感，如细腻感、粗犷感、亲切感、安静感等。而且丰富而独特的园路可以创造视觉趣味，增强空间的独特性和可识性。

4. 提供休息和活动场所

在建筑小品周围、花间、水旁、树下等处，园路可扩展为广场，为游人提供活动和休息的场所。

　　5. 组织排水

　　园路可以借助其路缘或边沟组织排水。一般园林绿地都高于路面，方能实现以地形排水为主的原则。园路汇集两侧绿地径流之后，利用其纵向坡度即可按预定方向将雨水排走。组织排水如图 6-1 所示。

图 6-1　组织排水

二、园路的分类

1. 根据用途分类

　　(1) 园景路：依山傍水或有着优美植物景观的游览性园林道路，其交通性不突出，但是却十分适宜游人漫步游览和赏景。如风景林的林道、滨水的林荫道、山石磴道、花径、竹径、草坪路、汀步路等，都属于园景路。

　　(2) 园林公路：以交通功能为主的通车园路，可以采用公路形式，如大型公园中的环湖公路、山地公园中的盘山公路和风景名胜区中的主干道等。园林公路的景观组成比较简单，其设计要求和工程造价都比较低一些。盘水公路如图 6-2 所示。

图 6-2　盘山公路

　　(3) 绿化街道：这是主要分布在城市街区的绿化道路。在某些公园规则地形局部，如在公园主要出入口的内外等，也偶尔采用这种园路形式。采用绿化街道形式既能突出园路的交通性，又能够满足游人散步游览和观赏园景的需要。绿化街道主要是由车行道、分车绿带和人行道绿带构成。根据车行道路面的条数和道旁绿带的条数，可以把绿化街道的设计形式分为：一板两带式、二板三带式、三板四带式和四板五带式等。

2. 根据重要性和级别分类

（1）主要园路：景园内的主要道路，从园林景区入口通向全园各主景区、广场、公共建筑、观景点、后勤管理区，形成全园骨架和环路，组成导游的主干路线。主要园路一般宽7～8m，并能适应园内管理车辆的通行要求，如考虑生产、救护、消防、游览车辆的通行。

（2）次要园路：主要园路的辅助道路，呈支架状，沟通各景区内的景点和景观建筑。路宽根据公园游人容量、流量、功能以及活动内容等因素而决定，一般宽3～4m，车辆可单向通过，为园内生产管理和园务运输服务。次要园路的自然曲度大于主要园路的曲度，用优美舒展、富有弹性的曲线线条构成有层次的风景画面。

（3）游步道：园路系统的最末梢，是供游人休憩、散步和游览的通幽曲径，可通达园林绿地的各个角落，是到广场和园景的捷径。双人行走游步道宽1.2～1.5m，单人行走游步道宽0.6～1.0m，多选用简洁、粗犷、质朴的自然石材（片岩、条板石、卵石等）、条砖层铺或用水泥仿塑各类仿生预制板块（含嵌草皮的空格板块），并采用材料组合以表现其光彩与质感，精心构图，结合园林植物小品建设和起伏的地形，形成亲切自然、静谧幽深的自然游览步道。

3. 根据铺装分类

（1）整体路面：在园林建设中应用最多的一类，是用水泥混凝土或沥青混凝土铺筑而成的路面。它具有强度高、耐压、耐磨、平整度好的特点，但不便维修，且一般观赏性较差。由于养护简单、便于清扫，因此多为大公园的主干道所采用。但它色彩多为灰色和黑色，在园林中使用不够理想，近年来已出现了彩色沥青路面和彩色水泥路面。

（2）块料路面：用大方砖、石板等各种天然块石或各种预制板铺装而成的路面，如木纹板路面、拉条水泥板路面、假卵石路面等。这种路面简朴、大方，特别是各种拉条路面，利用条纹方向变化产生的光影效果，加强了花纹的效果，不但有很好的装饰性，而且可以防滑和减少反光强度，并能铺装成形态各异的图案花纹，美观、舒适，同时也便于进行地下施工时拆补，因此在现代绿地中被广泛应用。

（3）碎料路面：用各种碎石、瓦片、卵石及其他碎状材料组成的路面。这类路面铺装材料价廉，能铺成各种花纹，一般多用在游步道中。

（4）简易路面：由煤屑、三合土等构成的路面，多用于临时性或过渡性园路。

4. 根据路面的排水性能分类

（1）透水性路面：指下雨时，雨水能及时通过路面结构渗入地下，或者储存在路面材料的空隙中，减少地面积水的路面。其做法既有直接采用吸水性好的面层材料，也有将不透水的材料干铺在透水性基层上，包括透水混凝土、透水沥青、透水性高分子材料以及各种粉粒材料路面、透水草皮路面和人工草皮路面等。这种路面可减轻排水系统负担，保护地下水资源，有利于生态环境，但平整度、耐压性往往存在不足，养护量较大，主要用于游步道、停车场、广场等处。

（2）非透水性路面：指吸水率低，主要靠地表排水的路面。不透水的现浇混凝土路面、沥青路面、高分子材料路面以及各种在不透水基层上用砂浆铺贴砖、石、混凝土预制块等材料铺成的园路都属于此类。这种路面平整度和耐压性较好，整体铺装的可用作机动交通、人流量大的主要园路，块材铺筑的则多用作次要园路、游步道、广场等。

5. 根据筑路形式分类

（1）平道：平坦园地中的道路，大多数园路都采用这种修筑形式。

（2）坡道：在坡地上铺设的、纵坡度较大但不做阶梯状路面的园路。

（3）石梯磴道：坡度较陡的山地上所设的阶梯状园路，称为磴道或梯道，如图 6-3 所示。

图 6-3　梯道

（4）栈道、廊道：建在绝壁陡坡、宽水窄岸处的半架空道路就是栈道。由长廊、长花架覆盖路面的园路，都可叫廊道。廊道一般布置在建筑庭园中，如图 6-4 所示。

（5）索道、缆车道：索道主要在山地风景区，是以凌空铁索传送游人的架空道路线。缆车道是在坡度较大坡面较长的山坡上铺设轨道，用钢缆牵引车厢运送游人，如图 6-5 所示。

图 6-4　栈道

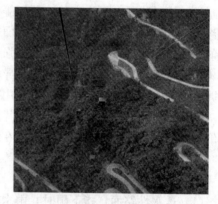

图 6-5　缆车道

三、广场的作用

广场主要是一种人工建造的空间环境，这种空间环境必然要具备满足人们一定的使用功能需求和精神方面的需求。所以，广场就自然地具有了实用的属性和艺术美的属性。

1. 广场是游人在园林中的主要活动空间

园路广场作为游人的活动空间，是不能缺少的。如果片面强调要保证最大面积的绿化用地，而使园路广场面积不足的话，园林的综合功能就会失去平衡。这就需要重视足够的游人活动空间。广场是提供人们集会、交通集散、游览休憩、商业服务及文化宣传等活动的空间；是城市居民社会生活的中心；广场的设施和绿化集中地表现了城市空间环境面貌，如图

6-6 和图 6-7 所示。

图 6-6　天安门广场

图 6-7　巴黎卢浮宫广场

2. 广场的地面可以成为重要装饰景观

不同色彩、不同纹理图样和不同材质的广场铺装本身十分美观。在广场的侧旁或中轴线上可以布置一些花境、花坛、水池、喷泉、雕塑甚至园亭等景物，可使广场景观更加美丽动人，如图 6-8 和图 6-9 所示。可见，广场本身在造景上也有重大的意义。

图 6-8　大连星海广场

图 6-9　巴黎协和广场

四、广场的分类

1. 交通集散广场

人流量较大，主要功能是组织和分散人流，如公园的出入口广场。首先在功能方面应处理好停车、售票、值班、入园、出园、候车等的相互关系，以便集散安全迅速；其次，在园林景观构图上，应使其造型具有园林风貌，富有艺术感染力，以吸引游人。

2. 游憩活动广场

这类广场在园林中经常运用，它可以是草坪、疏林及各式铺装地，外形轮廓为几何形或塑性曲线，也可以与花坛、水池、喷泉、雕塑、亭廊等园林小品组合而成，主要供游人游览、休息、儿童游戏、集体活动等使用。国外一些园林中的儿童游戏场地亦有用塑胶铺装材料的。因此，根据不同的活动内容和要求，使游憩活动广场做到美观、适用、各具特色。若供集体活动，其广场宜布置在开阔、阳光充足、风景优美的草坪上；若供游人游憩之用，则宜布置在有景观可借的地方，并可结合一些园林小品供游人休息、观赏。

3. 生产管理广场

主要供园务管理、生产的需要之用，如晒场、堆场、停车场等。它的布局应与园务管理专用出入口、苗圃等有较方便的联系。

第二节　园路的构造与结构

一、园路的构造

园路的基本构造类型如下：

（1）路堑型。凡是园路的路面低于周围绿地，道牙高于路面，起到阻挡绿地水土流失作用的园路都属于路堑型园路，如图 6-10 所示。

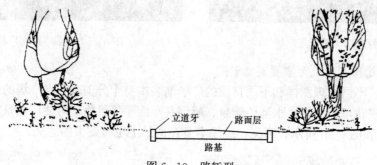

图 6-10　路堑型

（2）路堤型。路面高于两侧地面，平道牙靠近边缘处，道牙外有路肩，常利用明沟排水，路肩外有明沟和绿地加以过渡，如图 6-11 所示。

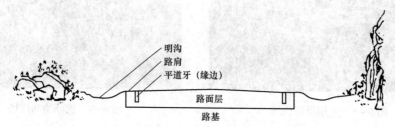

图 6-11　路堤型

（3）特殊型。包括步石、汀步、磴道、攀梯等，如图 6-12 和图 6-13 所示。

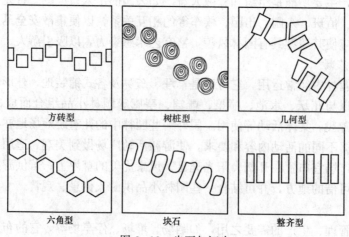

图 6-12　步石与汀步

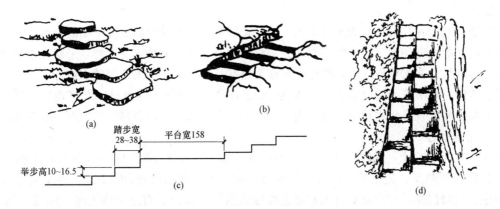

图 6-13　台阶与蹬道（尺寸单位：cm）

(a) 自然石板的台阶；(b) 裸岩凿成的台阶；(c) 室外台阶及适宜尺寸；(d) 蹬道

二、园路的结构

1. 路面

园路路面是由面层、结合层、基层和垫层四部分构成，如图 6-14 所示。

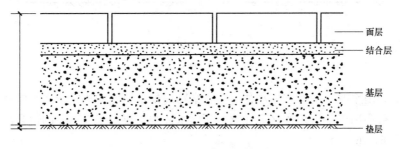

图 6-14　园路路面结构示意

（1）面层。面层是园路路面最上的一层。它直接承受人流、车辆的荷载和不良气候的影响，因此要求其坚固、平稳、耐磨，具有一定的粗糙度，少尘土，便于清扫，同时尽量美观大方，和园林绿地景观融为一体。如果面层选择不好，就会给游人带来"无风三尺土，雨天一脚泥"等不利影响。

面层材料的选择应遵循的原则：要满足园路的装饰性，体现地面景观效果；要求色彩和光线的柔和，防止反光；应与周围的地形、山石、植物相配合。

（2）结合层。结合层是指在采用块料铺筑面层时，面层和基层之间的一层。结合层的主要作用是结合面层和基层，同时起到找平的作用。

（3）基层。基层在面层之下、土基之上，是路面结构中主要承重部分，它一方面承受由面层传下来的荷载，一方面把荷载传给路基。由于基层不外露，不直接造景，不直接承受车辆、人为及气候条件等因素的影响，因此对材料的要求比面层低，通常采用碎石、灰土或各种工业废渣作为基层。

（4）垫层。在路基排水不良或有冻胀、翻浆的路线上，用煤渣土、石灰土等稳定性好的材料作为垫层，设于基层之下等，以满足排水、隔温、防冻需要。在园林中可以用加强基层的办法，而不另设此层。

2. 路基

路基是路面的基础，它为园路提供一个平整的基面，承受由路面传下来的荷载，并保证路面有足够的强度和稳定性。路基设计在园路中相对简单，无特殊要求时，一般黏土或砂性土开挖后用蛙式夯实机夯 3 遍，就可直接作为路基；对于未压实的下层填土，经过雨季被水浸润后能使其自沉陷稳定，其相对密度为 $180g/cm^3$，可以用于路基；在严寒地区，严重的过湿冻胀土或湿软呈橡皮状土，宜采用 $1:9$ 或 $2:8$ 的灰土加固路基，其厚度一般为 15cm。

3. 附属工程

（1）道牙。道牙是安置在路面两侧的园路附属工程，使路面与路肩在高程上衔接起来，起到保护路面、便于排水、标志行车道、防止道路横向伸展的作用。同时，作为控制路面排水的阻挡物，还可以对行人和路边设施起到保护作用。道牙一般用砖或混凝土制成，如图 6-15 所示。

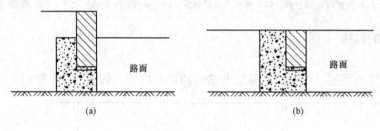

图 6-15　道牙
(a) 立道牙；(b) 平道牙

（2）明渠和雨水井。明渠和雨水井是为收集路面雨水而建的构筑物，在园林中常用砖块砌成。明渠一般多用于平道牙的路肩外侧，而雨水井则主要用于立道牙的道牙内侧。常用的明渠形式如图 6-16 所示。

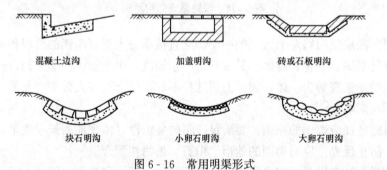

图 6-16　常用明渠形式

建筑前场地或者道路表面（无论是平面还是斜面）的排水均需要使用排水边沟。排水边沟的宽度必须与水沟的栅板宽度相对应。排水沟同样可以用于普通道和车行道旁，为道路设计提供一个富有趣味性的设计点，并能为道路建立独有的风格。这种设计方法在许多受保护的老建筑区域内可以看到。排水边沟应成为路面铺设模式的组成部分之一，当水沿路面流动时它可以作为路的边缘装饰。

排水沟可采用盘形剖面或平底剖面，并可采用多种材料，如现浇混凝土、预制混凝土、花岗岩、普通石材或砖，砂岩很少使用。花岗岩铺路板和卵石的混合使用可使路面有质感的变化，卵石由于其粗糙的表面会使水流的速度减缓，这在某些环境中显得尤为重要。

（3）台阶。台阶是解决地形变化，造园地坪高差的重要手段。当路面坡度超过 12°时，在不通行车辆的路段上，可设台阶以便于行走。在设计中应注意以下 4 点。

1）台阶的宽度与路面相同，每级台阶的高度为 12～17cm、宽度为 30～38cm。

2）一般台阶不宜连续使用，地形许可的条件下，应每 10～18 级后设一段平坦的地段，用来供游人恢复体力。

3）为了防止台阶积水、结冰，利于排水，每级台阶应有 1％～2％的向下的坡度。

4）台阶的造型及材料可以结合造景的需要，如利用天然山石、预制混凝土做成仿木桩、树桩等各种形式，装饰园景。为了夸张山势，造成高耸的感觉，以增加趣味台阶的高度也可增至 15cm 以上。

（4）礓磋。礓磋是指在坡度较大的地段上，一般纵坡超过 17％时，本应设台阶，但为了能通过车辆，将斜面做成锯齿形坡道。常用礓磋的形式和尺寸，如图 6-17 所示。

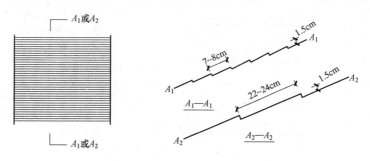

图 6-17 常用礓磋形式和尺寸

（5）蹬道。在地形陡峭的地段，可结合地形或利用露岩设置蹬道。当其纵坡大于 60％时，应做防滑处理，且应设扶手栏杆等。

4.常见路面结构

常见路面结构参见表 6-1。

表 6-1   常见路面结构

编号	类型	结构形式	说明
1	石板嵌草路		（1）100mm 厚石板。 （2）50mm 厚黄砂。 （3）素土夯实。 注：石缝 30～50mm 嵌草
2	卵石嵌花路		（1）70mm 厚预制混凝土嵌卵石。 （2）50mm 厚 M2.5 混合砂浆。 （3）一步灰土。 （4）素土夯实
3	预制混凝土方砖		（1）500mm×500mm×100mm C15 混凝土方砖。 （2）50mm 厚粗砂。 （3）150～250mm 厚灰土。 （4）素土夯实。 注：胀缝加 10mm×95mm 橡胶条

编号	类型	结构形式	说明
4	现浇水泥混凝土路		(1) 80~15mm 厚 C15 混凝土。 (2) 80~12mm 厚碎石。 (3) 素土夯实。 注：基层可用二渣（水泥渣、散石灰），三渣（水泥渣、散石灰、道砟）
5	卵石路		(1) 70mm 厚混凝土上栽小卵石。 (2) 30~50mm 厚 M2.5 混合砂浆。 (3) 150~250mm 厚碎砖三合土。 (4) 素土夯实
6	沥青卵石路		(1) 10mm 厚二层沥青表面处理。 (2) 50mm 厚泥结碎石。 (3) 150mm 厚碎砖或白灰、煤渣。 (4) 素土夯实
7	羽毛球场铺地		(1) 20mm 厚 1∶3 水泥砂浆。 (2) 80mm 厚 1∶3∶6 水泥、白灰、碎砖。 (3) 素土夯实
8	步石		(1) 大块毛石。 (2) 基石用毛石或 100mm 厚混凝土板。 (3) 素土夯实
9	块石汀步		(1) 大块毛石。 (2) 基石用毛石或 100mm 厚水泥混凝土板。 (3) 素土夯实
10	荷叶汀步		现浇钢筋混凝土
11	透气透水性路面		(1) 彩色异型砖。 (2) 石灰砂浆。 (3) 少砂水泥混凝土。 (4) 天然级配砂砾。 (5) 粗砂或中砂。 (6) 素土夯实

第三节 园路的布局设计

一、园路的设计依据

园路的布局设计，要以园林本身的性质、特征以及实用功能为依据，主要有以下两个方面。

（1）园林工程的建设规模决定了园路布局设计的道路类型和布局特点。一般较大的公园，要求园路主道、次道和游步道三者齐备，并使其铺装式样多样化，从而使园路成为园林造景的重要组成部分。而较小的园林绿地或单位小块绿地的设计，往往只有次道和游步道的布局设计。

（2）园林绿地的规划形式决定了园路布局设计的风格。规则式园林园路应布局成直线和有规可循的曲线式，在园路的铺装上也应和园林风格相适应，充分体现规则式园林的特征。而自然式园林园路应布局成无规可循的自由曲线和宽窄不等的变形路。

二、园路的设计原则

1. 因地制宜

依据园林工程建设的规划形式，并结合地形地貌设计。一般园路宜曲不宜直，贵在合乎自然，追求自然野趣，依山随势，回环曲折；曲线要自然流畅，犹如流水，随地势就形。

2. 结合园林造景进行布局设计

园路的组织交通功能应服从于游览要求，不以便捷为准则，而是根据地形的要求、景点的分布等因素来进行设置。要做到因路通景，同时要使路和其他造景要素很好地结合，使整个园林更加和谐，并创造出一定的意境来。

3. 以人为本

在园林中，园路设计也必须遵循供人行走为先的原则。也就是说设计修筑的园路必须满足导游和组织交通的作用，要考虑到人总喜欢走捷径的习惯。因此，园路设计必须首先考虑为人服务、满足人的需求。否则，就会导致修筑的园路少人走，而没有园路的绿地却被踩出了园路。

4. 切忌设计无目的、死胡同的园路

园林工程建设中的道路应形成一个环状道路网络，四通八达，道路设计要做到有的放矢，因景设路，因游设路，不能漫无目的，更不能使游人正在游兴时"此路不通"。

三、园路的设计要素

（1）绿化率。园路和城市园林景观路与普通主干道不同，其绿化用地率不得小于40%，而普通路绿化率仅为20%～30%。

（2）规划设计。园林和景观路的景观特色和风格应在城市绿地系统规划中统一确定，体现城市景观风貌和特色。

（3）设计风格。同一园路的绿化要风格统一，但不同路段可以有所变化，要体现城市风貌，景观路要与街景结合。

（4）植物选择。园林和城市景观路的植物应选择观赏价值高，能体现地方特色的植物，反映城市绿化特点和水平。

（5）植物配置。园路的植物配置和空间层次要协调，树型组合、色彩和季相变化要自

然，形式统一而富有变化，注重本地区经典配置形式的应用。

（6）环境要求。园路要与邻近的山、河、湖、海相结合，突出自然景观特色，做到自然与人文的和谐统一和完美结合。

四、园路的设计方法

1. 确定园路布局风格

对收集来的设计资料及其他图面资料进行分析研究，从而初步确定园路布局风格。

2. 确定主干道的位置布局和宽窄规格

对公园或绿地规划中的景点、景区及其周边的交通景观等进行综合分析，必要时可与有关单位联合分析，并研究设计区内的植物种植设计情况。通过以上分析研究，确定主干道的位置布局和宽窄规格。

3. 形成布局设计图

以主干道为骨架，用次干道进行景区的划分，并通达各区主景点，再以次干道为基点，结合各区景观特点，具体设计游步道，形成布局设计图。园路布局设计示例如图 6 - 18 和图 6 - 19 所示。

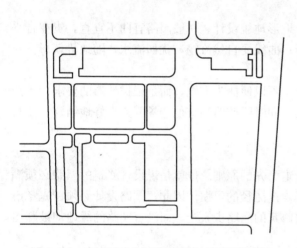

图 6 - 18　赤冢运动公园道路系统（规则式园路）　　　图 6 - 19　新泻县植物园道路系统（自然式园路）

五、园路的设计注意要点

1. 先主后支，主次分明

主园路要贯穿全园，形成全园的骨架。同时连接主要入口和主景区。既有消防、行车等功能，又有观景、漫步休闲功能。而支路是各分区的局部骨架，主要起到"循游"和"回流"的作用，使各区域相互联系和贯通。

2. 疏密适当

园路的疏密和景区的性质、园内的地形和游人的数量有关。一般安静休息区密度可小，文化活动区及各类展览区可大，游人多的地方可大，游人少的地方可小。总的说园路不宜过密。

3. 顺势辟路，曲折有致

园路的设计要与所处的地势相结合。地势平缓则路线舒展，可取大曲率；地势变化急剧则路径"顿置宛转"，有高有低，有曲有深，做到"路宜偏径，临濠蜿蜒"，使园路"曲折有情"。"顺势"就是要把握园区流通序列空间的构图游览情势，做到"因地制宜""因势利导"的布局设计。此外，在进行园路设计时，要注意道路平面上的曲折与剖面上的起伏相结合，做到顺地形而起伏，顺地势而转折。如图 6-20 所示杭州三潭印月中的"曲径通幽"。

图 6-20 杭州三潭印月中的"曲径通幽"

4. 园路与建筑

在园路与建筑物的交接处，通常能形成路口。从园路与建筑相互交接的实际情况来看，一般都是在建筑近旁设置一块较小的缓冲场地，园路则通过这块场地与建设交接。但一些起过道作用的建筑、游廊等，通常不设缓冲小场地。根据对园路和建筑相互关系的处理和实际工程设计中的经验，可以采用以下几种方式来处理二者之间的交换关系。

（1）"能上能下"。即我们常见的平行交接和正对交接，是指建筑物的长轴与园路中心线平行或垂直。如图 6-21 所示园路与建筑的交接形式。

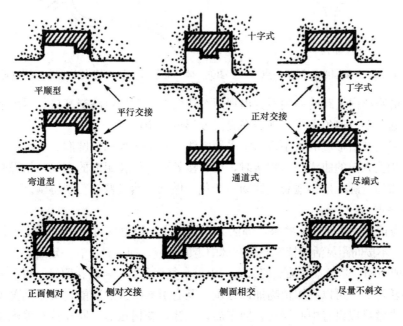

图 6-21 园路与建筑的交接形式

（2）"侧对交接"。即建筑长轴与园路中心线相垂直，并从建筑正面的一侧相交接；或者园路从建筑物的侧面与其交接（图6-21）。

实际处理园路与建筑物的交接关系时，一般都避免斜路交接；特别是正对建筑某一角的斜角，冲突感很强。对不得不斜交的园路，要在交接处设一段短的直路作为过渡，或者为避免建筑与园路斜交将交接处形成的路角改成圆角（图6-21）。

5. 园路路口规划

园路路口的规划是园路建设的重要组成部分。从规划式园路系统和自然式园路系统的相互比较情况来看，自然式园路系统中则以三岔路口为主，而在规划式园路系统中则以十字路口比较多。路口设计应注意以下要点。

（1）两条自然式园路相交于一点，所形成的对角不宜相等。道路需要转换方向时，离原

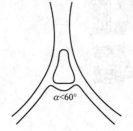

交叉点要有一定长度作为方向转变的过渡。如果两条直线道路相交时，可以正交，也可以斜交。为了美观实用，要求交叉在一点上，对角相等，这样就显得自然和谐。

（2）两路相交所呈的角度一般不宜小于60°。如果由于实际情况限制，角度太小，可以在交叉处设立一个三角绿地，使交叉所形成的尖角得以缓和，如图6-22所示。

（3）如果3条园路相交在一起时，3条路的中心线应交汇于

图6-22　两条路交叉处设立三角绿地

一点上，否则显得杂乱，如图6-23所示。

（4）由主干道上发出来的次干道分叉的位置，宜在主干道凸出的位置处，这样就显得流畅自如，如图6-24所示。

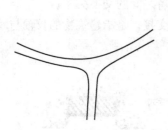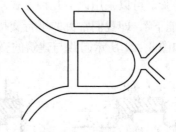

图6-23　3条园路交汇于一点　　　图6-24　主干道上发出的次干道分叉的位置

（5）较短的距离内道路的一侧不宜出现两个或两个以上的道路交叉口，尽可能避免多条道路交接在一起。如果避免不了，则需在交接处形成一个广场。

（6）凡道路交叉所形成的大小角都宜采用弧线，每个转角都要圆润。

（7）两条相反方向的曲线园路相遇时，在交接处要有较长距离的直线，切忌是S形。

（8）园路布局应随地形、地貌、地物而变化，做到自然流畅、美观协调。

6. 园路与种植

林荫夹道应该是最好的绿化效果，郊区大面积绿化，行道树可与两旁绿化种植结合在一起，自由进出，不按间距灵活种植实现路在林中走的意境，即夹景；有一定距离但在局部稍做浓密布置，形成阻隔，是障景。障点使人有"山重水复疑无路，柳暗花明又一村"的意境。

在园路的转弯处，可以利用植物加以强调，既有引导游人的功能，又极其美观。园路的交叉路口处，常常可以设置中心绿岛，回车岛，花钵，花树坛等，同样具有美观和疏导游人

的作用。还应注意园路和绿地的高低关系,设计好的园路,常是浅埋于绿地之内,隐藏于绿丛之中的,尤其山麓边坡外,园路一经暴露便会留下道道横行痕迹,极不美观,所以要求路比"绿"低,但不一定比"土"低。

7. 山地园林道路

山地园林道路受地形的限制,宽度不宜过大,一般大路宽2～3m,小路则不大于1.2m。当道路坡度在6%以内的时候,则可按一般道路处理,超过6%～10%的时候,就应顺着等高线做成盘山道以减小坡度。山道台阶每15～20级最好有一段平坦的地面让人们在其间休息。稍大的地面还可设一定的设施供人们休息眺望。盘山道的路面常做成向内倾斜的单面坡,使游人行走时有舒适安全的感觉。

此外,山路的布置还要根据山的体量、高度、地形变化、建筑安排、绿化种植等综合安排。较大的山,山路应分出主次。主路可形成盘山路,次路可随地随形取其方便,小路则是穿越林间的羊肠小路。

8. 山地台阶

山地台阶是为解决园林地形的高差而设的。它除了具有使用功能以外,还有美化装饰的功能,特别是它的外形轮廓具有节奏感,常可作为园林小景。台阶通常附设于建筑出入口、水旁、岸壁和山路处。

第四节　园路的铺装设计

一、铺装的设计原则

1. 符合园路的功能特点

除了建设期间以外,园路车流频率不高,重型车也不多。因此,铺装设计要符合园路的这些特点,既不能弱化甚至妨碍园路的使用,也不能由于盲目追求某种不合时宜的外观效果而妨碍道路的使用。

如果是一条位于风景幽胜处的小路,为了不影响游人的行进和对风景的欣赏,铺装应平整、安全,不宜过多变化。色彩、纹样的变化同样可以起到引导人流和方向的作用。如果在需提示景点或某个可能作为游览中间站的路段,可利用与先前对比较强烈的纹样、色彩、质感的铺装变化,提醒游人并供游人停下来观赏。出于驾驶安全的考虑,行车道路也不能铺得太花哨以致干扰司机的视觉。但在十字路口、转弯处等交通事故多发路段,可以铺筑彩色图案以规范道路类别,确保交通安全。

2. 与园景的意境功能相协调

园路路面是园林景观的重要组成部分,路面的铺装既要体现装饰性的效果,以不同的类型形态出现,同时在建材及花纹图案设计方面必须与园景意境相结合。路面铺装不仅要配合周围环境,还应该强化和突出整体空间的立意和构思。

3. 与其他造园要素相协调

园路路面设计应充分考虑到与地形、植物、山石及建筑的结合,使园路与之统一协调,适应园林造景要求,如嵌草路面不仅能丰富景色,还可以改变土壤的水分和通气状态等。在进行园路路面设计时,如果为自然式园林,园路路面应具有流畅的自然美,无论从形式和花纹上都应尽可能避免过于规整;如果为规则式平地直路,则应尽可能追求有节奏、有规律、整齐的景观效果。

4. 符合生态环保的要求

园林是人类为了追求更美好的生活环境而创造的，园路的铺装设计也是其中一个重要方面。它涉及很多内容，一方面是否采用环保的铺装材料，包括材料来源是否破坏环境、材料本身是否有害；另一方面是否采取环保的铺装形式。

5. 考虑可持续性

园林景观建设是一个长期过程，要不断补充完善。园路铺装应适于分期建设，甚至临时放个过路沟管，抬高局部路面，也不必如刚性路面那样开肠剖肚。因此，路面铺装是否有令人愉悦的色彩、让人耳目一新的创意和图案，是否和环境协调，是否有舒适的质感、对于行人是否安全等，都是园路铺装设计的重要内容之一，也是最能表现"设计以人为本"这一主题的手段之一。

二、铺装的设计要点

铺装形式多样，主要是通过色彩、质感、构图、尺度、上升、下沉和边界的相互组合产生变化。

1. 色彩

色彩是心灵表现的一种手段，它能把设计者的情感强烈地灌入人们的心灵。铺装的色彩在园林中一般是衬托景点的背景，除特殊的情况外，其少数情况会成为主景，所以要与周围环境的色调相协调。

色彩是在铺地中最易创造气氛和情感的活跃因素，良好的色彩处理会给人们带来无限的欢快与愉悦。我国是一个国土辽阔、民族众多的国家，对色彩的喜爱也有差别，表 6 - 2 列出了我国不同地区与民族对色彩的喜恶。在园林铺装景观中，合理利用色彩对人的心理效应，如色彩的感觉、色彩的表情、色彩的联想与象征等，可以形成别具一格的地面，让它充满生机和情趣，与蓝天白云、青山绿水、多彩花园一起营造优美的园林空间，让人们的生活更精彩。

表 6 - 2　　　　　　　　　　我国不同地区与民族对色彩的喜爱与禁忌

地区和民族	喜爱的色彩	忌用的色彩
北方	深重稳定的色彩	—
南方	素雅明快的色彩	—
城市	淡雅、清新、调和的色彩	—
农村	浓艳、对比强烈的色彩	—
汉族	红、金、黑、白	—
蒙古族	橘黄、蓝、绿、紫红	黑、白
回族	黑、白、蓝、红、绿	—
藏族	黑、红、橘黄、紫、白	浅黄、绿
苗族	青、深蓝、墨绿、黑、棕色	黄、白、朱红
维吾尔族	红、绿、粉红、玫瑰红、紫红、青、白	黄
朝鲜族	白、粉红、粉绿、淡黄	—
满族	黄、紫、红、蓝	白

（1）色彩的感觉。

色彩给人的感觉有大小感、进退感、轻重感、冷暖感、软硬感、兴奋沉静感和华丽朴素感等。一般来讲，红、橙、黄暖色系的色是前进色，有向前凸出感；蓝绿冷色系的色是后退色，有凹进感。另外，明度高者，视之似进；明度低者，视之似退；明度高者感轻，明度低者感重。红色系统使人感暖，蓝色系统使人感冷。无彩色中，白色使人感冷，黑色使人感暖。

色彩的软硬感与色彩的明度、纯度相关。明度高、纯度低的色彩使人感到柔软，明度低、纯度高的色彩使人感到坚硬。由于红、橙、黄纯色能给人以兴奋感，故称为兴奋色；而蓝、绿色给人以沉静感，故称为沉静色。对于华丽朴素感，从纯度方面讲，纯度高的色彩给人的感觉华丽，纯度低的色彩给人的感觉朴素；从色相方面讲，暖色给人的感觉华丽，冷色给人的感觉朴素；从明度方面讲，明度高的色彩给人的感觉华丽，而明度低的色彩给人的感觉朴素。

（2）色彩的表情、联想与象征。

每一种色都有自己的表情，会对人产生不同的心理作用，联想和象征是色彩心理效应中最为显著的特点，可以利用这一特点来实现铺装景观的功能。各种色彩的表情、联想与象征见表 6-3。

表 6-3　　　　　　　　　　各种色彩的表情、联想与象征

色彩	表情、联想与象征
红色	色感温暖，性格刚烈而外向，是一种对人刺激性很强的色，容易引起人的注意，也容易使人兴奋、激动、紧张、冲动、还是一种容易造成人视觉疲劳的色，象征幸福吉祥，也能给人留下恐怖心理，象征着流血和危险
橙色	能使血液循环加快，而且有温度上升的感觉，是色彩中最活泼、最富有光辉的色彩，是暖色系中最温暖的色，它常和太阳相联系
黄色	最明亮的色彩，使人愉快的色、幸福的色，给人明快、泼辣、希望、光明的感觉
绿色	具有黄色和蓝色两种成分，将黄色的扩张感和蓝色的收缩感相中庸，将黄色的温暖感与蓝色的寒冷感相抵消，使得绿色的性格最为平和、安稳，是一种柔顺、恬静、优美的色，使人的精神不易疲劳，眼睛感到刺激难受时，可以在绿色中去求得恢复
黄绿色	具有一种冷色的端庄色彩，平静而又凉爽，显出一种青春的力量，生机勃勃，蒸蒸日上，使人联想到春、竹、嫩草等，对市民环境心理上有一种宁静和园林感的影响
蓝色	显得朴实、内向，常为那些性格活跃、具有较强扩张力的色彩，提供一个深远、广阔、平静的空间，可以很好地衬托活跃色彩。深蓝色如同天空、海洋，有着遥远而神秘的感觉
紫色	明度在有彩色的色料中是最低的。紫色的低明度给人一种沉闷、神秘的感觉
白色	白色的色感光明，性格朴实、纯洁、快乐。能将其他色引为明亮，白色的性格内在，让人感到快乐、纯洁，而毫不外露
黑色	在视觉上是一种消极的色彩，给人稳定、深沉、严肃、坚实的感觉。一般认为大面积的白、黑色路面单调乏味，因此进行景观铺装，使道路彩化，更具吸引力。但这并不意味着铺装景观的色彩设计排除白色与黑色
灰色	是白与黑的混合色，由于灰色明度适中，因此它属于能使人的视觉得到平衡的色

（3）色彩和相互掺杂。不同色彩与其他色彩的相互掺杂会产生不同的效果。

1）在红色中加入少量的黄，会使其热力强盛，趋于躁动、不安；加入少量的蓝，会使其热性减弱，趋于文雅、柔和；加入少量的黑，会使其性格变得沉稳，趋于厚重、朴实；加入少量的白，会使其性格变得温柔，趋于含蓄、羞涩、娇嫩。

2）在纯黄色中混入少量的其他色，其色相感和色性格均会发生较大程度的变化。在黄色中加入少量的蓝，会使其转化为一种鲜嫩的绿色，其高傲的性格也随之消失，趋于一种平和、潮润的感觉；加入少量的红，则具有明显的橙色感觉，其性格也会从冷漠、高傲转化为一种有分寸感的热情、温暖；加入少量的黑，其色感和色性变化最大，成为一种具有明显橄榄绿的复色印象，其色性也变得成熟、随和；加入少量的白，其色感变得柔和，其性格中的冷漠、高傲被淡化，趋于含蓄，易于接近。

3）如果在橙色中黄的成分较多，其性格趋于甜美、亮丽、芳香；在橙色中混入少量的白，可使橙色的知觉趋于焦躁、无力。

4）在蓝色中分别加入少量的红、黄、黑、橙、白等色，均不会对蓝色的性格构成较明显的影响力。

5）在绿色中黄的成分较多时，其性格就趋于活泼、友善，具有幼稚性；在绿色中加入少量的黑，其性格就趋于庄重、老练、成熟；在绿色中加入少量的白，其性格就趋于洁净、清爽、鲜嫩。

6）在紫色中红的成分较多时，其知觉具有压抑感、威胁感；在紫色中加入少量的黑，其感觉就趋于沉闷、伤感、恐怖；在紫色中加入白，可使紫色沉闷的性格消失，变得优雅、娇气。

7）在白色中加入任何其他色，都会影响其纯洁性，使其性格变得含蓄。在白色中混入少量的红，就成为淡淡的粉色，显得鲜嫩；在白色中混入少量的黄，则成为一种乳黄色，给人一种香腻的印象；在白色中混入少量的蓝，给人感觉清冷、洁净；在白色中混入少量的橙，有一种干燥的气氛；在白色中混入少量的绿，给人一种稚嫩、柔和的感觉；在白色中混入少量的紫，可诱导人联想到淡淡的芳香。

2. 质感

所谓质感，是由于感触到素材的结构而有的材质感，它是景观铺装中的另一活跃因素。铺装材料的表面质感具有强烈的心理诱发作用，不同的质感可以营造不同的气氛，给人以不同的感受。

在进行铺装设计的时候，要充分考虑空间的大小，大空间要做得粗犷些，应该选用质地粗大、厚实、线条较为明显的材料，因为粗糙使人感到稳重、沉重、开朗；另外，在烈日下面，粗糙的铺地可以较好地吸收光线，不显得耀眼。在小空则应该采用较细小、圆滑、精细的材料，细致感给人轻巧、精致、柔和的感觉。如麻面石料和灰色仿花岗岩铺面的园林小径，体现的是一种粗犷、稳定的感觉，而卵石的小道则让人感到舒畅、亲切，不同的素材创造了不同的美的效应。

不同质地的材料在同一景观中出现，必须注意其调和性，恰当地运用相似及对比原理，组成统一和谐的园林景观。

（1）第一、二质感。如何让用路者无论是远景视还是近景视都能获得良好的质感美效果也是施工中必须要关注的问题。要充分了解从什么距离如何可以看清材料，才能选择适于各个不同距离的材料，这在提高外部空间质量上是有利的。对于广场和人行道上的人们，可以很清楚地看到铺装材料的材质，称之为材料的第一质感；而对于车上的乘客，由于所处距离较远，以至于看不清铺装材料的纹理，为了吸引这些人的注意，满足他们的视觉要求，就要对铺装砌缝以及铺装构图进行精心设计，这些就形成了材料的第二质感。

（2）视觉、触觉质感。由于人们用眼感知不同材料时会产生不同的视觉质感，从而获得不同的视觉美感；而通过触觉感知不同材料的表面时会产生不同的触觉质感，从而获得不同的心理感受。在铺装景观设计中，巧妙、灵活地利用质感可以给空间带来丰富的内涵和感染力，同时会对人们产生心理暗示，继而指导人们的行为。可以说，质感是实现铺装景观功能必不可少的要素之一，其设计是铺装景观设计中极其重要的一环。

3. 构形的基本要素

构形设计的点线面是一切造型要素中最基本的，存在于任何造型设计之中。研究这些基本的要素及构形原则是我们研究其他视觉元素的起点。点线面通常被认为是概念元素，但运用在实际设计之中，它们则是可见的，并具有各自特有的形象。在铺地景观中对构形是不容忽视的，构成设计要体现形式美原则，即：统一、对比、比例、韵律、节奏、动感等。

（1）点。

在几何学上，点只有位置，没有面积。但在实际构成练习中点要见之于图形，并有不同大小的面积。点在构形中具有集中，吸引视线的功能。点的连续会产生线的感觉，点的集合会产生面的感觉，点的大小不同会产生深度感，几个点之间会有虚面的效果。

点以不同的方式存在或组合能引起人们不同的心理反应。当画面中只有一个点时，人们的视线就很容易集中到这个点上，如图 6-25（a）所示。当空间中有两个同等大小的点，各自占有其位置时，其张力作用就表现在连接此两点的视线上，在心理上产生吸引和连接的效果，如图 6-25（b）所示。空间中的三个点在三个方向上平均散开时，其张力作用就表现为一个三角形，如图 6-25（c）所示。如果画面中的两个点为不同大小时，观察者的注意力首先会集中在优势的一方，然后再向劣势方向转移，如图 6-25（d）所示。

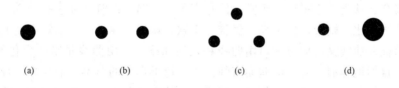

(a)　　　　　　(b)　　　　　　(c)　　　　　　(d)

图 6-25　点的不同组合方式

点的组合能够形成多种视觉心理的功能作用。序列的点可以使人感知到线。点的等距排列表现出安定、均衡的特点；将不同大小、疏密地混合排列，使之成为一种散点式的构型；而由小到大的点按一定的轨迹、方向进行变化，则可以产生一种优美的韵律感；把点以大小不同的形式，既密集、又分散地进行有目的的排列，可以产生点面的变化感。

不同形态具有不同的性格，如圆点具有饱满、充实的特点，方点显得坚实、规整、稳定，水滴形点则具有下落、重量、方向性，多边形点显得尖锐、紧张、闪动，不规则点则自由、随意。

（2）线。

几何学上的线是没有粗细的，只有长度和方向，但构成中的线在图面上是有宽窄粗细的。线在东方的绘画中被广泛运用，并有很强的表现力。线的种类很多，有直线和曲线。其中直线又包括平行线，垂直线、折线，斜线等；曲线包括弧线、抛物线、双曲线、圆等。线的形态，如图 6-26 所示。

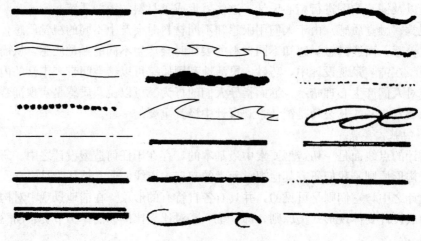

图 6-26 线的形态

直线寓意性格挺直、单纯，是男性的象征，表现出了简单、明了、直率的特点，具有一种力量上的美感。线的粗细程度不同会产生视觉情感的差异。粗直线使人感觉坚强、有力、厚重和粗壮，而细直线却显得轻松、秀气和敏锐。但细到极致的线会让人神经质。粗线由于视觉冲击力强，常常越于画面前列。细线则有远离感，当粗细组线合在一起时，变现出明显的视觉空间效果。折线具有节奏、动感、活泼、焦虑、不安等心理感受。从线的方向来说，不同方向的线会反映出不同的感情性格，可以根据不同的需要加以灵活运用。水平线能够显示出永久、和平、安全、静止的感觉。垂直线具有庄严、崇敬、庄重、高尚、权威等感情心理的特点。斜线是直线的一种形态，它介于垂直线和水平线之间，相对这两种直线而言，斜线有一种不安全、缺乏重心平衡的感觉，但它有飞跃、向上冲刺或前进的感觉。

曲线与直线相比，则会产生丰满、优雅、柔软、欢快、律动、和谐等审美上的特点，它是女性美的象征。曲线又可以分为自由曲线和几何曲线。自由曲线是富有变化的一种形式，它主要表现于自然地伸展，并且圆润而有弹性。它追求自然的节奏、韵律性，较几何曲线更富有人情味。几何曲线由于它的比例性、精确性、规整性和单纯中的和谐性，使其形态更有符合现代感的审美意味，在施工中加以组织，常会取得比较好的效果。

（3）面。

线或点连续移动至终结而成，有长宽、位置但无厚度，是体的表面，受线的界定，它体现了充实、厚重、整体、稳定的视觉效果。面外轮廓线决定面的外形，可分为几何形、自由曲线形、偶然形。

几何形面又可分为直线形和曲线形。直线形面是任何由直线形成的面。几何直线形具有简洁、明了、安定、信赖、井然有序之感。几何曲线形面是任何由几何曲线形成的面，比直线更具柔性、理性、秩序感，具有明了、自由、易理解、高贵之感。不同的几何形面有不同的性格。

自由曲线形是不具有几何秩序曲线形，因此，它较几何曲线形更加自由、富有个性，它是女性的代表，在心理上可产生优雅、柔软之感。偶然形是一种自然形态，是一种难以预料的形，如破碎的玻璃。一般是设计者采用特殊技法所产生的面，和前几种相比较更自然、更加生动，富有人情味。不同曲线形的面组合形成的铺装将极具现代感，使人感到空间的流动与跳跃，但这需要设计者必须具有高度的创意设计能力，否则就会出现影响视觉进而扰乱步行节奏等问题，所以不容易成功。

三、常见的铺装手法

1. 图案式地面装饰

图案式地面装饰是用不同颜色、不同质感的材料和铺装方式在地面做出简洁的图案和纹样。图案纹样应规则对称，在不断重复的图形线条排列中创造生动的韵律和节奏。采用图案式手法铺装时，图案线条的颜色要偏淡偏素，决不能浓艳。除了黑色以外，其他颜色都不要太深太浓。对比色的应用要适度，色彩对比不能太强烈。在地面铺装中，路面质感的对比可以比较强烈，如磨光的地面与露骨料的粗糙路面可以相互靠近，形成强烈对比。

2. 色块式地面装饰

色块式地面铺装手法其地面铺装材料可选用 3~5 种颜色，表面质感也可以有 2~3 种表现；广场地面不做图案和纹样，而是铺装成大小不等的方、圆、三角形及其他形状的颜色块面。色块之间的颜色对比可以强一些，所选颜色也可以比图案式地面更加浓艳一些。但是，路面的基调色块一定要明确，在面积、数量上一定要占主导地位。

3. 线条式地面装饰

线条式地面装饰指在浅色调、细质感的大面积底色基面上，以一些主导性的、特征性的线条造型为主进行的装饰。这些造型线条的颜色比底色深，也更鲜艳一些，质地也常比基面粗，比较容易引人注意。线条的造型有直线、折线形，也有放射状、旋转型、流线型，还有长短线组合、曲直线穿插、排线宽窄渐变等富于韵律变化的生动形象。

4. 阶台式地面装饰

阶台式地面装饰是将广场局部地面做成不同材料质地、不同形状、不同高差的宽台形或宽阶形，即使地面具有一定的竖向变化，又使某些局部地面从周围地面中独立出来，在广场上创造出一种特殊的地面空间。这种装饰被称为阶台式地面装饰。如在座椅区、花坛区、音乐广场的演奏区等地方，通过设置凸台式地面来划分广场地面，既突出个性空间，又可以很好地强化局部地面的功能特点。将广场水景池周围地面设计为几级下行的阶梯，使水池成为下沉式，水面更低，观赏效果会更好。总之，宽阔的广场地面中如果有一些竖向变化，则广场地面的景观效果一定会有较大的提高。

四、各种铺装样式

1. 砖石铺装

（1）传统砖铺砌道路。园林铺地多用青砖，风格朴素淡雅，施工简便，可以拼凑成各种图案，如图 6-27 所示。砖铺地适于庭院和古建筑物附近。因其耐磨性差，容易吸水，适用于冰冻不严重和排水良好之处；坡度较大和阴湿地段不宜采用，因易生青苔而行走不便。

（2）冰纹路面。冰纹路面是用边缘挺括的石板模仿冰裂纹样铺砌的地面，石板间接缝呈不规则折线，用水泥砂浆勾缝。多为平缝和凹缝，以凹缝为佳。也可不勾缝，便于草皮长出成冰裂纹嵌草路面，如图 6-28 所示。还可做成水泥仿冰纹路，即在现浇混凝土路面初凝时，模印冰裂纹图案，表面拉毛，效果也较好。冰纹路适用于池畔、山谷、草地、林中的游步道。

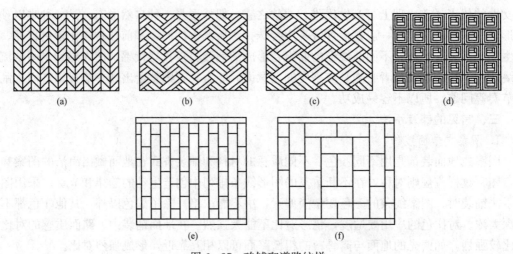

图 6-27　砖铺砌道路纹样

（a）人字纹；（b）席纹；（c）间方纹；（d）斗纹；（e）联环锦纹；（f）包袱底纹

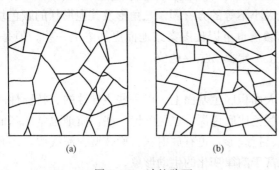

图 6-28　冰纹路面

（a）块石冰纹；（b）水泥仿冰纹

（3）机制石板路。机制石板路选深紫色、深灰色、灰绿色、褐红色、酱红色等岩石，用机械磨砌成为 15cm×15cm、厚为 10cm 以上的石板，表面平坦而粗糙，铺成各种纹样或色块，既耐磨又美丽。

2. 花街铺装

花街铺地是我国古典园林的特色做法。以砖瓦为骨，以石为填心，用规整的砖和不规则的石板、卵石以及碎砖、碎瓦、碎瓷片、碎缸片等废料相结合，组成精美图案。这种铺装形式情趣自然，格调高雅，善用不同色彩和质感的材料创造氛围，或亲近自然，或幽静深邃，或平和安详，能很好地烘托中国古典园林自然山水园的特点。花街铺地图案纹样丰富多样，如图 6-29 所示。

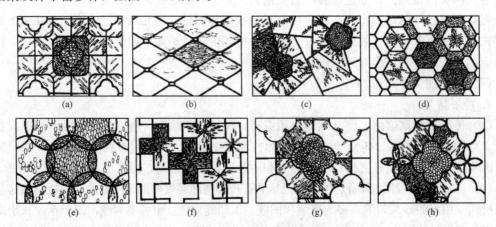

图 6-29　铺地图案

（a）四方景灯；（b）长八方；（c）冰纹梅花；（d）攒六方；（e）球门；（f）万字；（g）十字海棠；（h）海棠芝花

3. 碎石铺装

（1）卵石铺地。采用天然块石大小相间铺筑而成的路面，采用水泥砂浆勾缝。卵石路应用在不常走的路上，主要满足游人锻炼身体之用，同时要用大小卵石间隔铺成为宜。这种路面耐磨性好、防滑，具有粗犷、朴素自然之感，可起到增加景区特色深化意境的作用。卵石路面还可铺成各种图案。

（2）乱石路。乱石路即用小乱石砌成石榴子形，比较坚实雅致。路的曲折高低，从山上到谷口都宜用这种方法。

（3）砖卵石路。砖卵石路面被誉为"石子画"，它是选用精雕的砖、细磨的瓦和经过严格挑选的各色卵石拼凑成的路面，图案内容丰富，有以寓言为题材的图案，有花、鸟、鱼、虫等。

4. 块料铺装

用大方砖、石板或预制成各种纹样或图案的混凝土板铺砌而成的路面，如木纹混凝土板、拉条混凝土板、假卵石混凝土板等，花样繁多，不胜枚举，如图6-30～图6-38所示，这类路面简朴大方，能减弱路面反光强度，美观舒适。

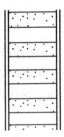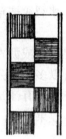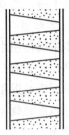

拉毛与抛光　　不同方向的拉道　　拉道与抛光　　水刷石与抛光

图6-30　块料路面的光影效果

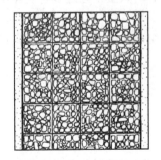

图6-31　预制仿卵石磨平块料路　图6-32　卵石与石板拼纹的块料铺装　图6-33　预制莲纹铺装

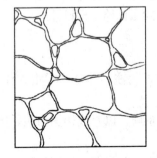

图6-34　自然石板铺装　　图6-35　卵石块料拼纹路　　图6-36　卵石与砖拼纹路

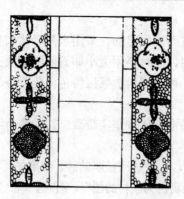

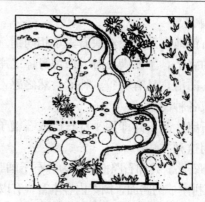

图 6-37　卵石、瓦片、砖石纹路　　　图 6-38　卵石与预制块路

5. 嵌草铺装

嵌草路面把不等边的石板或混凝土板铺成冰裂纹或其他纹样，铺筑时在块料预留 3～5cm 的缝隙，填入培养土，用来种草或其他地被植物。常见的有梅花形混凝土板嵌草路面、木纹混凝土板嵌草路面、冰裂纹嵌草路面、花岗石板嵌草路面等。

6. 整体路面

整体路面是用水泥混凝土或沥青混凝土铺筑成的路面，其平整度好，路面耐压、耐磨，养护简单，便于清扫，所以多为大公园的主干道使用，但由于色彩多为灰、黑色，在园林中使用不够理想。近年来在国外有铺筑彩色沥青路和彩色水泥路，最近在天津新建居民区铺筑两条褐色沥青混凝土路，效果较好。

7. 步石、汀石、蹬道

步石是在自然式草地或建筑附近的小块绿地上，用一至数块天然石或预制成圆形、树桩形、木纹板形等铺块，自由组合于草地之中的铺装形式。一般步石的数量不宜过多，块体不宜过小。这种步石易与自然环境相协调，取得轻松活泼的效果。

汀步是在水中设置的步石，汀步可使游人平水而过，适用于窄而浅的水面，石墩不宜过小，距离不宜过大，数量不宜过多，以保障游人安全。

第五节　园路的线型设计

一、园路的平面线型设计

平曲线设计就是具体确定园路在平面上的位置，由勘测资料和园路性质等级要求以及风景景观之需要，定出园路中心线的位置和园路的宽度，确定直线段，选用平曲线半径，合理解决曲线、直线的衔接，恰当地设置超高、加宽路段，确保安全视距，绘出园路平面设计图。

1. 园路构图中常见的几种线型

根据线型不同，可将园路分为自然式和规则式两类。

（1）自然式园路通常采用流畅的线条，迂回曲折，以曲线构图为主，体现"虽由人作，宛自天开"的效果，在东方园林中应用较为广泛。

（2）规则式园路恰好相反，通常采用严谨整齐的几何式道路布局，以直线构图为主，突出人工的痕迹，多用于西方园林中。

近年来，随东西方造园艺术的交流，规则与自然相结合，直线和曲线混合构图的园路布局手法也数见不鲜。

2. 园路的平面线型设计要求

在园路布局设计完成后，园路的位置已确定了，但在园路技术设计时，应对下列内容进行复核。

（1）重点景区的游览大道及大型园林的主干道路面宽度应考虑能通行大卡车、大型客车，而在公园内为避免占用太多的绿地空间一般不宜超过 6m。

（2）为满足公园管理及生活运输的需要，公园主干道应能通卡车，对重点文物保护区的主要建筑物四周的道路，应能通行消防车，其路面宽度一般为 3.5m。

（3）游步道应多于主、次干道，宽度在 1～2.5m，因地制宜，灵活设计，并使其本身能起到造景作用。游人及各种车辆的最小运动宽度见表 6-4。

表 6-4　　　　　　　　　　　游人及各种车辆的最小运动宽度

交通种类	最小宽度/m	交通种类	最小宽度/m
单人	≥0.75	小轿车	2.00
自行车	0.6	消防车	2.06
三轮车	1.24	卡车	2.50
手扶拖拉机	0.84～1.5	大轿车	2.66

3. 平曲线半径的选择

当道路由一段直线转到另一段直线上去时，其转角的连接部分采用圆弧形曲线，这个圆弧曲线就叫作平曲线。平曲线设计是为了缓和行车方向的突然改变，确保汽车行驶的平稳安全，或确保游步道的自然顺畅，它的半径即是平曲线半径，如图 6-39 所示。平曲线最小半径取值为 10～30m。

（1）自然式园路曲折迂回，在平曲线变化时主要由以下因素决定：

1）园林造景的需要。

2）当地地形、地物条件的要求。

3）在通行机动车地段上行车安全的要求。

4）行车平曲线半径最小不得低于 6m，这一半径不考虑行车速度，只要满足汽车的最小转弯半径即可，如图 6-40 所示。

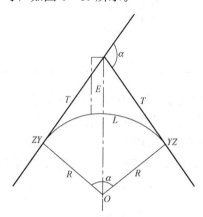

图 6-39　园路平曲线半径示意

T—切线长（m）；E—曲线外距（m）；L—曲线长（m）；α—路线转折角度；
R—平曲线半径（m）；ZY—宜圆点（曲线终点）；YZ—圆直点（曲线终点）

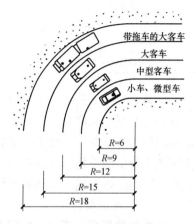

图 6-40　最小平曲线转弯半径
（尺寸单位：m）

（2）在考虑行车速度时平曲线设计应注意以下几个方面：

1）曲线加宽。车辆在弯道上行驶，由于前后轮的轮迹不同，外侧前轮转弯半径大，同时车身所占宽度也较直线行驶时为大。半径越小，这一情况越显著，因此在小半径弯道上，弯道内侧的路面要适当加宽，如图6-41所示。

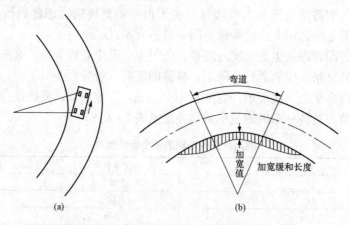

图6-41　弯道行车道后轮轨迹与曲线加宽图
（a）弯道行车道后轮轨迹；（b）弯道路面加宽

2）行车视距。

车辆行驶中，必须确保驾驶员在一定距离内能观察到路上的一切情况，以便于有充分时间采用适当的措施，以防止发生交通事故，这个距离称为行车视距。行车视距的长短与车辆的制动效果、车速及驾驶员的技术反应时间有关。行车视距又分为停车视距和会车视距。停车视距是指驾驶员在行驶过程中，从看到同一车道上的障碍物时，开始刹车到达障碍物前安全行车的最短距离。会车视距是指两辆汽车在同一条行车道上相对行驶发现对方时来不及或无法错车，只能双方采取制动措施，使车辆在相撞之前安全停车的最短距离。常用的停车及会车视距见表6-5。

表6-5　　　　　　　　　　　　　　常用停车和会车视距

视距	道路等级		
	园路及居住区道路	主干道	次干道
停车视距/m	25~30	75~100	50~75
会车视距/m	50~60	150~200	100~150

道路转弯处必须空出一定的距离，使司机在这个范围内能看到对面或侧方来往的车辆，并有一定的刹车和停车时间，而不致发生撞车事故。根据两条相交道路的两个最短视距，这段距离即为行车的安全视距（图6-42的S），一般宜采用30~35m安全视距。在交叉路口平面图上绘出的三角形（图6-42），称为视距三角形，在视距三角形内障碍物的高度（包括绿化）不得超过车辆驾驶员的视线高度，一般为1.2~1.5m。

4. 平曲线的衔接

平曲线的衔接是指两条相邻近的平曲线相接，分为三种：

（1）同向衔接。即相邻曲线直接同向衔接。同向曲线如果在两曲线上所设超高横坡不等

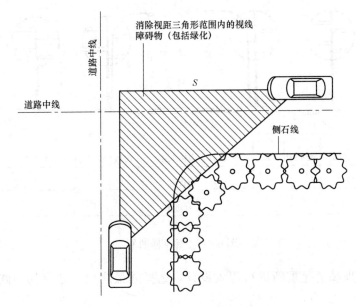

图 6 - 42　行车安全视距

时，则在半径较大的曲线内，设置由一个超高过渡到另一个超高的缓和段。当同向曲线间有一短直线段插入，其长度小于超高缓和段所需的长度时，则最好把同向两曲线改成一条曲线，可增大其中一条曲线的半径，使两曲线直接相接。无法改变时，在短直线段内不宜做成双向横坡，而要做成单向横坡。

（2）反向衔接。相邻曲线直接反向衔接。半径大到不设超高的反向曲线，可直接相接；反向曲线段均设超高时，则需在其中插入一直线段，以便于将两边的不同超高在直线段上实施。

（3）插入直线段。即相邻曲线间插入直线段。

二、园路的横断面线型设计

1. 园路横断面的概念

园路的横断面是指垂直于园路中心线方向的断面，它关系到交通安全、环境卫生、用地经济、景观等。园路横断面设计在园林总体规划中所确定的园路路幅或在道路红线范围内进行，它由车行道、人行道或路肩、绿带、地上和地下管线（给水、电力、电信等）等共同敷设。标准横断面如图 6 - 43 所示。

2. 园路横断面设计

园路横断面设计的主要内容包括：依据规划道路宽度和道路断面形式，结合实际地形确定合适的横断面形式；确定合理的路拱横坡；综合解决路与管线及其他附属设施之间的矛盾等。

（1）园路横断面形式的确定。道路的横断面形式依据车行道的条数通常可分为：
"一板式"（机动与非机动车辆在一条车行道上混合行驶，上行、下行不分隔）；
"二板式"（机动与非机动车辆混驶，但上、下行由道路中央分隔带分开）等形式。
公园中常见的路多为"一板式"。
通常在总体规划阶段会初步定出园路的分级、宽度及断面形式等，但在进行园路技术

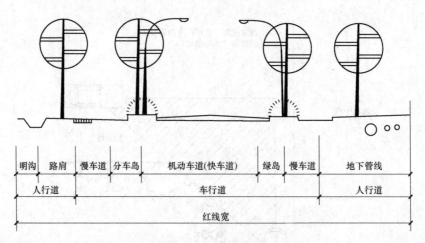

图 6-43　标准横断面

设计时仍需结合现场情况重新进行深入设计，选择并最终确定适宜的园路宽度和横断面形式。

（2）园路路拱设计。为了使雨水快速排出路面，道路的横断面通常设计为拱形、斜线形，称之为路拱设计。主要是确定道路横断面的线形和横坡坡度。园路路拱基本设计形式有直线型、折线型、抛物线型和单坡型四种，见表 6-6。

表 6-6　　　　　　　　　　园路路拱的基本形式

形式	特点	图示
直线型路拱	这种形式适用于横坡坡度较小的双车道或多车道水泥混凝土路面。最简单的直线型路拱是由两条倾斜的直线所组成的。在直线型路拱的中部也可以插入一段抛物线或圆曲线，但曲线的半径不宜小于 50m，曲线长度不应小于路面总宽度的 10%	直线型
折线型路拱	指由道路中心线向两侧逐渐增大横坡度的若干短折线组成的路拱。这种路拱的横坡度变化比较徐缓，路拱的直线较短，近似抛物线形路拱，对排水、行人、行车也都有利，一般用于比较宽的园路。为了行人和行车方便，通常可在横坡 1.5% 的直线型路拱的中部插入两段 0.8%~1.0% 的对称连接折线，使路面中部不至于呈现屋脊形	折线型
抛物线型路拱	这是最常用的路拱形式。其特点是：路面中部较平，愈向外侧坡度愈陡，横断路面呈抛物线形。这种路拱对游人行走、行车和路面排水都很有利，但不适于较宽的道路以及低等级的路面。抛物线形拱路路面各处的横坡度一般宜控制在：$i_1 \geq 0.3\%$，$i_4 \leq 5\%$，且 i 值平均为 2% 左右	抛物线型

续表

形式	特点	图示
单坡型路拱	单坡型路拱可以看做是以上三种路拱各取一半所得到的路拱形式。其路面单向倾斜，雨水只向道路一侧排除。在山地园林中，常常采用这种形式。但这种路拱不适宜较宽的道路，道路宽度一般不大于9m。这种路拱形式由于夹带泥土的雨水总是从道路较高一侧通过路面流向较低一侧，容易污染路面，因此，在园林中采用时也受到很多限制	$i=3\%\sim4\%$ h_1 h_2 h_3 h_4 $B'\times7$ 单坡型

（3）园路横断面综合设计。在自然地形起伏较大地区设计道路横断面时，如果道路两侧的地形高差较大，结合地形布置道路横断面有以下几种形式：

1）结合地形将人行道与车行道设置在不同高度上，人行道与车行道之间用斜坡隔开或用挡土墙隔开，如图6-44所示。

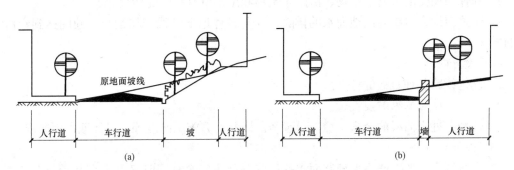

图6-44　人行道与车行道设置在不同高度上
（a）人行道与车行道用斜坡隔开；（b）人行道与车行道用挡土墙隔开

2）将两个不同行车方向的车行道设置在不同高度上，如图6-45所示。

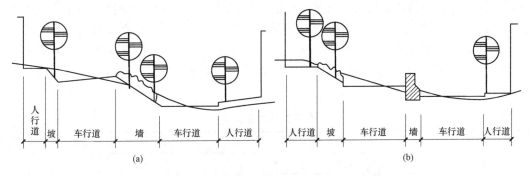

图6-45　不同行车方向的车行道设在不同高度上
（a）人行道与车行道间用斜坡隔开；（b）人行道与车行道间用挡土墙隔开

3）结合岸坡倾斜地形，将沿河一边的人行道布置在较低的不受水淹的河滩上，供居民散步休息之用。供车辆通行的车行道设在上层，如图6-46所示。

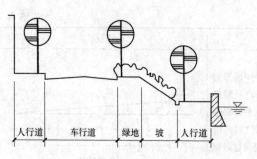

图 6-46　岸坡地形人行道的布置

三、园路的纵断面线型设计

1. 园路纵断面的概念

园路的纵断面是指路面中心线的竖向断面。纵断面线型即道路中心线在其竖向剖面上的投影形态。路面中心线在纵断面上为连续相折的直线，在折线的交点处要设置成竖向的曲线状，以使路面平顺，即园路的竖向曲线。竖曲线的设置可使园林道路多有起伏，路景生动，视线俯仰变化，会使游人游览散步时感觉舒适方便。

2. 园路纵断面设计

（1）设计要求。

1）随地形的变化而起伏变化，线形平顺。

2）在满足造园艺术要求的情况下，尽量利用原地形，以保证路基稳定，并减少土方量。

3）确保与相交的道路、广场、沿路建筑物和出入口有平顺的衔接。

4）园路应配合组织园内地面水的排除，并与各种地下管线密切配合，共同达到经济合理的要求。

（2）设计内容。

1）确定线路各处合适的标高。

2）设计各路段的纵坡及坡长。

3）选择各处竖曲线的合适半径，设置竖曲线并计算施工高度等，以保证视距要求。

（3）设计要点。

1）纵坡度。一般园路为保证路面水的排除与行车安全，同时又可丰富路景行车，道路的纵坡一般为 $0.5\%\sim8\%$；供自行车骑行园路的纵坡宜在 2.5% 以下，不超过 4%；轮椅、三轮车宜为 2% 左右，不超过 3%；不通车的人行游览道纵坡不超过 12%；坡度在 12% 以上时，必须设计为梯级道路；除了专门设在悬崖峭壁边的梯级磴道外，一般的梯道纵坡坡度都不应超过 100%；当道路纵坡较大而坡长又超过限制时，则应在坡路中插入坡度不大于 3% 的缓和坡段；或者在过长的梯道中插入一至数个平台，以供人暂停小歇并起到缓冲作用。

2）横坡度。园路横坡一般为 $1\%\sim4\%$，呈两面坡以便于排水；弯道处因设超高而呈单向横坡；不同材料路面的排水能力不同，因此，各类型路面对纵横坡度的要求也不同，见表6-7。

表 6-7　　　　　　　　　各种路面的纵坡度

路石类型	纵坡（%）				横坡（%）	
	最小	最大		特殊	最小	最大
		游览大道	园路			
水泥混凝土路面	3	60	70	100	1.5	2.5
沥青混凝土路面	3	50	60	100	1.5	2.5
块石、炼砖路面	4	60	80	110	2	3

续表

路石类型	纵坡（%）				横坡（%）	
	最小	最大		特殊	最小	最大
		游览大道	园路			
拳石、卵石路面	5	70	80	70	3	4
粒料路面	5	60	80	80	2.5	3.5
改善土路面	5	60	60	80	2.5	4
游步小道	3		80		1.5	3
自行车道	3	30			1.5	2
广场、停车场	3	60	70	100	1.5	2.5
特别停车场	3	60	70	100	0.5	1

3）竖曲线。园路总是上下起伏的，在起伏转折的地方，由一条圆弧连接。这种圆弧是竖向的，工程上把这样的弧线叫竖曲线，如图 6-47 所示。竖曲线应考虑会车安全。

4）弯道与超高。当汽车在弯道上行驶时，产生横向推力叫离心力。这种离心力的大小与车行速度平方成正比，与平曲线半径成反比。为了防止车辆向外侧滑移，抵消离心力的作用，就把路的外侧抬高，如图 6-48 所示。

图 6-47 竖曲线

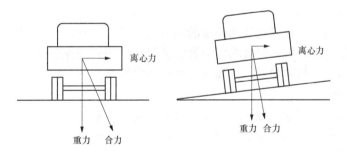

图 6-48 汽车在弯道上行驶受力分析

第六节 广场的规划设计

一、广场的规划设计原则

1. 生态性原则

现代城市广场设计应该以城市生态环境可持续发展为出发点。在设计中充分引入自然，再现自然，适应当地的生态条件，为市民提供各种活动而创造景观优美、绿化充分、环境宜人、健全高效的生态空间。

2. 以人为本原则

（1）多样性。由于参与活动的人数、年龄、人们之间的关系不同等，就要求不同的空间形式。因此，广场设计应具有空间多样性、设施多样性以及功能的多样性的特点。空间多样性包括大空间、小空间、适合年轻人的空间、适合老年人的空间、私密空间、开放性空间等。多样的空间需要多样的环境设施来支持，例如：人数较多就要求广场有大面积的铺装，并有一定空间层次的变化，老年人需要休息设施，年轻人及小孩需要娱乐性强的设施，同时广场设计要考虑到功能的多样性，以支持各种使用群体多样的活动。

（2）无障碍设计。广场应体现对人的需求的尊重和关爱，给弱势群体平等参与社会创造了机会。广场要尽量满足大多数使用群体的需要，同时要关爱老年人、残疾人、孕妇、儿童等弱势群体，在设计和建设时理应给予体贴关怀。如在广场地形有起伏的地方设计坡道；广场铺装较为粗糙，有一定的防滑性且有趣味性；在不影响广场整体功能发挥的同时，应该为这一群体开辟一些单独的安全空间；公共设施方面要设立专用设施；广场还要设立必要的指示标记，便于人们辨别方向等。

（3）注重细节考虑和细部处理。以人为本设计还表现在对细部空间的考虑是否周全和细致。要充分考虑户外空间的日照、遮阳、通风等因素，使场所能保持人们心理、生理上的舒适。良好的细部设计包括：建筑物的体量和形式、空间的形态、材料的质感和色彩、设施的尺度、地面的标高和铺装、小品的形式等硬质景观，以及绿化配置等软质景观。

（4）重视公众参与性。广场空间环境中应引导公众积极投入参与。参与性不仅表现于市民对广场各种活动的参与，也体现在广场的创作设计吸取市民的意愿和意见，公众的参与可以提高创作的潜力。此外，还体现在公众参与城市广场的管理上，人在广场上活动通常会产生破坏行为，常常使城市广场使用功能不能连续发挥极大地影响了市民的活动。公众参与管理可以加强主人翁意识，实现公共设施的合理利用，有助于提高人们的素质。

3. 完整性原则

城市广场设计时要保证其功能和环境的完整性。明确广场的主要功能，在此基础上，辅以次要功能，主次分明，以确保其功能上的完整性。广场应该充分考虑它的环境历史背景、文化内涵、周边建筑风格等问题，以保证其环境的完整性。

4. 系统性原则

城市广场设计应该根据周围环境特征、城市现状和总体规划的要求，确定其主要性质和规模，统一规划、统一布局，使多个城市广场相互配合，共同形成城市开放空间体系。

5. 特色性原则

城市广场应突出人文特性和历史特性。通过特定的使用功能、场地条件、人文主题以及景观艺术处理塑造广场的鲜明特色。同时，还应继承城市当地本身的历史文脉，适应地方风情、民俗文化，突出地方建筑艺术特色，增强广场的凝聚力和城市旅游吸引力。此外，城市广场还应突出其地方自然特色，即适应当地的地形地貌和气温气候等。城市广场应强化地理特征，尽量采用富有地方特色的建筑艺术手法和建筑材料，体现地方园林特色，以适应当地气候条件。

6. 突出主题原则

围绕着主要功能，明确广场的主题，形成广场的特色和内聚力与外引力。因此，在城市广场规划设计中应力求突出城市广场在塑造城市形象、满足人们多层次的活动需要与改善城市环境的三大功能，并体现时代特征、城市特色和广场主题。

7. 效益兼顾

不同类型的广场都有一定的主导功能，但是现代城市广场的功能却向综合性和多样性衍生，满足不同类型的人群不同方面的行为、心理需要，具有艺术性、娱乐性、休闲性和纪念性兼收并蓄，给人们提供了能满足不同需要的多样化的空间环境。

二、广场的规划设计方法

1. 广场的选址和主题的确定

（1）选址。广场应该选在城市的中心地段，最好与城市中重要的历史建筑或公共建筑相结合，通过环境的整体性来体现广场的主题和氛围。

（2）主题的确定。不是所有的广场都需要有明确的主题。从类型看，纪念性广场、城市中心广场主题性比较强，而一般的文化休闲广场、商业广场则是以活动和使用为主。另外，通过培养一些有意义的、持久性的活动，可以体现广场的特色。

2. 广场面积与比例尺度

（1）广场的面积。

1）一般城市中心广场的用地面积都在 $1.5 \sim 10 hm^2$ 之间，中小城市的中心广场面积多在 $5 hm^2$ 以下；园林广场的面积应当比城市中心广场小一些，在 $0.5 \sim 5 hm^2$ 之间都可以。

2）广场面积大小应根据园林用地情况、广场功能的需要和园景建设的需要来确定。用地宽裕的，广场面积可大一些；用地不足的，广场就应小一点，或者不设广场；交通性、集会性强的，广场面积应比较大；以草坪、花坛为景观主体的，面积也要大一些；而单纯的门景广场、音乐广场、休息广场等，面积就可以稍小一点。

3）广场上各功能局部的用地面积要根据实际需要合理分配。例如：担负着节假日文艺活动和集会功能的园景广场，其人群活动所需面积可按 $0.5 m^2/$ 人来计算，结果是广场大部分面积都要做成铺装地面；以主题纪念为主的广场，其路面铺装和纪念设施占用地面将在广场总面积的 40% 以上；以景观、绿化为主的休息广场，如花园式广场、音乐广场等，其绿化面积则应占 60% 以上的用地；而公园出入口内外的门景广场，由于人、车集散，交通性较强，绿化用地就不能有很多，一般都在 10%~30%，其路面铺装面积则常达到 70% 以上。

（2）广场的比例尺度

比例是指一个事物整体中的局部与自身整体之间的数比关系。比例是广场设计中最基本的手法之一，也是最具表现力的手法之一。正确地确定广场比例可以形成良好的广场组合形式关系。由于广场构图的各个部分、各尺寸有不同性质的关系，因此主要取决于广场性质和功能。尺度是人与它物之间所形成的数比关系。尺度是以人的自身尺寸与它物尺寸之间所形成的特殊数比关系，所谓特殊是指尺度必须是以人的自身尺寸作为基础。比如，一个人站在天安门广场上，他与广场形成的关系就是尺度关系，又如某一个人分别站在天安门广场和北京站前广场上，他与这两个广场的尺度关系就大不相同。

广场的规划设计应结合围合广场的建筑物的尺度、形体、功能以及人的尺度来考虑，当建筑物的高度和广场的宽度相等时，广场就有一种封闭感，当广场宽度超过建筑物高度 2 倍时，广场就有一种开敞的感觉。大而单纯的广场对人有排斥性，小而局促的广场令人有压抑感，而尺度适中有较多景点的广场富有较强的吸引力。对于广场的适宜尺度，一般应遵循以下原则：视距与楼高的比例为 $1.5 \sim 2.5$，视距与楼高构成的视角为 $18° \sim 27°$。

3. 广场的布局形式

在广场实践中，对称与非对称是广场形式中最普遍的构成形式。

（1）对称性形式。对称的类型包括反照对称（镜像对称形式）和轴对称（相等对称形式）。镜像对称是对称最简单的形式，它主要是几何形的两半相互反照。轴对称是相等结构的对称，主要是通过旋转图形的方法取得。

（2）非对称性形式。广场的非对称性形式是指不采用镜像对称和轴对称的结构形式，非对称的各个部分应力求取得均衡感。均衡是构成广场协调的基础，取决于正确地符合广场功能要求和艺术完整性的处理。非对称的广场均衡可以用各种手法来实现。

非对称的广场构成取决于形成它们的具体条件：特定的内容、广场与特殊周围环境关系。非对称的均衡形成条件是通过统一的比例权衡关系，它可以实现非对称的各个组成部分的协调。为了使广场中单元构件合乎比例，把广场各个构件不同部分进行重复和模数化，只有形成严格尺度关系的形态和色彩相似关系才能实现非对称的协调和均衡。

4. 广场的空间组织

人们对所处的地位极为敏感，对不同的标高有不同的反应。因此，在广场景观设计中需要注意对地面高差的处理。任何场所都有一个隐形的基准线，人可以位于这个基准线的表面，也可以高于或低于该基准线。高于这个基准线会产生一种权威与优越感，低于此线则会产生一种亲切与保护感。地面上升和下沉都能起到限定空间的作用，可以从实际上和心理上摆脱外界干扰，给其中活动的人们以安全感和归属感。一般来说，上升意味着向上进入某个未知场所，下沉则意味着向下进入某个已知场所。

5. 广场的平面形状

园景广场有封闭式的，也有开放式的，其平面形状多为规则的几何形，通常以长方形为主。长方形广场较易与周围地形及建筑物相协调，因此被广泛采用。从空间艺术上的要求来看，广场的长度不应大于其宽度的3倍；长宽比在4∶3、3∶2或2∶1之间时，艺术效果比较好。广场为圆形、椭圆形或方圆组合形也较常见，但其占用地面更大一些，用地不是很经济，在用地宽松情况下，采用这些形状的也很常见。椭圆形广场、纵横轴的长度比例不宜超过2∶1。

此外，梯形、三角形等几何形在广场平面形状中也偶有所见。面积较小的园景小广场还可以采用自然形或不规则的几何形等，其形状设计更要自由些。正方形广场的空间方向性不强，空间形象变化较少，因此不常被采用，如图6-49所示。

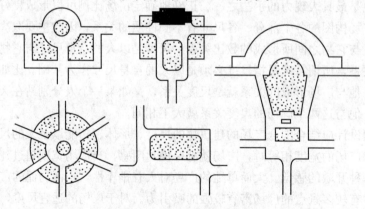

图6-49　常见广场平面形状

6. 广场功能分区

与城市中心广场相比，园景广场周边接入道路不多，路口较少，因此其平面形状一般都比较完整。更由于园景广场的交通性较不重要，因此在功能布置和园景设计上就相对比较方便。设计广场时，一般先要把广场的纵轴线、主要横轴线和广场中心确定下来。利用轴线的自然划分，把广场分成几个具有相似和对称形状的区域，然后根据路口分布和周围环境情况赋予各区以不同的功能，成为在景观上协调统一、在功能上互有区别的各个功能区。例如：休息（桌椅）区、游览散步区、雕塑区以及音乐广场的演奏区、听众区等。纵横轴线沿线地带一般布置广场主要景观设施，可以作为单独的功能区。

7. 地面装饰

园景广场的铺装地面面积较大，在广场设计中占有重要的地位。地面除了常用整体现浇的混凝土铺装之外，还常用各种抹面、贴面、镶嵌及砌块铺装方法进行装饰美化。各种路面铺装形式，一般都可以在广场地面铺装中采用。

三、广场的铺装形式

1. 图案式地面装饰

采用不同颜色、不同质感的材料和铺装方式在广场地面做出简洁的图案和纹样。图案纹样应规则对称，在不断重复的图形线条排列中创造生动的韵律和节奏。采用图案式手法铺装时，应注意图案线条的颜色要偏淡偏素，绝不能浓艳。除了黑色以外，其他颜色都不要太深太浓。对比色的应用要掌握适度，色彩对比不能太强烈。地面铺装中，路面质感的对比可以比较强烈，如磨光的地面与露骨料的粗糙路面就可以相互靠近、强烈对比，如图 6-50 所示。

2. 色块式地面装饰

地面铺装材料可选用 3～5 种颜色，表面质感也可以有 2～3 种表现。广场地面不做图案和纹样，而是铺装成大小不等的方、圆、三角形及其他形状的颜色块面。色块之间的颜色对比可以强一些，所选颜色也可以比图案式地面更加浓艳一些。但路面的基调色块一定要明确，在面积、数量上一定要占主导地位，如图 6-51 所示。

图 6-50　图案式地面

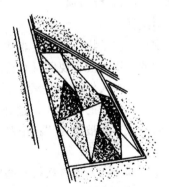

图 6-51　色块式地面

3. 线条式地面装饰

地面色彩和质感处理是在浅色调、细质感的大面积底色基面上，以一些主导性的、特征性的线条造型为主进行装饰。这些造型线条的颜色比底色深，也更要鲜艳一些，质地常常也比基面粗，是地面上比较容易引人注意的视觉对象。线条的造型有直线、折线形，也有放射状、流线形、旋转形，还有长短线组合、曲直线穿插、排线宽窄渐变等富于韵律变化的生动形象，如图6-52所示。

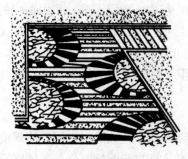

图6-52 线条式地面

4. 阶台式地面装饰

将广场局部地面做成不同材料质地、不同形状、不同高差的宽台形或宽阶形，使地面具有一定的竖向变化，又使某些局部地面从周围地面中独立出来，在广场上创造出一种特殊的地面空间。例如：在广场上的雕塑位点周围设置具有一定宽度的凸台形地面，就能够为雕塑提供一个独立的空间，从而可以很好地突出雕塑作品；在座椅区、花坛区、音乐广场的演奏区等地方通过设置凸台式地面来划分广场地面，突出个性空间，还可以很好地强化局部地面的功能特点；将广场水景池周围地面设计为几级下行的阶梯，使水池成为下沉式的，水面更低，观赏效果将会更好。

总之，宽阔的广场地面中如果有一些竖向变化，则广场地面的景观效果定会有较大的提高，如图6-53所示。

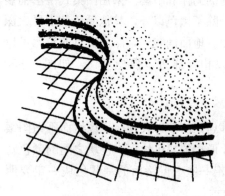

图6-53 阶台式地面

四、广场铺装的基本图样

1. 古典铺地参考模式图样

（1）几何纹样。几何图案是最简洁、最概括的纹样形式。在古代，几何图形比较早地被工匠们运用在铺地制作中。之后的铺地纹样虽更为丰富，但大多是在几何纹样的基础上变化发展起来的，或是将几何形作为纹样的骨骼，加入各式的自然纹样，创造出丰富的铺地图案。同时，几何铺地纹样自身也在不断变化发展，由刚开始简单的方形、圆形、三角形发展到如六角形、菱形、米字形、万字形、回纹形等各式各样的几何形铺地纹样。

（2）植物纹样。植物作为一类非常重要的构形素材，被广泛地运用在古代铺地中。植物纹样在铺装中的运用不仅美观而且有特殊的意义。例如：忍冬是半常绿的藤本植物，耐寒、耐旱、根系繁密，被人们视为坚毅不屈、坚韧不拔的代表；蔓草茎叶肥大，生长环境要求低，易生根，具有很强的生命力；莲花是我国人民喜爱的传统花卉，由于其"出淤泥而不染，濯清涟而不妖"而被视为"花中君子"，象征着高洁、清雅；石榴、葡萄等植物果实象征着丰收等。

（3）动物纹样。古人还喜欢将一些象征吉祥或代表权势的动物造型运用到铺地图案中，如龙、鸟、鱼、麒麟、马、蝙蝠、昆虫等都是常见的动物纹样。

（4）文字纹样。在古代铺地中经常能看见一些如"福""寿"等的吉祥文字以及一些诗词歌赋结合几何纹样、植物纹样运用在地面的图案中，寓意祥瑞或表现意趣，从一个侧面来映衬出景观环境中整体的生活气息和人文氛围。

（5）综合纹样。在一些规模较大、地位较高的建筑景观中，经常会用到一些有叙事性的大型单元铺地图案。这些图案的内容往往是一些历史故事、典故或者神话传说、生肖形象等，这些铺地图案构形元素一般都会包含有风景、动植物、人物等形象，因此被称为"综合纹样"。

我国的铺地从早先的几何纹到后期的综合叙事纹，不论从形式的变化、构图的发展上来看，都体现了极高的艺术价值和思想内涵。纹样或简洁或复杂或写实或抽象，无不体现着工匠们的精妙技艺与创新的思维，这正是我们中华民族博大精深的文化底蕴的产物。

2. 当代铺地参考模式图样

当代铺地是指 20 世纪 80 年代后期的景观铺地设计。由于新材料、新施工工艺的不断出现与进步，当代铺地设计的形式更为多样，并且更加注重铺地在使用功能上对人的满足性。为符合不同场所的需要，现代铺地设计要求根据不同场地的使用情况与使用特点来设置相应的铺地形式与材料。

（1）随着城市现代化的进程加快以及现代人追求快节奏、高速率的生活方式的转变，现代景观铺地的纹样设计既重视其装饰风格又要求地纹简洁、明朗、色彩丰富，更具时代感。

（2）现今社会由于人流量的增大、运输承载的增加，传统铺地材料就其强度、平度和耐久性等方面往往不能满足使用的要求，因此，当代景观铺地材料要求更坚固、更耐压、更耐磨等。

（3）采用更环保、更节能的材料，强调与自然环境和谐共处也是现代景观铺地设计中的重点。吸声抗尘路面等新型铺地如今在人行道、居住区小路、公园道路、通行轻型交通车及停车场等地面中被广泛地应用。

（4）当代铺地主要具有以下优点：改善植物和土壤微生物的生存条件和生活环境；减少城市雨水管道的设施和负担，减少对公共水域的污染；蓄养地下水；增加路面湿度，减少热辐射；降低城市噪声，改善城市空气环境等。

当代各种铺装样式如图 6-54 所示。

图 6-54　铺装样式

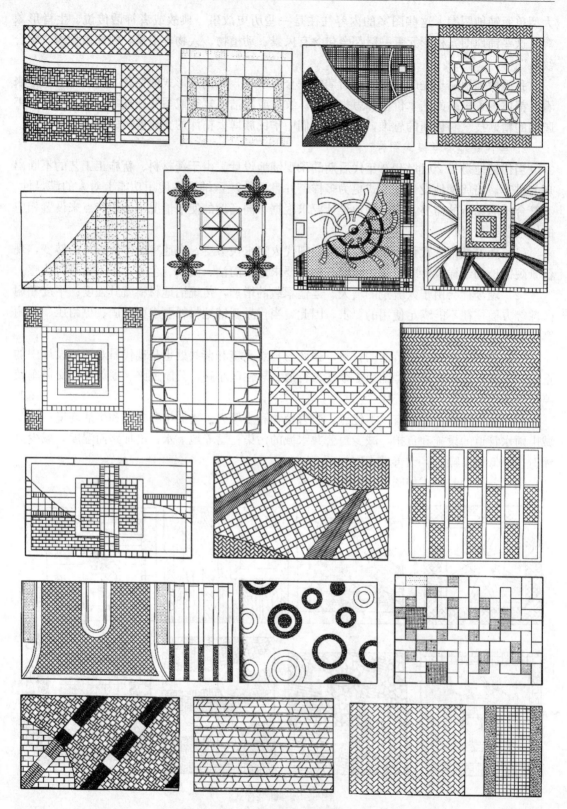

图 6-54　铺装样式（续）

图 6-54　铺装样式（续）

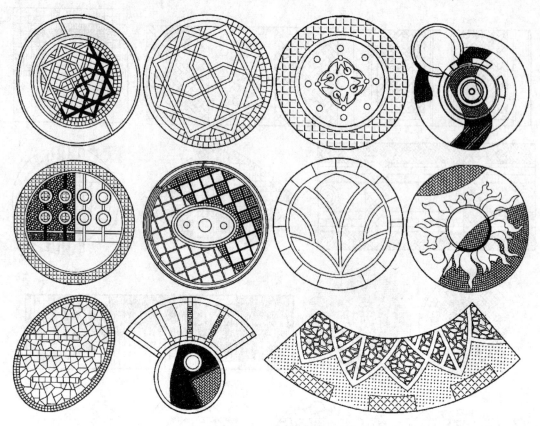

图 6 - 54　铺装样式（续）

第七节　停车场与回车场设计

随着城市交通不断发展，游览公园和风景区需要停泊车辆的情况也会越来越多；在城市中心广场及机关单位的绿化庭院中，有时也需要设置停车场和回车场。典型的停车场如图 6 - 55 所示。

一、停车场的要求

1. 停车场位置

停车场的位置一般设在园林大门以外，尽可能布置在大门的同一侧。大门对面有足够面积时，停车场可酌情安排在对面。少数特殊情况下，大门以内也可划出一片地面作停车场。在机关单位内部没有足够土地用作停车场时，也可扩宽一些庭院路面，利用路边扩宽区域作为小型的停车场。面临城市主干道的园林停车场应尽可能离街道交叉口远些，以免导致交叉口处的交通混乱。停车场出入口与公园大门原则上都要分开设置。停车场出入口不宜太宽，一般设计为 7～10m。

2. 停车场与周围环境

园林停车场在空间关系上应与公园、风景区内部空间相互隔离，要尽可能减少对园林内部环境的不利影响，因此，一般都应在停车场周围设置高围墙或隔离绿带。停车场内设施要

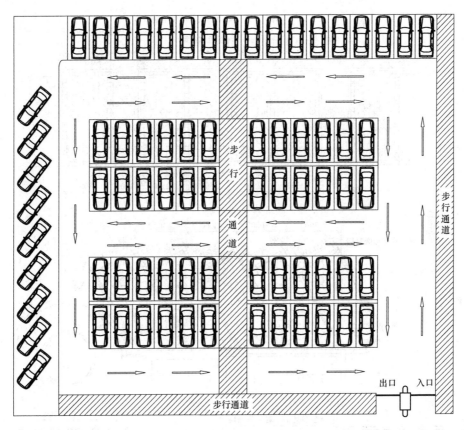

图 6 - 55　典型停车场平面图

简单，要确保车辆来往和停放通畅无阻。

3. 停车场与车辆通行

停车场内车辆的通行路线及倒车、回车路线必须合理安排。车辆采用单方向行驶，要尽可能取消出入口处出场车辆的向左转弯。对车辆的行进和停放要设置明确的标识加以指引。地面可绘上不同颜色的线条，来指示通道、划分车位和标明停车区段。不同大小长短的车型最好能划分区域，按类停放，如分为大型车区、中型车区和小型微型车区等。

4. 铺装要求

根据不同的园林环境和停车需要，停车场地面可以采用不同的铺装形式。城市广场、公园、机关单位的停车场一般采用水泥混凝土整体现浇铺装，也常采用预制混凝土砌块铺装或混凝土砌块嵌草铺装；其铺装等级应当高一点，场地应更加注意美观整洁。风景名胜区的停车场则可视具体条件，以采用沥青混凝土和泥结碎石铺装为主；如果条件许可，也可采用水泥混凝土或预制砌块来铺装地面。为确保场地地面结构的稳定，地面基层的设计厚度和强度都要适当增加。为了地面防滑的需要，场地地面纵坡在平原地区不应大于 0.5%，在山区、丘陵区不应大于 0.8%。从排水通畅方面考虑，地面也必须要有不小于 0.2% 的排水坡度。

二、停车场的铺装样式

停车场的铺装样式如图 6 - 56 所示。

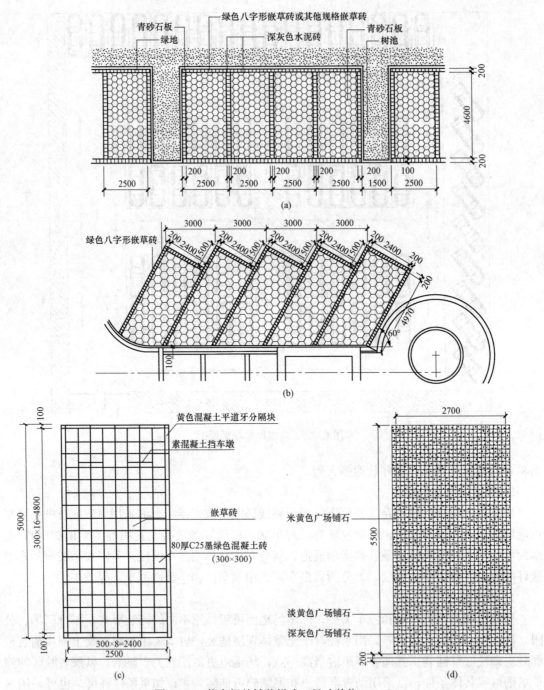

图 6-56　停车场的铺装样式（尺寸单位：mm）

三、车辆的停放方式

停车方式对停车场的车辆停放量和用地面积都有影响，车辆沿着停车场中心线、边线或道路边线停放时有三种停放方式。

1. 平行停车

停车方向与场地边线或道路中心线平行。采用这种停车方式的每一列汽车所占的地面宽度最小，如图 6-57 所示。因此，这是适宜路边停车场的一种方式。但是，为了车辆队列后面的车能够驶离，前后两车间的净距要求较大，因此在一定长度的停车道上，这种方式所能停放的车辆数比用其他方式少 1/2～2/3。

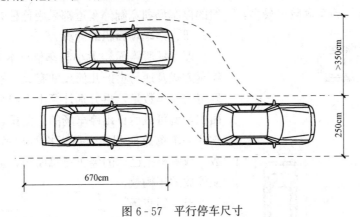

图 6-57 平行停车尺寸

2. 斜角停车

停车方向与场地边线或道路边线成斜角，车辆的停放和驶离都最为方便。这种方式适宜停车时间较短、车辆随来随走的临时性停车道。由于占用地面较多，用地不经济，车辆停放量也不多，混合车种停放也不整齐。因此，这种停车方式一般应用较少，斜角停车方式如图 6-58 所示。

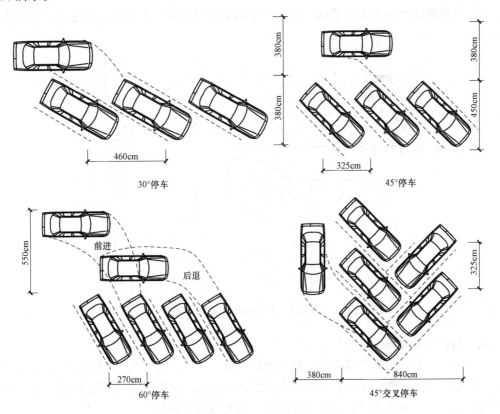

图 6-58 斜角停车尺寸

3. 垂直停车

车辆垂直于场地边线或道路中心线停放，每一列汽车所占地面较宽，可达9～12m，并且车辆进出停车位均需一次倒车，如图6-59所示。但在这种停车方式下，车辆排列密集，用地紧凑，所停放的车辆数也最多，一般的停车场和宽阔停车道都采用这种方式停车。

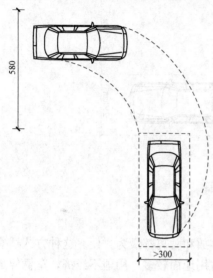

图6-59　垂直停车尺寸（单位：cm）

四、停车场面积的计算

停车场所需面积大小与车辆停放数、车型类别、停车方式及通行道的几何尺寸有关。根据园林规划所确定的停车数量，再分别计算出不同车型的单位停车面积，就可最后算出停车场的总面积。或者，根据已知的停车场总面积，也可以推算出所能停放的车辆数。或者根据已知的停车场总面积，也可以推算出所能停放的车辆数。

五、回车场

在风景名胜区、城市公共园林、机关单位绿地和居住区绿地中，当道路为尽端式时，为便于汽车进退、转弯和调头，需要在该道路的端头或接近端头处设置回车场地。如果道路尽端是路口或是建筑物，那就最好利用路口或利用建筑前面预留场地加以扩宽，兼作回车场用。如果是断头道路，则要单独设置回车场。回车场的用地面积一般不小于12m×12m，回车路线和回车方式不同，其回车场的最小用地面积也会有一些差别，如图6-60所示。

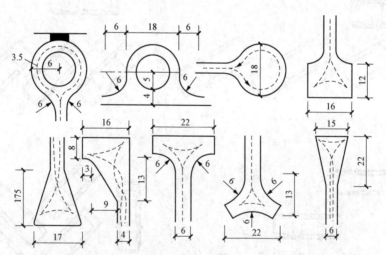

图6-60　回车场形状平面尺寸图（尺寸单位：m）

六、自行车停车场

城市公共园林的自行车停车场一般设置在露地；工厂、机关单位和居住小区的自行车停车场则多数要加盖雨棚。由于自行车单车占地面积较小，故停车场的设置比较灵活，对场地的形状、面积大小要求不高，完全可以利用一些边角地带来布置。

1. 自行车的停放与排列方式

自行车的停放与排列方式有前轮相对错开排列、竖向错开车把排列、成60°角斜放、车身竖放车把30°斜放，如图6-61所示。包括进出存车、取车的通道面积在内，每辆自行车的平均占地面积可按1.4~1.8m²计算。目前，自行车停车场多是自行车与摩托车混合停放，并且许多自行车的车把前都装有购物篮筐，在计算单位停车面积时应该取较大值。

图6-61　自行车的停放位置平面图
(a) 相对错开；(b) 竖向错开；(c) 60°斜放；(d) 车身竖放车把30°斜放

2. 自行车房的布置

按规划预定的停车数量确定自行车停放方式，计算出停车房所需用地面积。然后确定自行车排列行数，在每两行间设存取车通道。每条通道宽可按1m计，每行自行车宽按1.8m计。这样，停放单排车加一条通道的自行车房可设计为宽3m；停放两排车加一条通道的宽为4.8~5.0m；四排车加两条通道的宽度可达9.3~10.0m。

七、停车场的绿化

机动车逐渐增加，对于停车场的设立及绿化要求很迫切。停车场分成三种形式，即多层停车场、地下停车场和地面停车场。目前我国地面式较多，又可分为以下三种形式：

(1) 周边式绿化的停车场。

四周植落叶及常绿乔木、花灌木、草地、绿篱或围成栏杆，场内全部为铺装，近年来多采用草坪砖作铺装。四周规划有出入口，一般为中型停车场。

(2) 树木式绿化的停车场。

一般为圈套型的停车场，场内有成排成行的落叶乔木，场地可采用草坪砖铺装。这种形式有较好的遮阳效果，车辆和人均可停留，创造了停车休息的好环境。

(3) 建筑前绿化兼停车场。

建筑入口前的美化可以增加街景变化，衬托建筑的艺术效果。建筑前的绿化布置较灵活，景观比较丰富，多结合基础栽植、前庭绿化和部分行道树设计，可以布置成利于休息的场地。要能对车辆起到一定的遮阳和隐蔽作用，以防止因车辆组织不好使建筑正面显得比较凌乱，一般采用乔木和绿篱或灌木结合布置。

第七章 园林建筑设计

第一节 园林建筑概述

一、园林建筑设计的要素

园林的基本构成要素有山、水、建筑和植物。其中，山和水是园林的地貌基础，建筑指园林中除了山水之外的人工构筑物，包括屋宇、建筑小品和各种工程设施，植物则构成园林建筑与环境的良好过渡。

园林中供人游览、观赏、休憩并构成景观的建筑物或构筑物统称为园林建筑设计的对象。这些建筑物和构筑物不同于其他园林要素的最大特点是其人工成分多，由此可见，园林建筑是园林诸要素中最灵活、最积极的，其体型、色彩、比例、尺度都可以极大地满足园林营造的需要。当然，园林建筑的外观和平面功能布局除了要满足特定的功能外，还受到景观的制约，两者相辅相成、相互制约。园林建筑如图 7-1、图 7-2 所示。

图 7-1 园林建筑 1

图 7-2 园林建筑 2

二、园林建筑设计的现状与发展趋势

1. 园林建筑设计的现状

当代各种学科都在飞速发展，建筑设计尤其是园林建筑设计，同样面临着严峻的考验。很多因素直接导致园林建筑设计出现以下问题：

（1）建筑中人工造景过多，喧宾夺主。

（2）建筑尺度不当，或与周围景观不协调。

（3）同化现象严重，设计缺乏个性与特点。

（4）管理和维护不足，配套设施不完善，缺少对人们活动内容的支持。

（5）对儿童和残疾人等特殊人群的考虑不够，与园林建筑设计的无障碍化标准相距甚远。

2. 园林建筑发展趋势

设计的范围和内涵不断扩大，建筑材料多样化，设计风格地方化，设计的人性化，设计的可持续发展。

第二节 景 亭 设 计

一、景亭的类型

1. 传统亭

我国历史悠久、地域广袤，不同时期、不同地区具有各自独特的建筑技术传统，致使亭榭构造形成了较大的差异。一般来说，北方的造型粗壮、风格雄浑，而南方的体量小巧、形象俊秀。现在最为常见的是北方园林的清式亭榭和以江南园林为代表的苏式亭榭。

传统亭榭的平面有方形、圆形、长方、六角、八角、三角、梅花、海棠、扇面、圭角、方胜、套方、十字等诸多形式；屋顶亦有单檐、重檐、攒尖、歇山、十字脊、"天方地圆"等样式。其中方形、圆形、长方、六角、八角为最常用的基本平面形式，其余都是在这些基础上经过变形与组合而成的。亭顶除攒尖以外，歇山顶也相当普遍。传统亭如图7-3所示。

(a)　　　　　　　　　　　　　　(b)

(c)　　　　　　　　　　　　　　(d)

图 7-3　传统亭

(a) 四角亭；(b) 六角亭；(c) 八角亭；(d) 圆形亭

(e)　　　　　　　　　　　　　　　　　(f)

图 7-3　传统亭（续）

(e) 重檐屋顶亭；(f) 卷棚歇山屋顶亭

2. 现代亭

随着现代建筑的发展，近来出现了许多新型的结构形式。现代亭也有使用网架结构、板式结构、悬挑结构等，但是使用最多的是钢筋混凝土建造的板式亭榭、蘑菇亭榭等。相对而言，亭榭因体量不大，其平面大多较为简单，一般以圆形、方形为多，但由于采用了新型结构，也有其他较为复杂的平面，造型也变化多端。现代亭如图 7-4 所示。

图 7-4　现代亭

图 7 - 4　现代亭（续）

二、亭的布局形式

（1）山地设亭。山上建亭通常选择山巅、山脊等视线较开阔的地方。根据观景和构景的需要，山上建亭可起到控制景区范围和协调山势轮廓的作用。

（2）临水建亭。水面是构成丰富多变的风景画面的重要因素，在水边设亭，一为观赏水面景色，二为丰富水景效果。水面设亭，一般尽量贴近水面，突出三面或四面环水的环境。在体量上应根据水面大小确定，小水面宜小，作配景宜小；大水面宜大，作主景宜大，甚至可以以亭组出现，以强调景观。水面亭也可设在桥上，与桥身协调构景。

（3）平地建亭。平地建亭，或设于路口，或设于花间、林下，或设于主体建筑的一侧，也可设于主要景区途中作一种标志和点缀，只要亭在造型、材料、色彩等方面与周围环境相协调，就可创造出优美的景色。

不同类型的亭的特点见表 7 - 1 所示。

表 7 - 1　　　　　　　　　　　　　　亭的形式和特点

名称	特点
山亭	设置在山顶和人造假山石上，多属于标志性
靠山半亭	靠山体、假山建造，显露半个亭身，多用于中式园林
靠墙半亭	靠墙体建造，显露半个亭身，多用于中式园林
桥亭	建在桥中部或桥头，具有遮风避雨和观赏功能
廊亭	与廊连接的亭，形成连续景观的节点
群亭	由多个亭有机组成，具有一定的体量和韵律
纪念亭	具有特定意义和誉名
凉亭	以木制、竹制或其他轻质材料建造。多用于盘结悬垂类蔓生植物，亦常作为外部空间通道使用

三、景亭的位置选择及设计要求

1. 景亭的位置选择

园亭选择要考虑：亭是供人休憩的，要能遮阳避雨，要便于观赏风景；亭建成后，又成为园林风景的重要组成部分，所以亭的设计要和周围环境相协调，并且往往起到画龙点睛的作用。

2. 景亭的设计要求

（1）亭的造型。亭的造型主要取决于其平面形状、平面组合及屋顶形式等。要因地制宜，并从经济和施工角度考虑其结构；要根据民族的风俗、爱好及周围的环境来确定其色彩。

(2) 亭的体量。亭的体量不论平面、立面都不宜过大过高，要因地制宜，根据造景的需要而定，一般应小巧而集中。亭的直径一般为 3~5m，根据具体情况来确定，亭的面阔用 L 来表示，如图 7-5 所示。

柱高=$0.8L$~$0.9L$；

柱径=7/100L；

台基高/住高=1/10~1/4。

(3) 亭的比例。古典亭的亭顶、柱高、开间三者在比例上有密切关系，比例是否恰当，对亭的造型影响很大。

四角亭，柱高：开间=0.8：1；

六角亭，柱高：开间=1.5：1；

八角亭，柱高：开间=1.6：1。

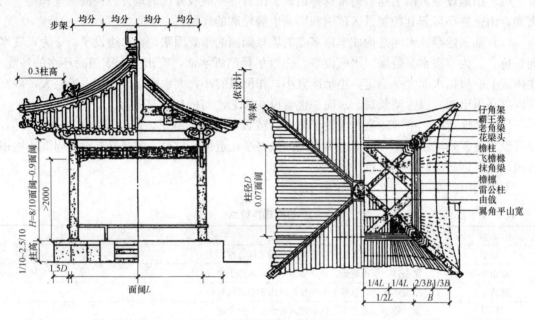

图 7-5　传统亭的比例关系图

(4) 亭的色彩。在色彩上，要根据环境、风俗、地方特色、气候、爱好等来确定。南方多以灰蓝色、深褐色等素雅的色彩为主，给人以清爽、轻盈的感觉；北方则多以红色、绿色、黄色等艳丽的色彩为主，以显示富丽堂皇的皇家风范。

四、景亭的构造

景亭一般由亭顶、亭柱（亭身）和台基（亭基）3 部分组成。景亭的体量宁小勿大，形制也应较细巧，以竹、木、石、砖瓦等地方性传统材料均可修建。当今更多采用钢筋混凝土或兼以轻钢、玻璃钢、铝合金、镜面玻璃、充气塑料等新材料组建而成。

(1) 亭顶。亭的顶部梁架可用木材制成，也可用钢筋混凝土或金属钢架等。亭顶一般分为平顶和尖顶 2 类。形状有方形、圆形、多角形、十字形、仿生形和不规则形等。顶盖的材料则可用瓦片、稻草、茅草、木板、树皮、树叶、竹片、柏油纸、石棉瓦、薄钢板、铝合金板、塑胶板等。

（2）亭柱和亭身。亭柱的构造因材料而异。制作亭柱的材料有钢筋混凝土、石料、砖、木材、树干、竹竿等。亭一般无墙壁，故亭柱在支撑顶部重量及美观要求上都非常重要。亭身大多开敞通透，置身其间有良好的视野，以便于眺望、观赏。柱间下部常设半墙、坐凳或鹅颈椅，供游人坐憩。柱的形式有方柱（长方柱、海棠柱、下方柱等）、圆柱、多角柱、梅花柱、瓜楞柱、包镶柱、多段合柱、拼贴棱柱、花篮悬柱等。柱的色泽各有不同，可在其表面上绘成或雕成各种花纹以增加美观。

（3）台基。台基（亭基）多以混凝土为材料，如果地上部分的负荷较重，则需加钢筋、地梁；如果地上部分负荷较轻，如用竹柱、木柱盖以稻草的亭，则只需在亭柱部分掘穴以混凝土作基础即可。

五、景亭示例

1. 钢筋混凝土预制装配仿古亭

钢筋混凝土预制装配仿古亭，如图 7-6 所示，亭顶采用了钢丝网代替木模板的做法，不使用起重设备，节约了大量木材和人工，增加了亭顶的强度。

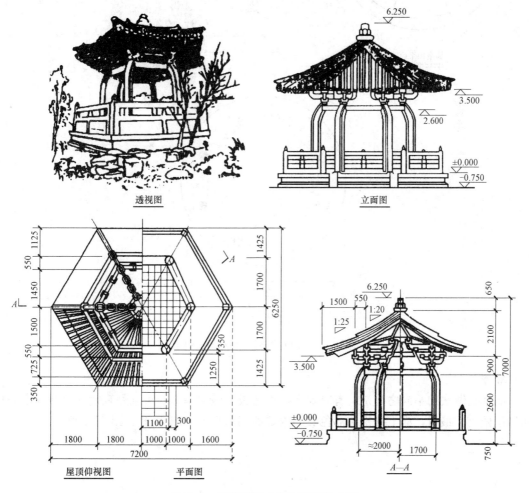

图 7-6　钢筋混凝土预制装配仿古亭

（尺寸单位：mm，标高单位：m）

2. 欧式亭

欧式亭一般是用在欧式风格的景区内，多为钢筋混凝土仿石做法。某欧式亭的结构及做法示例，如图7-7所示。

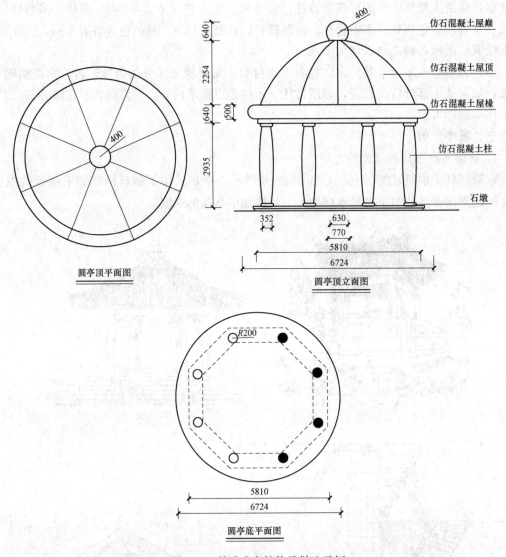

仿石混凝土屋巅
仿石混凝土屋顶
仿石混凝土屋椽
仿石混凝土柱
石墩

圆亭顶平面图

圆亭顶立面图

圆亭底平面图

图7-7　某欧式亭结构及做法示例

3. 蘑菇亭

蘑菇亭做法的不同之处是：有时要在亭顶底板下做出菌脉，可利用轻钢构架外加水泥抹面仿生做成。最后，涂上鲜艳美丽色彩的丙烯酸酯涂料，如图7-8和图7-9所示。

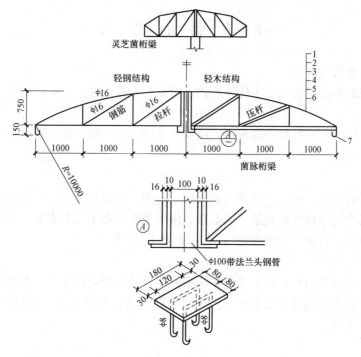

图 7-8 蘑菇亭及其菌脉顶板构造

1—用丙烯酸酯涂料的蘑菇亭；2—厚 15cm 钢板网一层，批灰 1：2 水泥浆；3—壳边加强筋；
4—辐射筋（含垂勾筋）；5—环筋；6—菌脉桁架；7—弧形通长辐射式垂勾筋

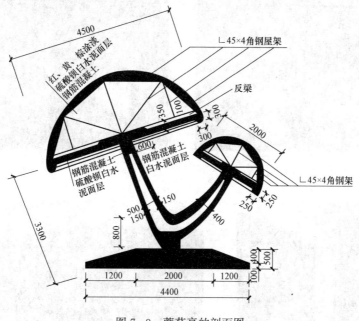

图 7-9 蘑菇亭的剖面图

第三节 廊 的 设 计

一、廊的类型与形式

园林公园绿地中使用的廊多为传统形式，但也有多种变化。常见廊的类型和特点如下。

1. 半廊

半廊最为常见的是一种靠墙的游廊，屋面为单坡，它一面紧贴墙垣，另一面则向园景敞开，如图 7-10 所示。

2. 空廊

空廊是指无墙的廊，屋面为两坡。它蜿蜒于园中，将园林空间一分为二，不仅丰富了园景层次，人行其中还可以两面观景。用空廊分隔水池时，廊子低临水面，两面可观水景，人行其上，水流其下，有如"浮廊可渡"。空廊如图 7-11 所示。

3. 复廊

若将两条半廊合二为一，或将空廊中间沿脊檩砌筑隔墙，墙上开设漏窗，则称"复廊"。复廊两侧往往分属不同的院落或景区，但园景彼此穿透，若隐若现，从而产生无尽的情趣。复廊如图 7-12 所示。

4. 爬山廊

廊随地势起伏，有时可直通二层楼阁，这种廊常被称作"爬山廊"。爬山廊可以是半廊，也可以是空廊。爬山廊如图 7-13 所示。

图 7-10 半廊

图 7-11 空廊

图 7-12 复廊

图 7-13 爬山廊

二、廊的设计要求

1. 平面设计

根据位置和造景的需要，廊的平面可设计成直廊、弧形廊、曲廊、回廊及圆形廊等，如图 7-14 所示。

2. 立面设计

廊的顶面基本形式有悬山、歇山、平顶、折板顶、十字顶、伞状顶等。

做法上应注意：廊、亭结合以丰富立面造型，扩大平面上重点地方的使用面积，注意建筑组合的完整性与主要观赏面的透视景观效果，使廊、亭风格统一。应多选用开敞式的造型，以轻巧为主。廊柱之间可设 0.5～0.8m 高的矮墙，上面覆硬质材料，或采用水磨石椅面和美人靠背，供人休息，如图 7-15 所示。

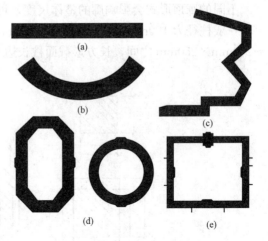

图 7-14　廊的平面形式
(a) 直廊；(b) 弧形廊；(c) 曲廊；
(d) 回廊；(e) 抄手廊

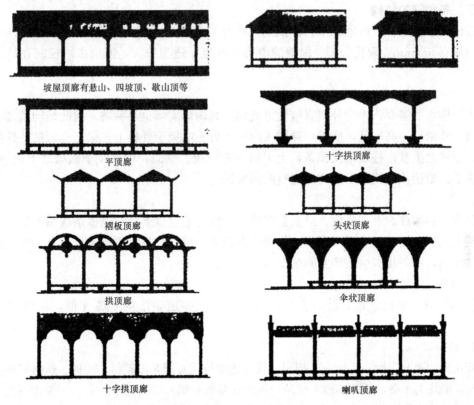

图 7-15　廊的立面形式

3. 体量尺度

开间不宜过大，宜在 3m 左右，柱距 3m 左右，一般横向净宽在 1.2～1.5m，现在一些廊宽常在 2.5～3.0m 之间，以适应游客人流增长后的需要。檐口底皮高度在 2.4～2.8m 之间。

不同的廊顶形式会影响廊的整体尺度，可根据不同情况选择，平顶、坡顶、卷棚均可。

一般柱径为150mm，柱高为2.5～2.8m，柱距3m，方柱截面控制在150mm×150mm～250mm×250mm之间，长方形截面柱长边不大于300mm，如图7-16所示。

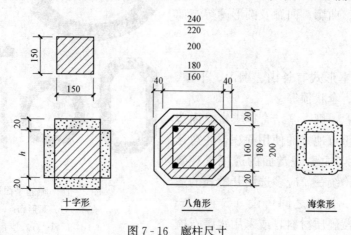

图7-16　廊柱尺寸

三、各种廊的结构

古代的私家园林，占地及亭台楼阁的尺度相应比较小，游廊进深一般仅为1.1m左右，最窄的只有950mm。现代公园、绿地的游廊尺度也要适当放大，但也必须控制在适当的范围内。

1. 半廊

由于排水的需要，半廊外观靠墙做单坡顶，其内部实际也是两坡，因此结构稍微复杂一点。内、外两柱一高一低，横梁一端插入内柱，另一端架于外柱上，梁上立短柱。外侧横梁端部、短柱之上及内柱顶端架檩条，上架椽，覆望板、屋面。内柱位于横梁之上边一檩条，上架椽子、覆望板，使之形成内部完整的两坡顶。

2. 空廊

仅为左右两柱，上架横梁，梁上立短柱，短柱之上及横梁两端架檩条联系两榀梁架，最后檩条上架椽，覆望板、屋面即可。如果进深较宽，檐口较高，则梁下可以支斜撑。这既有加固的作用，同时也有装饰廊空间的作用。

3. 复廊

复廊较宽，中柱落地，前后中柱间砌墙，两侧廊道做法同半廊相似，也可以同空廊相似。

4. 爬山廊

爬山廊构造与半廊、空廊完全相同，只是地面与屋面同时做倾斜、转折。跌落式爬山廊的地面与屋面均为水平，低的廊段上檩条一端插在高的一端廊段的柱上，另一端架于柱上，由此形成层层跌落之形。与前空廊、半廊和复廊游廊稍有不同的是，架于柱上的檩条要伸出柱头，使之形成类似悬山的屋顶，为避免檩头遭雨淋而损坏，对伸出部分还需用搏风板封护。

5. 复道廊

复道廊分上、下两层，立柱大多上下贯通，少数上下分开。上层结构与空廊或半廊相同，上层柱高仅为下层的0.8倍。

四、廊的示例

廊的示例如图 7-17 所示钢结构圆弧廊的实例设计——平立面图。

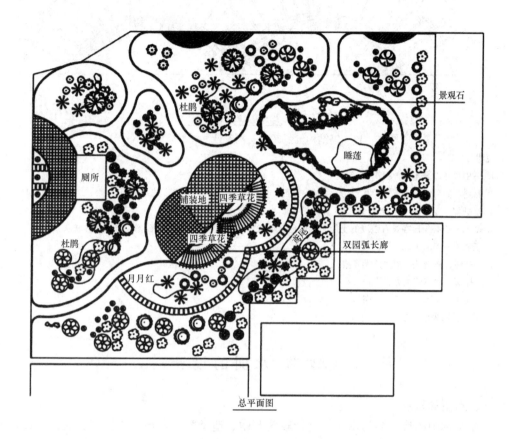

景观石

杜鹃

睡莲

厕所

铺装地   四季草花

四季草花

双园弧长廊

杜鹃

月月红

总平面图

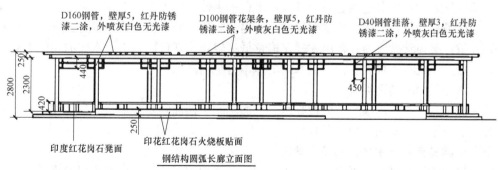

D160钢管，壁厚5，红丹防锈漆二涂，外喷灰白色无光漆

D100钢管花架条，壁厚5，红丹防锈漆二涂，外喷灰白色无光漆

D40钢管挂落，壁厚3，红丹防锈漆二涂，外喷灰白色无光漆

印度红花岗石凳面

印花红花岗石火烧板贴面

钢结构圆弧长廊立面图

图 7-17   钢结构圆弧廊的实例设计——平立面图

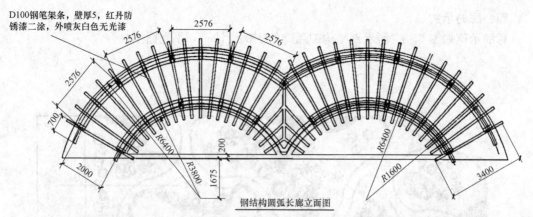

钢结构圆弧长廊立面图

图7-17   钢结构圆弧廊的实例设计——平立面图（续）

说明：

1. 图中尺寸以毫米计，标高以米计。

2. 材料：垫层混凝土 C10，其余均为 C20，钢筋"φ"表示 I 级钢，"Φ"表示 II 级钢。

3. 基础保护层厚 35，其余均为 25。

4. 基础底面必须落在具有强度的土层上，即地基承载力标准值大于 80kPa、否则应与设计者联系。

5. 长廊外观色彩要求：

(1) 廊柱、横梁——灰白色无光漆；

(2) 挂落——普蓝色无光漆；

(3) 凳面、凳脚——红色花岗岩。

6. 整个长廊采用焊接方式进行固定。

第四节   水榭的设计

一、水榭的特点

榭在园林中的形式多为水榭，立面较为开敞、造型简洁，与环境协调。现存古典园林中的水榭基本形式为：在水边架起一个平台，平台一半伸入水中，一半架于岸边，平台四周以低平的栏杆围绕，平台上建一个木构架的单体建筑，建筑的平面形式通常为长方形，临水一面特别开敞，屋顶常做成卷棚歇山式样，檐角低平轻巧。现代园林中，水榭的功能上有了更多内容，形式上也有了很大变化，但水榭的基本特征仍然保留着。

二、水榭平台的构造类型

从平面上看，有一面临水、两面临水、三面临水、四面临水等形式。从剖面上看，有实心平台、悬空平台、挑出平台等形式。

三、中国古典园林中水榭的传统做法

在水边架起一个平台，平台一半深入水中，一半架于岸边，平台四周以低平的；栏杆相围绕，然后在平台上建起一个木构的单体建筑物。建筑的平面形式通常为长方形，其临水一侧特别开敞，有时建筑物的四周都立着落地门窗，显得空透、畅达，屋顶常用卷棚歇山式样，檐角地平轻巧；檐下玲珑的挂落、柱间微曲的鹅项靠椅和各式门窗栏杆等，常为精美的木作工艺，既朴实自然，又简洁大方。

四、水榭与水面、池岸的关系

(1) 尽可能突出水面。

（2）强调水平线条，与水体协调。

（3）尽可能贴近水面。

五、水榭与园林整体空间的关系

水榭与园林整体空间的关系处理是水榭设计的重要方面，水榭与园林整体空间的关系主要体现在水榭的体量大小、外观造型上与环境的协调，进一步分析还可体现在水榭装饰装修、色彩运用等方面与环境的协调。水榭在造型、体量上应与所处环境协调统一。水榭与园林整体空间的关系如图 7 - 18 所示。

(a)   (b)

图 7 - 18 水榭与园林整体空间的关系

(a) 体量适宜；(b) 造型适宜

第五节 花架的设计

一、花架的类型

1. 按结构形式分

包括单柱花架和双柱花架。单柱花架，即在花架的中央布置柱，在柱的周围或两柱间设置休息椅凳，供游人休息、赏景、聊天。双柱花架又称两面柱花架，即在花架的两边用柱来支撑，并且布置休息椅凳，游人可在花架内漫步游览，也可坐在其间休息。

2. 按施工材料分

一般有竹制花架、木制花架、仿竹仿木花架、混凝土花架、砖石花架和钢质花架等。竹制、木制与仿竹木花架整体比较轻，适于屋顶花园选用，也可用于营造自然灵活、生活气息浓郁的园林小景。钢质花架富有时代感，且空间感强，适于与现代建筑搭配，在某些规划水景观景平台上采用效果也很好。混凝土花架寿命长，且能有多种色彩，样式丰富，可用于多种设计环境。

3. 按平面形式分

将花架组合可以构成丰富的平面形式。多数花架为直线形，对其进行组合，就能形成三边、四边乃至多边形。也有将平面设计成弧形，由此可以组合成圆形、扇形、曲线形等。花架的平面形式，如图 7 - 19 所示。

4. 根据垂直支撑形式分

花架的垂直支撑形式，如图 7 - 20 所示。最常见的是立柱式，它可分为独立的方柱、长方、小八角、海棠截面柱等。可由复柱替代独立柱，又有平行柱、V 形柱等以增添艺术效果。也有采用花墙式花架，其墙体可用清水花墙、天然红石板墙、水刷石或白墙等。

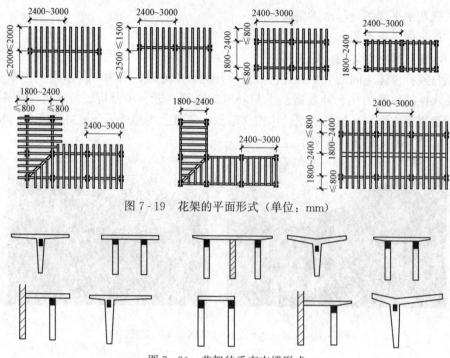

图 7-19　花架的平面形式（单位：mm）

图 7-20　花架的垂直支撑形式

二、常用的花架材料

1. 自然材料

我国《工段营造录》中有记载："架以见方计工。料用杉槁、杨柳木条、黑竹竿、黄竹竿、荆笆、箬竹片、花竹片。"上述材料现已不易见到，但为追求某种意境、造型，可用钢管绑扎外粉或混凝土仿做上述自然材料。近来也流行经处理木材做材料，以求真实、亲切。

2. 混凝土材料

是最常见的材料，基础、柱、梁皆可按设计要求，但花架板量多而距近，且受木构件断面影响，宜用光模、高标号混凝土一次捣制成型，以求轻巧挺薄。

3. 金属材料

常用于独立的花柱、花瓶等。造型活泼、通透、多变、现代、美观，但需要经常养护油漆，且阳光直晒下温度较高。

4. 玻璃钢、CRC 等

常用于花钵、花盆。

三、花架的构造与支柱

不管哪种花架，先要立柱，而且所有的支柱必须十分坚挺，为了承受苗壮成长的攀缘植物的重量和强劲的风，支柱子一般用混凝土作基础，以锚铁结合各部分。

1. 花架宽高

花架为平顶或拱门形，宽度 2～5m，高度则视宽度而定，高与宽之比为 5：4。柱子的距离一般在 2.5～3.5m。

2. 柱子材料

一般分为木柱、铁柱、砖柱、石柱、水泥柱等。柱子一般用混凝土作基础，以锚铁结合各部分。如直接将木柱埋入土中，应将埋入部分用柏油涂抹防腐。柱子顶端架着枋条，其材料一般为木条，亦有用竹竿、铁条的。

（1）木柱。木质支撑物，必须由坚固的木料制成。硬木，例如橡木最好，但软木也可以运用，只要它们经过有效的防腐处理。木焦油对植物有害，不适合使用。每根柱子的基部必须插入地表至少 60cm，并用水泥浇灌。如图 7-21 所示。

（2）砖石柱。砖石支撑必须有地基，用来提供特别的力量，建地基时在柱子的中央插入一根钢条是有建设性的意见。密封石制或砖制结构可防止水进入洞中，如图 7-22 所示。

另外，镀锌的支架也是十分理想的。

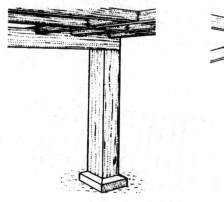

図 7-21　木柱支撑　　　　　　　　図 7-22　砖柱支撑

四、花架设计示例

1. 某欧式花架总平面图、V—V 剖面图、纵横立面图

某欧式花架总平面图、V—V 剖面图、纵横立面图如图 7-23 所示。

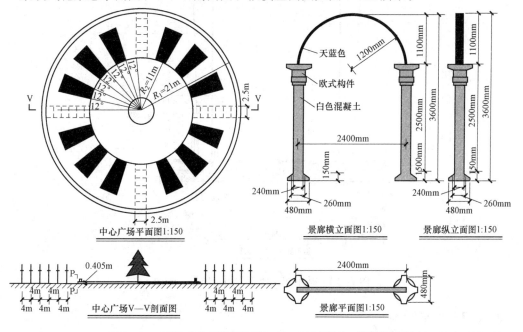

図 7-23　某欧式花架总平面图、V—V 剖面图、纵横立面图

2.某中式花架

某中式花架結構圖如圖 7 - 24 所示。

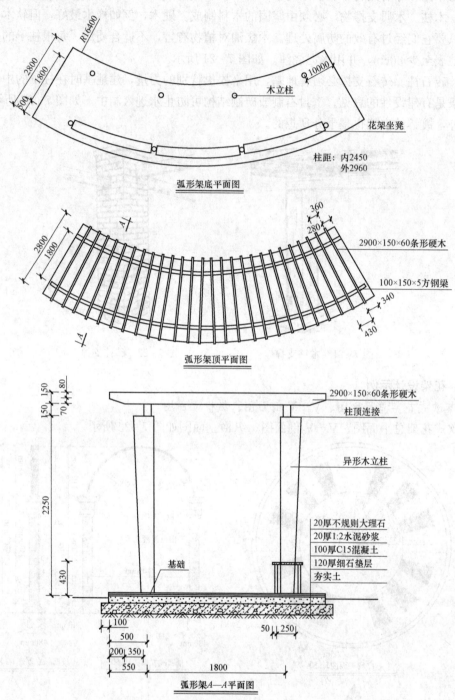

弧形架底平面圖

柱距：內2450
　　　外2960

弧形架頂平面圖

弧形架A—A平面圖

圖 7 - 24　某中式花架結構圖（單位：mm）

3.某現代式花架

某現代式花架結構圖如圖 7 - 25 所示。

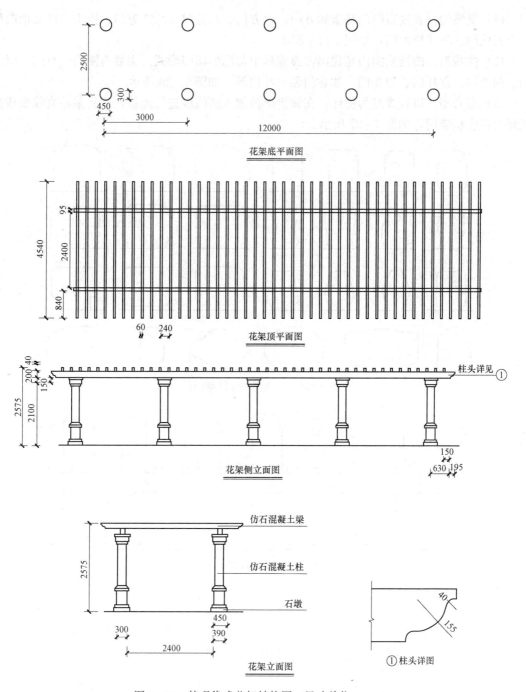

图 7 - 25 某现代式花架结构图（尺寸单位：mm）

第六节 园 门 设 计

一、园门的类型
园门的形式大体上可分为直线型、曲线型和混合型三种类型。

　　(1) 直线型。直线型园门是指如方门、六方门、八方门、长八方门、执圭门以及把曲线门程式化的各种式样的门，如图 7 - 26 所示。

　　(2) 曲线型。曲线型园门是我国古典园林中常用的园门形式。主要有圈门、月门、汉瓶门、葫芦门、创环门、梅花门、如意门和贝叶门等，如图 7 - 26 所示。

　　(3) 混合型。以直线型为主体，在转折部位加入曲线段进行连接，或将某些直线变成曲线即为混合型园门，如图 7 - 27 所示。

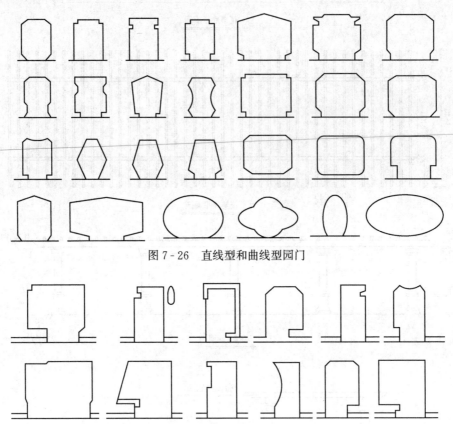

图 7 - 26　直线型和曲线型园门

图 7 - 27　混合型园门

二、园门的建筑形式

1. 柱墩式大门

　　柱墩由古代石阙演化而来，在现代大门中广为运用。一般作对称布置，设 2～4 个柱墩，分出大小出入口，在柱墩外缘连接售票室或围墙，如图 7 - 28 所示。

图 7 - 28　柱墩式大门

2. 牌楼与牌坊门

是我国古代建筑上很重要的一种门。在牌坊上安门扇即成牌坊门，牌坊一般有两个类型，即牌坊与牌楼。其区别是在牌坊两根冲天柱上加横梁（或额枋），在横梁上作斗拱屋椎起楼，即成牌楼。因可用冲天柱或不用冲天柱，因此有冲天牌楼和非冲天牌楼之分。

牌坊门有一、三、五间之别，三间最为常见，牌楼起楼有二层或三数层的。牌楼式大门，如图 7-29 所示。

3. 屋宇门

是我国传统大门建筑形式之一。门有进深，如二架、三架、四架、五架、七架等，其平面布置是，在前面柱安双扇大门，后檐柱安四扇屏门，左右两侧有折门，平日出入由折门转入院庭，门面一般为一间，官宦人家可用三间、五间。屋宇门如图 7-30 所示。

图 7-29　牌楼式大门

图 7-30　屋宇门

4. 门廊式

门廊式是由屋宇门演变而来，一般屋顶多为平顶、拱顶、折顶，也有采用悬索等新结构。门廊式造型轻巧、活泼，可用对称或不对称构图。门廊式如图 7-31 所示。

图 7-31　门廊式

5. 墙门式

是我国住宅、园林中常用的门之一。常在院落隔墙上开随便小门，很灵活、简洁，也可用作园林住宅的出入口大门。在高墙上开门洞，再安装上两扇屏门很素雅，门后常有半屋顶屋盖雨罩以作过渡。墙门式如图 7-32 所示。

6. 门楼式

门楼式是二层或三层屋宇式建筑，底层开洞口作为园林入口，上层可以观景远眺。门楼式如图 7 - 33 所示。

图 7 - 32　墙门式

图 7 - 33　门楼式

7. 其他形式大门

近年来由于园区类型的增多，建筑造型随之丰富，各种形式的大门层出不穷，最常见的花架门也广泛运用在园区中。

公园大门常用各种高低的墙体、柱墩、花盆、亭、花格组合成各具特色的大门；儿童公园则常用动物造型，各类雕塑作为大门标志。由于造型新颖，用材料得体，色彩明快，结构简单，很受群众欢迎。

三、园门的位置选择

（1）公园大门的位置首先应考虑公园总体规划、按各景区的布局、游览路线及景点的要求等来确定公园大门的位置。

（2）根据城市的规划要求，要与城市道路取得良好关系，要有方便的交通，应考虑公共汽车路线与站点的位置，以及主要人流量的来往方向。

（3）公园大门位置应考虑周围环境的情况。如附近主要居民区及街道的位置，附近是否有学校以及公共活动场所等，都直接影响公园大门的位置确定。

四、园门设计示例

大门以不对称形式构图，布局简洁，立面突出竖向标塔，加强横竖向的对比效果，造型别致，具园林特色。南宁人民公园大门如图 7 - 34 所示。

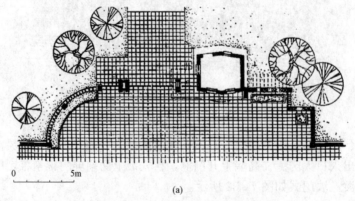

0　　　　5m

(a)

图 7 - 34　南宁人民公园大门

(a) 大门平面图

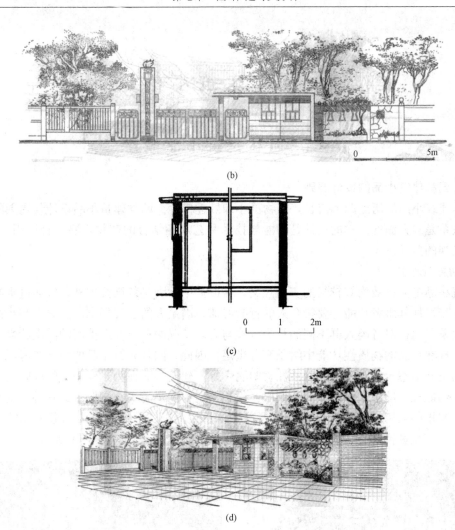

(b)

(c)

(d)

图 7 - 34　南宁人民公园大门（续）

（b）大门立面图；（c）大门剖面图；（d）入口透视图

第八章 园林建筑小品设计

第一节 园林建筑小品概述

一、园林建筑小品的设计原则

园林建筑小品的历史源远流长,景物虽小却妙趣横生。园林建筑小品设计与周围的环境和人的联系是多方面的。它的设计是功能与技术和艺术相结合的产物,要符合适用、坚固、经济、美观的要求。

1. 功能性原则

建筑小品绝大多数均有较强的实用意义,在设计中除满足装饰要求外,应通过提高技术水平,逐步增加其服务功能,要符合人的行为习惯,满足人的心理要求。建立人与小品之间的和谐关系。通过对各类人群不同的行为方式与心理状况的分析及对他们的活动特性的研究调查,实现在小品的物质性功能中给予充分满足。因此,园林建筑小品的设计要考虑人类心理需求的空间形态,如私密性、舒适性、归属性等。建筑小品在为景观服务的同时,必须强调其基本功能性,即建筑小品多为公共服务设施,是为满足游人在浏览中的各种活动而产生的,像公园里的桌椅设施或凉亭可为游人提供休息、避雨、等候和交流的服务功能,而厕所、废物箱、垃圾桶等更是人们户外活动不可缺少的服务设施,如图 8-1 所示。

图 8-1　功能性代表小品

2. 师法自然

虽由人作,宛自天开是针对我国自然山水式园林而言的基本原则。我国园林追求自然,一切造园要素都尽量保持其原始自然的特色。园林建筑小品作为园林中的点睛之笔,要和自然环境很好地融合在一起。所以设计师在设计的过程中不要破坏原有的地形地貌,做到得景随形,充分利用建筑小品的灵活性、多样性以丰富园林空间。

3. 文化性原则

历史文化遗产是不可再造的资源,他代表了一个民族和城市的记忆,保存有大量的历史信息,可以为人们带来文化上的认同感和提高民族凝聚力,使人们有自豪感和归属感。中国园林区别于其他国家园林环境的一个明显特点,是在一定程度上通过表面塑造达到感受其隐含的意境为最高境界。现代园林的发展更多的是追求视觉景观性，可小品的文化内涵更能增加其观赏价值和品位，它也是构成现代城市文化特色和个性的一个重要因素。

所以，建设具有地方文化特色的建筑小品，一定要满足文化背景的认同，积极地融入地方的环境肌理，真正创造出适合本土条件的，突出本土文化特点的建筑小品，使建筑小品真正成为反映时代文化的媒介。

4. 生态性原则

人们越来越倡导生态型的城市景观建设，对公共设施中的建筑小品也越来越要求其环保、节能和生态，石材、木材和植物等材料得到了更多的使用，在设计形式、结构等方面也要求园林小品尽可能地与周边自然环境相衔接，营造与自然和谐共生的关系，体现"源于自然、归于自然"的设计理念。

所谓生态性，即是一种与自然相作用、相协调的方式。任何无机物都要与生态的延续过程协调，使其对环境的破坏影响达到最小形式。通过这些小品设计向人们展示周围环境的种种生态现象、生态作用，以及生态关系，唤起人与自然的情感联系，使观者在欣赏之余，受到启发进而反思人类对环境的破坏，唤醒人们对自然的关怀。

5. 精于体宜

比例与尺度是产生协调的重要因素，美学中的首要问题即为协调。凡是美的都是和谐的和比例合度的。在园林建筑小品的设计过程中，精巧的比例和合理的构图是园林整体效果的第一位。中国古典园林的私家园林中，精致小巧的凉亭、亭亭玉立的假山、蜿蜒曲折的九曲小桥都能形成以小见大的园林佳品；而颐和园中宽敞大气的长廊、长长的十七孔桥镶嵌在宽阔的昆明湖面上，形成整体景观，彰显了皇家园林的大气恢宏和帝王贵族至高无上权利。所以在空间大小、地势高低、近景远景等空间条件各不相同的园林环境中，园林建筑小品的设计应有相应的体量和尺度，既要达到效果又不可喧宾夺主。

6. 艺术性原则

建筑小品设计是一门艺术的设计，因为艺术中的审美形式及设计语言一直贯穿整个设计过程中，使景观设计成为艺术的设计和改善人类生存空间的设计。建筑小品设计的审美要素包括点、线、面，节奏韵律，对比协调，尺寸比例，体量关系，材料质感以及色彩等。审美要素以它们独有的特征形成对人的视觉感官产生刺激，有质量的景观的审美特征呈现于人的眼前，使人置身于某种"境界"之中。把建筑小品设计成为艺术的设计，使视觉体验和心理感受在对景观之美的审视中产生情感的愉悦，提升人们的生活品质。因此，建筑小品的设计首先应具有较高的视觉美感，必须符合美学原理。

7. 人性化原则

建筑小品的服务对象是人。人是环境中的主体，所以人的习惯、行为、性格、爱好都决定了对空间的选择。人类的行为、歇息等各种生活状态是建筑小品设计的重要参考依据。其次，建筑小品的设计要了解人的生理尺度，并由此决定建筑小品空间尺度。现代园林小品设计在满足人们实际需要的同时，追求以人为本的理念，并逐步形成人性化的设计导向，在造型、风格、体量、数量等因素上更加考虑人们的心理需求，使园林小品更加体贴、亲近和人性化，提高了公众参与的热情。如公园座椅、洗手间等公共设施设计更多考虑方便不同人群（特别是残障人士、老年人和儿童等）的使用。在紧张节奏的生活所累的今天，人性关怀的设计创作需求更为迫切。富于人性化的建筑小品能真正体现出对人的尊重与关心，这是一种人文精神的集中体现，是时代的潮流与趋势。

8. 创造性原则

创新使建筑小品更为形象地展示，以审美的方式显露自然，丰富了景观的美学价值。它不仅可以使观者看到人类在自然中留下的痕迹，而且可以使复杂的生态过程显而易见，容易被理解，使生态科学更加平易近人。在这个过程中，设计师不仅要从艺术的角度设计景观的形式，更重要的是引导观者的视野和运动，设计人们的体验过程，设计规范人们的行为。对创造性的理解与研究应该运用在建筑小品设计的最初阶段。从解决现实问题的角度来考虑创造性问题，是建筑小品推陈出新，探索新材料、新技术的使用。

二、园林建筑小品的分类

园林建筑小品按其功能分为以下 5 类。

1. 供休息的小品

包括各种造型的靠背园椅、凳、桌和遮阳的伞、罩等；常结合环境，用自然块石或用混凝土做成仿石、仿树墩的凳、桌；或利用花坛、花台边缘的矮墙和地下通气孔道来作椅、凳等；围绕大树基部设椅凳，既可休息，又能纳凉，如图 8-2 所示。

2. 装饰性小品

各种固定的和可移动的花钵、饰瓶，可以经常更换花卉。装饰性的日晷、水缸、香炉，各种景墙（如九龙壁）、景窗等，在园林中起点缀作用。如图 8-3 所示。

图 8-2　供休息的小品

图 8-3　装饰性小品

3. 结合照明的小品

园灯的基座、灯柱、灯头、灯具都有很强的装饰作用。如图 8-4 所示。

4. 展示性小品

各种布告板、指路标牌、导游图板以及动物园、植物园和文物古建筑的说明牌、阅报栏、图片画廊等，都对游人有宣传、教育的作用。展示性小品如图 8-5 所示。

5. 服务性小品

如为游人服务的饮水泉、洗手池、时钟塔、公用电话亭等；为保护园林设施的栏杆、格子垣、花坛绿地的边缘装饰等；为保持环境卫生的废物箱等。服务性小品如图 8-6 所示。

图 8-4　结合照明的小品

图 8-5 展示性小品　　　　　　　图 8-6 服务性小品

三、园林建筑小品的特点

1. 与环境的协调性及整体性

一个好的建筑小品不单单指它的外观有多美，风格有多独特，形式有多复杂，材料有多珍贵，而是它与周围环境的协调性以及作为一个系统的整体性。由于建筑小品总是处于一定环境的包容中，所以人们看到的不只是它本身，而是它与周围环境所共同形成的整体的艺术效果。在设计与配置建筑小品时，要整体考虑其所处的环境和空间模式，保证其与周围环境和建筑之间做到和谐、统一，避免在形式、风格、色彩上产生冲突和对立。

2. 设置与创作上的科学性

在设计之前要考虑到建筑小品设置后一般是不可以随意搬迁的，具有相对的固定性。要考虑当地的实际特点，结合交通、环境等各种因素来确定园林建筑小品的形式、内容、尺寸、空间规模、位置、色泽、质感等方面的营建方式。只有经过全面科学的考虑，才会有成熟完美的设计方案。

3. 风格上的民族性和时代感

园林建筑小品具有相当的艺术观赏性应是其第一属性。它通过本身的造型、质地、色彩、肌理向人们展示其形象特征，表达某种感情，同时也反映特定的社会、地域、民俗的审美情趣。所以小品的制作，必须注意形式美的规律。它在造型风格、色彩基调、材料质感、比例尺度等方面都应该符合统一和富有个性的原则。

4. 文化性和地方特色

园林建筑小品的文化性是指其所体现的本土文化，它是对这些文化内涵不断升华、提炼的过程反映了一个地区自然环境、社会生活、历史文化等方面的特点。所以园林建筑小品的形象应与本地区的文化背景相呼应。

5. 表现形式的多样性与功能的合理性

园林建筑小品表现形式多样，不拘一格，其体量的大小、手法的变化、组合形式的多样、材料的丰富，都使其表现内容丰富多彩。同时园林建筑小品设计的目的是直接创造服务于人、满足于人取悦于人的空间环境。因此，园林建筑小品要以合理的尺度、优美的造型、协调的色彩、恰当的比例舒适的材料质感来满足人们的活动需求，如图 8-7 所示。

图 8-7 稻草人

第二节　景墙的设计

一、景墙的类型

景墙是指园林中的墙垣，通常用于界定和分隔空间的设施，或称为园墙，有连续式景墙和独立式景墙两种类型。

连续式景墙大多位于园林内部景区的分界线上，起到分隔、组织和引导游览的作用，或者位于园界的位置对园地进行围合，构成明显的园林环境范围。园界上的景墙除了要符合园林本身的要求以外，还要与城市道路融为一体，并为城市街景添色。在连续式景墙中如运用植物材料表现，可取得良好的环境效果。

独立式园林景墙一般可分为磨砖景墙、石景墙、木景墙和竹景墙等形式。磨砖景墙给人一种古朴的感觉，一般多出现在古典园林或仿古园林的入口；石景墙给人以浑厚和沉重的感觉，一般用在纪念性园林的前部并传递着纪念主题的作用；木景墙给人以轻快和细腻的感觉，为起到"障景"的效果，一般设置在私家园林或庭院园林的入口后面；竹景墙常常设置在园林内部的某一景区入口处，并对该景区有点题的作用。

二、景墙的基本构造

景墙一般由基础、墙身和压顶三部分组成。

1. 基础

传统景墙的墙体厚度都在 330mm 以上，且因景墙较长，故墙基需要稍加宽厚。一般墙基埋深约为 500mm，厚 700~800mm。可用条石、毛石或砖砌筑。现代园林大多用"一砖"墙，厚 240mm，其墙基厚度可以酌减。

2. 墙身

可直接在基础之上砌筑墙身，也可砌筑一段高 800mm 的墙裙。墙裙可用条石、毛石、清水砖或清水砖贴面。砌筑的平整度以及砖缝较为讲究。直接砌筑的墙体或墙裙之上的墙体通常用砖砌，也有为追求自然野趣而通体用毛石砌筑的。

3. 压顶

传统园墙的墙体之上通常都用墙檐压顶。墙檐是一条狭窄的两坡屋顶，中间还筑有屋脊。北方的压顶墙檐直接在墙顶用砖逐层挑出，上加小青瓦或琉璃瓦，做成墙帽。江南则往往在压顶墙檐之下做"抛仿"，也就是一条宽 300~400mm 的装饰带。

现代景墙的基础和墙身的做法与传统的做法基本相似，但有时因砖墙较薄而在一定距离内加筑砖柱墩。压顶大多作简化处理，不再有墙檐。景墙的整体高度一般在 3.60m 左右。

三、景墙的设计要求

1. 位置选择

景墙作为空间的界限，大多设在空间的边缘、景物或是地形地貌发生变化的交界处，这样可以使空间变化效果倍增。

2. 造型与环境

景墙的造型要完整，构图要统一，视觉效果要与周围环境协调一致。墙面上开设的门窗洞口或花池装饰，其形状、大小、数量、纹样等均应比例适度、布局有致、格调统一。色彩与质感既要有对比，又要协调；既要醒目，又要调和。

3. 结构安全

景墙设置要注重坚固与安全，尤其是孤立的单片直墙，更要适当增加其厚度，并加设柱墩等。考虑到风压、雨水等对墙体的破坏作用，其基础务必在冰冻线以下，以防冻胀损坏。景墙墙厚与所选材料及设计高度有关，可参考墙体设计的建筑模数加以研究。墙面开设门洞、漏窗及设置花格装饰等，一般宜用预制构件，施工过程应事先加以考虑，作预留孔或构件。植物种植池或墙面种植盆，其大小尺寸应符合植物生长的要求及管理上的便利。

4. 材料选择

材料尽量就地取材，既能体现地方特色，又经济实用。各种石材、砖、木材、竹材、钢材等均可选用或组合使用，选用材料时要注意与园林风格相协调。

四、景墙设计示例

某景墙的设计如图 8-8 所示。

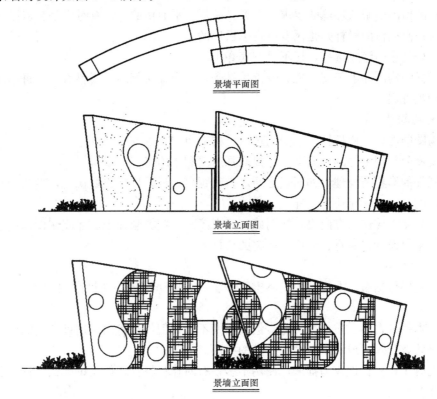

景墙平面图

景墙立面图

景墙立面图

图 8-8　某景墙的设计

第三节　栏杆的设计

一、栏杆的类型

栏杆大致分为以下 3 种类型。

1. 矮栏杆

高度为 30～40cm，不会妨碍视线，多用于绿地边缘，也可用于场地空间领域的划分。

2. 高栏杆

高度在 90cm 左右，具有较强的分隔与拦阻作用。

3. 防护栏杆

高度在 100～120cm 以上，超过人的重心高度，以起防护围挡作用，一般设置在高台的边缘，可使人产生安全感。

二、栏杆的设计要求

1. 栏杆的构图

（1）栏杆是一种长形的、连续的构筑物，因为设计和施工的要求，常按单元来划分制作。栏杆的构图要单元好看；更要整体美观，在长距离内连续地重复，产生韵律美感，因此某些具体的图案、标志往往不如抽象的几何线条组成给人感受强烈。

（2）杆的构图要服从环境的要求。例如：桥栏、平曲桥的栏杆有时仅是二道横线，与平桥造型呼应；而拱桥的栏杆则是循着桥身呈拱形的。

（3）栏杆色彩的隐显选择，切不可喧宾夺主。

（4）栏杆的构图除了美观，也和造价关系密切，要疏密相间、用料恰当，每单元节约一点，总体相当可观。

2. 栏杆的构件

除了构图的需要，栏杆杆件本身的选材、构造也很有讲究。

（1）要充分利用杆件的截面高度，提高强度又利于施工。

（2）杆件的形状要合理，如两点之间，直线距离最近，杆件也最稳定，多几个曲折，就要放大杆件的尺寸，才能获得同样的强度。

（3）栏杆受力传递的方向要直接明确。只有了解一些力学知识，才能在设计中把艺术和技术统一起来，设计出好看、耐用又便宜的栏杆来。

3. 栏杆的材料

栏杆的用料包括石、木、竹、混凝土、铁、钢、不锈钢等。现最常用的是型钢与铸铁、铸铝的组合。

（1）竹木栏杆自然、质朴、价廉，但使用期不长，但如果有强调这种意境的地方，真材实料要经过防腐处理，或者采取"仿"真的办法。

（2）混凝土栏杆构件较为拙笨，使用不多，有时作栏杆柱，但无论什么栏杆，总离不了用混凝土作基础材料。

（3）铸铁、铸铝可以做出各种花型构件。优点是美观通透，缺点是性脆，毁坏后不易修复，因此常常用型钢作为框架，取两者的优点而用之。还有一种锻铁制品，杆件外形和截面可以有多种变化，做工也精致，优雅美观，只是价格昂贵，可在局部或室内使用。

三、栏杆设计示例

栏杆设计示例如图 8-9～图 8-12。

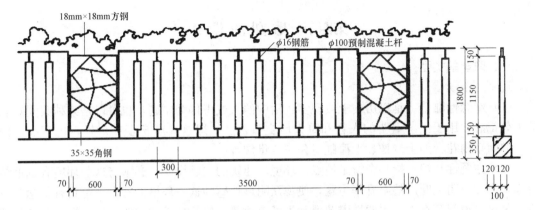

图 8-9　栏杆（1）（尺寸单位：mm）

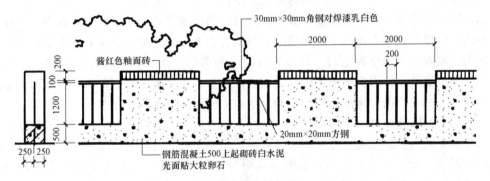

图 8-10　栏杆（2）（尺寸单位：mm）

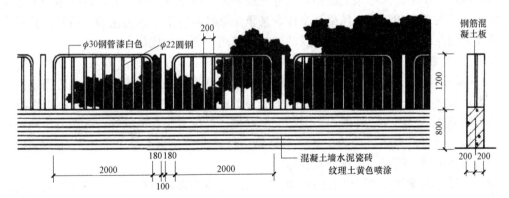

图 8-11　栏杆（3）（尺寸单位：mm）

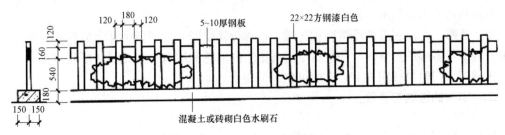

图 8-12　栏杆（4）（尺寸单位：mm）

第四节 雕 塑 的 设 计

一、雕塑的类型

1. 按功能分

（1）纪念性雕塑。是以历史上或现实生活中的人或事件为主题，也可以是某种共同观念的永久纪念，用于纪念重要的人物和重大历史事件。一般这类雕塑多在户外，也有在户内的。如南京雨花台烈士群像、上海虹口公园鲁迅像等。

（2）主题性雕塑。指某个特定地点、环境、建筑的主题说明，必须与这些环境有机地结合起来，并点明主题，甚至升华主题，使观众明显地感到这一环境的特性。可具有纪念、教育、美化、说明等意义。主题性雕塑揭示了城市建筑和建筑环境的主题。这一类雕塑紧扣城市的环境和历史，可以看到一座城市的身世、精神、个性和追求。

（3）装饰性雕塑。是城市雕塑中数量较大的一类，这类雕塑比较轻松、欢快，也称之为雕塑小品。这里专门把它作为一类来提出，是因为它在人们的生活中越来越重要，人物、动物、植物、器物都可以作为题材。其主要目的就是美化生活空间，它可以小到一个生活用具，大到街头雕塑，所表现的内容极广，表现形式也多姿多彩。它创造一种舒适而美丽的环境，可净化人们的心灵，陶冶人们的情操，培养人们对美好事物的追求。

（4）功能性雕塑。是一种实用雕塑，是将艺术与使用功能相结合的一种艺术；这类雕塑也是从私人空间到公共空间等无所不在。它在美化环境的同时，也丰富了我们的环境，启迪了我们的思维，让人们在生活的细节中真真切切地感受到美。功能性雕塑的首要目的是实用。比如公园的垃圾箱，大型的儿童游乐器具等。

（5）陈列性雕塑。又称架上雕塑，尺寸一般不大，有室内、外之分，以雕塑为主体充分表现作者自己的想法和感受、风格和个性，甚至是某种新理论、新想法的试验品。其形式手法更是让人眼花缭乱，内容题材更为广泛，材质应用也更加现代化。

2. 园林雕塑按形式划分

（1）圆雕。是指非压缩的，可以多方位、多角度欣赏的三维立体雕塑，其应用范围极为广泛，也是最常见的一种雕塑形式。圆雕手法与形式也多种多样，有写实性与装饰性的，也有具体与抽象的，户内与户外的，架上与大型城雕，着色与非着色的等；雕塑内容与题材也是丰富多彩，可以是人物、动物，甚至于静物；材质上更是多彩多姿，有石质、木质、金属、泥塑、纺织物、纸张、植物、橡胶等。

（2）浮雕。是雕塑与绘画结合的产物，用压缩的办法来处理对象，靠透视等因素来表现三维空间，并只供一面或两面观看。浮雕一般是附属在另一平面上，建筑上使用更多，用具器物上也经常可以看到。近年来，它在城市美化环境中占了越来越重要的地位。浮雕在内容、形式和材质上与圆雕一样丰富多彩。

（3）透雕。去掉底板的浮雕则称透雕，也称为镂空雕。把所谓的浮雕的底板去掉，从而产生一种变化多端的负空间，并使负空间与正空间的轮廓线有一种相互转换的节奏。这种手法过去常用于门窗栏杆家具上，有的可供两面观赏。

二、雕塑的选题与选址

1. 选题

园林雕塑的选题必须服从于整个环境思想的表达，作者赋予雕塑的主题、运用的手法以及雕塑的风格都应与整体环境相协调,这样有利于发挥环境和雕塑各自的作用。好的题材既能使雕塑的形象更丰富,又能加深人们对环境的认识,从而增加环境的感染力,在瞬间打动人心。

2. 选址

雕塑的选址要有利于雕塑主题的表达和观赏以及其形体美的展示。而雕塑的位置及周围环境对其体量的大小、尺度也有影响。因此,雕塑的选址应协调好与游人的视觉关系。

三、雕塑的艺术构思手法

(1) 形象再现的手法。这是园林雕塑创作中最基本的构思手法,常用于对内容比较具体、含义比较特定的纪念性雕塑。形象选择多种多样,有再现人物的,有再现当时事件的。

(2) 环境烘托的手法。将雕塑布局在特定园林环境中,借以环境气氛的烘托,以表达雕塑的主题与内容,充分利用环境的美学特征来加强雕塑形式美的表现,以提高园林雕塑的表现力和感染力。

(3) 含蓄影射的手法。这种手法实质是园林艺术布局中意境的创造,运用这种构思手法,可使园林雕塑产生"画外音""意不尽"而富有诗情画意,使游人产生情思与联想,增强了雕塑的艺术魅力。

第五节 圆凳的设计

一、园凳的形式

圆凳的形式如图 8-13 所示。制作园凳的材料有钢筋混凝土、石、陶瓷、木、铁等。

图 8-13 园凳的形式

（1）铸铁架木板面靠背长椅，适于半卧半坐。

（2）条石凳，坚固耐久，朴素大方，便于就地取材。

（3）钢筋混凝土磨石子面，坚固耐久制作方便，造型轻巧，维修费用低。

（4）用混凝土塑成树桩或带皮原木凳各种形状和色彩的椅凳，可以点缀风景，增加趣味。此外还可以结合花台、挡土墙、栏杆、山石设计。

二、园凳的尺度

座椅应符合人体尺度。根据普通成年人休息坐姿的尺寸，座椅的尺寸应设计为：座板高度 350～450mm，座板水平倾角 6°～7°，椅面深度 400～600mm，靠背与座板夹角 98°～105°，靠背高度 350～650mm，座位宽度 600～70mm。如图 8-14 所示。

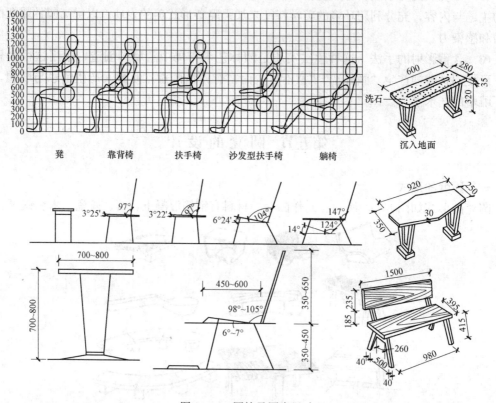

图 8-14　园椅及园桌尺寸

三、园凳的材料与质感

园凳的制作材料丰富，有木材、石材、混凝土和钢材等。木材触感、质感好，基本不受夏季高温和冬季低温的影响，易于加工，而且色彩比较中性，容易让人产生亲切感，为了增加其耐久性，常在木材中注入防腐剂。石材质地坚硬，夏热冬冷，耐久性好，通常将座面结合木质材料进行处理。不锈钢表面光洁、美观，但热传导性强，受环境温度影响大。现在用钢筋混凝土加染料制作仿木座椅，应用也很多，效果良好。各种桌凳材料应本着美观、耐用、实用、舒适、环保的原则选用。

四、园凳的位置安排

园凳一般放在安静休息、景色良好、游人需要停留休息的地方。

（1）在路的两侧设置时，宜交错布置，切忌正面相对。在路的尽头设置座凳时，应在尽头开辟出一小场地，将座凳布置在场地周边。

（2）在园路拐弯处设置座凳时，应开辟出一小空间；在规则式广场设置座凳时，宜布置在周边。

（3）在选择座凳位置时，必须考虑游人的使用要求。特别是在夏季，座凳应安排在落叶阔叶树下，这样夏季可以乘凉，冬季树落叶之后又可晒太阳。关于这一点在北方地区尤为重要。

五、园凳设计示例

1. 圆座石凳设计示例

圆座石凳结构图设计示例如图 8-15 所示。

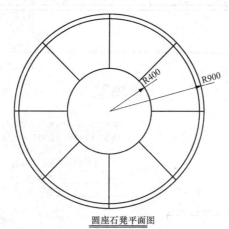

圆座石凳平面图

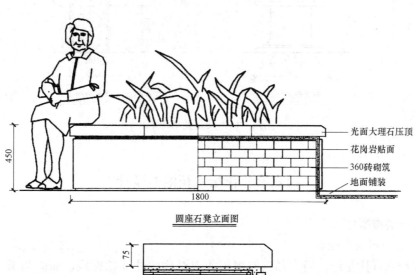

光面大理石压顶
花岗岩贴面
360砖砌筑
地面铺装

圆座石凳立面图

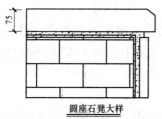

圆座石凳大样

图 8-15　某圆座石凳结构

2. 某条凳设计示例

某条凳设计示例如图8-16所示。

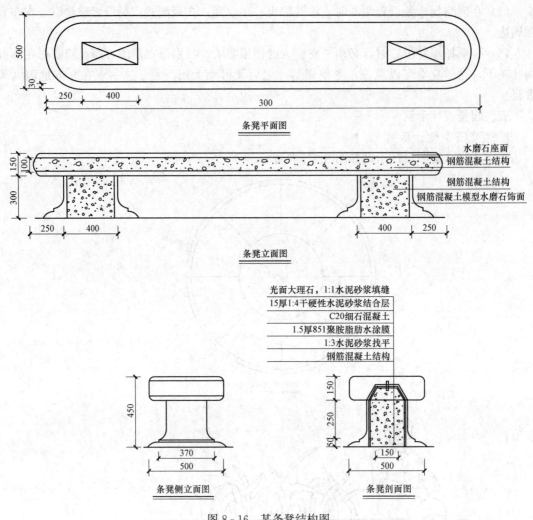

图8-16　某条凳结构图

第六节　花坛、花池的设计

一、花坛的类型

1. 按花坛外形轮廓分类

传统花坛和近代花坛，通常都具有规则的或对称的外部轮廓线，如椭圆形、圆形、方形、长方形、三角形、多边形等，这是按照花坛所在环境的面积限度来决定其适宜的形式的，也是一种最简单而又常见的形式。

2. 按花坛空间位置分类

由于环境的不同，花坛所处位置不一，设置花坛的目的各异，所以在园林中可根据空间位置设置以下不同形式的花坛。

（1）平面花坛。花坛基本与地平面一致，为观赏和管理上的方便，花坛与地面可构成小于30°的坡度，既便于观赏到整个花坛的整体，又有利于花坛的排水，其外部轮廓线，则应根据环境需要采取各种不同的几何形轮廓。

（2）台阶花坛。坡度过大或台阶两边，可以设置台阶花台，层层向上，有斜面与平面交替，成为台阶两边的装饰，除可以利用开花花材外，也可适当加入持久的观叶材料，更富于变化。

（3）高台花坛。在园林中，为了某种特殊用途，比如为了分隔空间，或者为了与附近建筑风格取得协调统一的效果，或受该处地形的限制，可设置高于地面的花台，其大小、形状以及高度依所在地的环境条件而定。

（4）斜坡花坛。可以在坡地设置斜坡花坛，但坡度不宜过大，否则水土流失严重，花材、花纹不易保持完整和持久，斜坡花坛多为一面观赏，可设在道路的尽头，形状、面积大小根据实际环境、面积而定。

（5）俯视花坛。俯视花坛是指花坛设置在低于一般地面的地块上，必须从高处向下俯视，才能将花坛的整体纹样及色彩欣赏到。在地形起伏的庭园中，利用低地设置，显示最美的俯视效果，在俯视之余，还可由小路走近花坛细赏。

3. 按花坛应用的植物材料分类

（1）一二年生草本花卉花坛。一二年生草本花卉种类繁多，色彩鲜艳，品种各异，花期整齐一致，将各种花草的优点，同时集中在一个花坛内，生机盎然，五彩缤纷，可成为园林中耀眼的视点，特别是寒冬过后的早春，这些由苗床、阳畦过冬后早早开放的草本花卉，就成为报春的使者，在春光中显示其春意盎然的气息，是园林中不可缺少的先行者。但是众多的草花，花期不长，需要及时更换以保持繁花似锦的画面，所以费料、费工，只适于主要地区使用。

（2）宿根花卉花坛。宿根花卉一经种植，开花后有的仍可观叶，入冬之后地上部分死亡，而地下部分在土壤内过冬，翌年春天，又能萌芽发枝开花，年复一年且方便管理，隔数年后，根据长势，可行分根栽种，扩大种植面积，省工又省料，但基本上一年开花一次，花后枝叶有的可维持青绿，如玉簪花，而有的则花落叶枯，如蜀葵，因此宿根花卉花坛只适于偏僻、远赏之处应用。

（3）球根花卉花坛。利用球根花卉布置花坛，虽然一年也仅仅开一次花，但其花期有的比较长，并且花色艳丽，如大丽花、美人蕉等，一经种植，从夏天至深秋开花不断。郁金香品种繁多，花形美丽，但花后休眠，为保持球茎在土壤中继续生长，确保第二年春开花，不宜移动，北方过于寒冷地区，在严冬时节还必须要掘球入室过冬，投资甚大。

（4）五色草花坛。五色草是苋科植物，植株矮小，极耐修剪，宜于布置毛毡花坛，一经种植，只需进行修剪、浇水工作，其观赏时间较长，可一直延续到霜降，是所有花坛材料之冠，但其色彩较暗，所以可适当配种少量鲜艳色彩的其他花卉，增加亮度，常进行更换，较之一二年草花花坛节约花材，节省人力，较之球根、宿根花坛也略胜一筹。只要经常进行修剪，保持花纹清晰即可。

4. 按花坛组合分类

（1）独立花坛。单个花坛独立设置，作为某一环境里的中心，如交叉路口、广场中央、建筑物前庭后院等，其轮廓可依据立地环境确定，是属于静止状态的景观，面积大小根据环境而定，但必须要有坡度，便于有较为完整的视觉效果。

（2）连续花坛。独立花坛相互协调，远眺时连成线，要求形状完全划一，可以长方形、圆形等多个独立花坛连成线，设置在宽广路面的中央或道路的两旁，达到既允许花坛轮廓的变化，又有统一的规律，观赏者移动视点，才能将花坛的整体效果欣赏到，这种借助连续景观来表现花坛的艺术感染力，是花坛美的延续。

（3）花坛群。在面积较大的地方设置花坛，若采用独立花坛的形式，则会由于面积过大，栽种、更换、观赏都存在一定不便。所以可以用多个独立花坛组合成一个既协调，又不可分割的整体——花坛群。花坛群之间开设小路，使观赏者可进入其中近赏，花坛群中有主体花坛作为中心，中心部分也可以设置喷水池或雕塑，在四周有对称的花坛，而花坛材料，不限于木本、草本，可以多样化，尽量使整个花坛群的观赏期延长，利用不同花期的材料达到目的。

5. 按花坛功能分类

（1）观赏花坛。

1）纹样花坛。在纯观赏花坛中，以各种不同姿态、不同色彩的花卉组成各种花纹图案，以显示花卉群体美的花坛，叫作纹样花坛。其中有利用低矮植物作材料，使花纹贴近地面，犹如地毯一般，又称为毛毡花坛，是花坛中十分常见的一种，尤其在意大利、法国以及俄罗斯等国应用颇多。多配置在大型建筑物前后的开阔空间，后被渐渐广泛应用于一切城市道路系统及公共场合中。

2）饰物花坛。以某种饰物进入花坛中，起到加强和装饰花坛内涵的作用。饰物造型十分丰富，有建筑物、人物、动物和其他形象，尤以动物居多。如作为中华民族象征的龙，几乎从来都是花坛的主要造型饰物，其中最为常见的形式有"双龙戏珠"等。近年来随着经济的发展，也会以"飞龙"向上的形象作为时代的象征。至于表现吉祥的"孔雀开屏""鲤鱼跳龙门""万象更新"，以及象征和平宁静的吉祥物"熊猫"等都是常见的饰物花坛。而表现人物的如"天女散花""老寿星"等。其他如亭子、塔、花瓶、地球、花柱、花球、花车等都已成为园林绿地或街道路旁点缀环境的纯观赏性花卉装饰。

3）水景花坛。在园林绿地中，花坛常伴随着水景出现。或在水池边，或在水域中，设置自然式的花坛，或以不同形式的喷泉与花坛结合，增加了花卉的动感，使水域增添了色彩，这种相得益彰的手法，在近代庭园中应用颇多。

4）雕塑花坛。以人物雕像或其他雕塑，或以形象优美的山石作为主体而设置的花坛，叫作雕塑花坛，比如在某英雄、名人塑像下种植花卉，其花卉色彩、花坛面积的大小要与主体协调统一，能起到纪念、赏花以及美化环境的作用。

（2）标记花坛。标记花坛是指借助花卉组成各种图案、纹样、徽章或字体，或结合其他物品陪衬主体，作为宣传之用，可以分为以下几种。

1）标徽花坛。属于一个单位或者机构，起印记宣传作用，比如香港的紫荆花花坛，市政局的标徽花坛，固定展现。

2）标志花坛。指一种活动或一个事件的标志或记录，带有纪念性质，不同时期的活动其标志也会随着变化，如迎接新世纪来临的花坛，昆明世界园艺博览会的花坛等，都属于标志花坛的类型。

3）标题花坛。是用花坛形式直接将设计的主题表现出来，纪念党的十一届三中全会，以十一条放射线伸向花坛顶部的一面红旗来表现。也有以音符标记，配以圆环、花带表示音乐主题的花坛。

    4）招牌花坛。是用植物花卉组成文字形式表示地点及机构名称的花坛。

    5）标语花坛。以不同色彩的花卉，组成标语、口号以及警语性质的花坛。

    （3）主题花坛。是有一定的主题，以多种园林要素，也就是以花卉、花木乃至树木结合山石、水体、建筑小品以及台阶等庭园形式综合表现主题的内容，其形态比较复杂，也较完美，它和标题花坛的不同是前者仅仅是点题，多以花卉为主，通常多采用常规的，面积较小的花坛形式，而后者则已超越花坛的概念，而成为小小的园林了。但人们仍习惯地将其称为花坛。

    （4）基础花坛。是为掩饰建筑物、园林小品乃至树木基部，使之与地面之间的接壤处更为生动、美观，当然也有保护基础的作用。建筑物墙基通常多采用带状的花缘或者花境，而点状基础的如小品、树木则以花坛或花堆的形式居多。

    基础花坛的面积通常不宜过大，以免占用太多的地面，只要能达到掩饰、美化及保护的作用就可以了，所以有些基础只需要种一些宿根花卉成线状或环状的花卉布置，也不一定要有"坛边"，更为自然活泼。

    （5）节日花坛。在有些地方已发展扩大到"花园"的形式，但为了加强节日的气氛，选择"热热闹闹""五彩缤纷"的花卉材料来体现喜气洋洋的气氛。

    （6）花坛夜景。夜景是花坛艺术欣赏的一个特殊方面，也是现代化城市景观所要求的一个"亮点"。夜是暗的，要求有亮的对比。夜是静的，也是净的，从视觉感官来看，在夜间，其余的复杂景物都看不到了，因此在设计花坛夜景时，最好有动态的景观对比，比如采用动态的喷泉花坛，从造型及色彩上都可以将静态的花坛"活"起来。

    其次，要突出主景。不同的主景有不同的突出方法，比如主景延安宝塔，除了塔本身的亮之外，一定要使下面的山也亮起来，否则，塔无基础，就难以成景了，表现的飞龙则又正好相反，其基础不要亮，只求飞龙本身亮，这样就更能表现其"腾飞"的姿态。

    再次，要注意花坛夜景的背景与环境。若要突出主景，则其周围的欣赏视距范围内最好漆黑一片，不要过多地装"亮"，以免干扰主景。但就其主景本身而言，其外形轮廓一定要清晰，或采用通身透亮的方法，或以灯盏勾勒轮廓线均可。

二、花坛的形式

花坛的形式如图 8-17 所示。

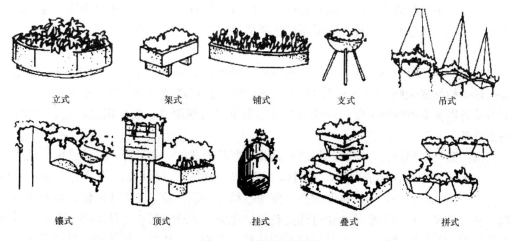

    立式   架式   铺式   支式   吊式

    镶式   顶式   挂式   叠式   拼式

图 8-17　花坛的形式

三、花坛的设计原则

进行花坛设计时，首先必须从周围的整体环境来考虑所要表现的园景主题、位置、形式、色彩组合等因素。花坛在环境中可作为主景，也可作为配景。其形式和色彩的多样性，决定了它在设计上也有广泛的选择性。花坛的设计首先应在风格、体量、形状诸方面和周围环境相协调，其次应有花坛自身的特色。

例如：在民族风格的建筑前设计花坛，应选择具有中国传统风格的图案纹样和形式；在现代风格的建筑物前可设计有时代感的一些抽象图案，形式力求新颖，再考虑花坛自身的特色。花坛的体量、大小，要和花坛设置的广场、出入口及周围建筑的高低成比例，一般不应超过广场面积的1/3，不小于1/5。出入口设置花坛以既美观又不妨碍游人路线为原则，在高度上不可遮住出入口视线。花坛的外部轮廓也应和建筑物边线、相邻的路边和广场的形状协调一致。色彩应与所在环境有所区别，既起到醒目和装饰作用，又与环境协调，融于环境之中，形成整体美。

具体设计时可用方格纸，按1：20至1：100的比例，将图案、配置的花卉种类或品种、株数、高度、栽植距离等详细绘出，并附实施的说明书。设计者必须对园林艺术理论以及植物材料的生长开花习性、生态习性、观赏特性等有充分的了解。好的设计必须考虑到由春到秋开花不断，作出在不同季节中花卉种类的换植计划以及图案的变化。

四、模纹花坛的设计

1. 植物材料

植物的高度和形状对模纹花坛纹样表现有密切关系，是选择材料的重要依据，以枝叶细小，株丛紧密，萌蘖性强，耐修剪的观叶植物为主。如半枝莲、香雪球、矮性藿香蓟、彩叶草、石莲花和五色草等，其中以五色草配置的花坛效果最好。在模样花坛的中心部分，在不妨碍视线的条件下，可用其他装饰材料来点缀，如形象雕塑、建筑小品、水池和喷泉等。

树种以低矮、耐修剪的整形灌木为主，尤其是常绿或具有色叶的种类最为常用，如球桧、金黄球柏、黄杨、紫叶小檗、金叶女贞等。

2. 色彩设计

模纹花坛的色彩设计应以图案纹样为依据，用植物的色彩突出纹样，使之清晰而精美。如选用五色草中红色的小叶红，或紫褐色小叶黑与绿色的小叶绿描出各种花纹。为使之更清晰，还可以用白绿色的白草种在两种不同色草的界线上，突出纹样的轮廓。

3. 图案设计

模纹花坛以突出内部纹样为主，因而植床的外轮廓以线条简洁为宜，其面积不宜过大。内部纹样应精细复杂些，但点缀及纹样不可过于窄细。以红绿草类为例，不可窄于5cm，一般草本花卉以能栽植两株为限。设计条纹过窄则难以表现图案；纹样粗宽，色彩才会鲜明，使图案清晰。

内部图案可选择的内容广泛，如仿照某些工艺品的花纹、卷云等，设计成毡状花纹。用文字或文字和纹样组合构成图案，如国旗、国徽、会徽等，设计要严格符合比例，不可改动，周边可用纹样装饰，用材也要整齐，使图案精细。设计及施工均较严格，植物材料也要精选，从而真实体现图案形象。也可选用花篮、花瓶、建筑小品、各种动物、花草、乐器等图案或造型，起装饰性作用。此外还可利用一些机器构件，如电动机等和模纹图案共同组成有实用价值的各种计时器，如日晷花坛、时钟花坛及日历花坛等。

五、花池的形式

花池的形式如图 8-18 所示。

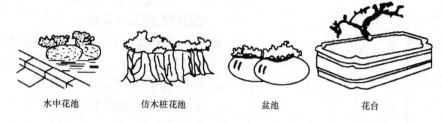

水中花池　　　仿木桩花池　　　盆池　　　花台

图 8-18　花池的形式

第七节　垃圾桶的设计

一、垃圾桶的形式

（1）垃圾桶从形状上看，有抽象形、具象形和动物形等；

（2）从投入口看，有横口、上口、有盖、无盖、回转盖、上盖等之分；

（3）从材料上看，有铁制（铁板制、铸板制）、合金制、塑胶制、木制、竹制、混凝土制、陶制、其他制和组合制等；

（4）从安置方式看，有柱固定、混凝土固定、支架固定和其他固定，其中，柱固定又分为横固定、上固定和下固定（移动式、固定式）3 种；

（5）从取出方式看，有回转式、抽出内笼、拆除支承配件、清出下部、拆盖和其他等。

二、垃圾桶的设计要求

（1）位置的安排必须贯穿于园林的主要游览路线，既不能安排在特别醒目的场所，又不能安排在隐蔽处，一般安排在主路一侧、大树下、绿篱旁。间距本着方便游人使用的原则，一般 50～80m 安排一个即可。在用餐或长时间休憩、滞留的地方，要设置大型垃圾桶。

（2）因垃圾桶是一种不雅观的设施，故其造型就显得尤为重要。垃圾桶要能适合环境条件和具有清洁感的色彩，同时要考虑废弃物是否回收，应有 2～3 种垃圾桶安置。

（3）垃圾桶的材料应结实耐用，防水和不易燃。使用较多的有不锈钢、玻璃钢和铁制等，而且在实际使用中效果良好。

（4）在户外因容易积留雨水、垃圾容易腐烂的关系，因此通风要良好，同时易于垃圾清理作业，垃圾桶的下部要设排水孔。

三、垃圾桶的位置选择

垃圾箱应设在路边、休憩区内或小卖店附近等处，设在行人恰好有垃圾可投的地方，以及活动较多的场所，如公共汽车站、自动售货机旁、商店门前、通道和休息娱乐区域等。垃圾箱在环境中的位置应明显易找，既具有可识别性而又不过于突出。垃圾箱应与座椅保持适当的距离，避免垃圾对人造成影响。

四、垃圾桶的构造做法与尺寸

垃圾箱周围的地面应做成不渗水的硬质铺装，铺地可略高出周围地面，便于清洗。垃圾

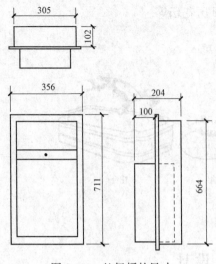

图 8 - 19　垃圾桶的尺寸

箱不宜设在草坪上。便于移动、倒空与清洗也是设计需要考虑的。垃圾箱做成圆柱形居多,其上部可略微扩大;投口不可太小,以使投物方便,投口高度为 0.6~0.9m,如图 8 - 19 所示。

五、垃圾桶的间距与数量

垃圾箱的数量要与人流量、居住密度相对应,安放距离不宜超过 50~70m。设置在道路两侧的垃圾箱,其间距按道路功能划分,具体如下:

(1) 商业街道、金融街道为 50~100m。

(2) 主干道、次干道、支路为 100~200m。

(3) 有辅道的快速路为 200~400m。

六、垃圾桶设计示例

垃圾桶设计示例分别如图 8 - 20、图 8 - 21 所示。

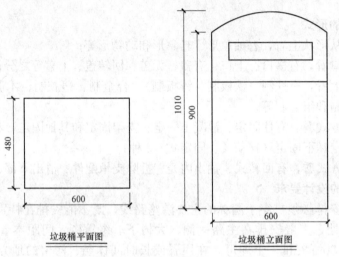

图 8 - 20　某垃圾桶的平、立面图

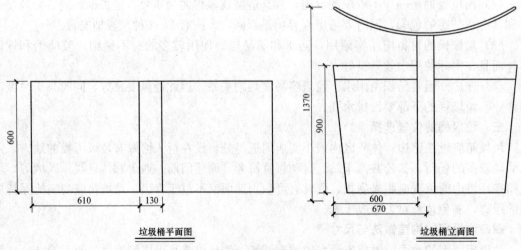

图 8 - 21　某垃圾桶的平、立面图

第八节 园灯的设计

一、园灯的类型

1. 杆头式照明器

杆头式照明器的照射范围较大，光源距地面较远，主要用于广场、路面或草坪等处，渲染出静谧、柔和的气氛。过去常用高压汞灯作为光源，现在为了高效、节能，广泛采用钠灯。

2. 投光器

将光线由一个方向投射到需要照明的物体上，可产生欢快、愉悦的气氛。使用一组小型投光器，并通过精确的调整，使之形成柔和、均匀的背景光线，可以勾勒出景物的外形轮廓，就成了轮廓投光灯。投射光源可采用一般的白炽灯或高强放电灯。为避免游人受直射光线的影响，应在光源上加装挡板或百叶板，并将灯具隐蔽起来。

3. 埋地灯

埋地灯外壳由金属构成，内用反射型灯泡，上面装隔热玻璃。埋地灯常埋置于地面以下，主要用于广场地面，有时为了创造一些特殊的效果，也用于建筑、小品、植物的照明。

4. 低照明器

低照明器主要用于草坪、园路两旁、墙垣之侧或假山、岩洞等处渲染特殊的灯光效果。其光源高度设置在视平线以下，可用磨砂或乳白玻璃罩护光源，或者为避免产生眩光而将上部完全遮挡。

5. 水下照明彩灯

水下照明彩灯主要由金属外壳、转臂、立柱以及橡胶密封圈、耐热彩色玻璃、封闭反射型灯泡、水下电缆等组成，有红、黄、绿、蓝、紫、琥珀等颜色，可安装于水下 30～1000mm 处，是水景照明和彩色喷泉的重要组成部分。

二、园灯的位置选择

园灯一般设在园林绿地的出入口、广场交通要道、园路两侧及交叉口、台阶、桥梁、建筑物周围、水景喷泉、雕塑、花坛、草坪边缘等。

三、园灯的环境与照度要求

园灯设计应保证有合适的照度。园林不同环境地段有不同的照度要求，如出入口、广场等人流集散处，要求有充足的照度，而在安静的散步小路则只要求一般照度即可。整个园林在灯光照明上需统一布局，使园林中的灯光照度既均匀又有起伏，营造具有明暗节奏的艺术效果，但也要防止出现不适当的阴暗角落。

四、园灯的灯柱高度设计

要想在园林中保证有均匀的照度，首先灯具布置的位置要均匀，距离应合理；其次，灯柱的高度要适当，园林中不同地段对灯具的高度、距离和照度的要求参见表 8 - 1。

表 8 - 1	灯具的高度、距离及照度的要求		
地点	灯柱高度/m	水平距离/m	钨丝灯功率/W
园林绿地的广场及出入口	4～8	20～30	每个 500
一般游步道	4～6	30～40	每个 200

续表

地点	灯柱高度/m	水平距离/m	钨丝灯功率/W
林荫路及建筑物前	4~6	25	每个100
排球场	8~14	6盏均布	每个1000
篮球场	8~10	20~24个4排均布	每个500

（1）园灯设置的高度与用途有关：通常园灯高度为3m左右，而大量人流活动的空间，园灯高度通常在4~6m左右，探照灯为30m。

（2）用于配景的灯，其高度应视环境而定，大约为1~2m。地灯、脚灯数十厘米高低不等。

（3）灯柱的高度与灯柱间的水平距离比值要合理，才能形成均匀的照度，通常在园林中采用的比值为

$$灯柱高度＝水平间距离×（1/12~1/10）$$

五、园灯的基本组成及构造

1. 灯柱

多为支柱形，支撑光源及确定光源的高度，构成材料有金属灯柱、钢筋混凝土灯柱、竹木灯柱及仿竹木灯柱等。柱截面多为圆形与多边形两种。

2. 灯罩

主要是保护光源，使直接发光源变为散射光或反射光，用乳白灯罩或者有机玻璃灯罩，可避免刺目眩光。它的形状包括球形、半球形、圆形以及半圆形、角形、纺锤形及组合形等。所用材料有铁、钢化玻璃、镶金属铝、塑胶、搪瓷、陶瓷、有机玻璃等。

3. 灯泡及光源

（1）汞灯功率400~2000W，可使草坪、树木的绿色格外鲜明抢眼。使用寿命长，容易维修，是目前园林中最合适的光源之一。

（2）金属卤化物灯发光效率高，显色性能好，适用于游客多的地方。但没有低瓦数的灯，使用范围会受到限制。

（3）高压钠灯效率高，一般用于节能、照度要求高的场所，如广场、园路、游乐园之中，但是不能真实反映绿色。

（4）荧光灯照明效果好，使用寿命较长，在范围较小的庭院中适用，不适合广场与低温条件工作。

（5）白炽灯能使黄色、红色更加美丽夺目，适宜作庭院照明与投光照明，但使用寿命短。

（6）水下照明彩灯：随着我国城建与园林、旅游事业的发展，上海特种灯泡厂与重庆等地专门生产了适用于宾馆、广场、园林喷泉水池的水下照明彩灯，代替了进口同类产品，经济节约，并适用我国的常用电压220V。这种灯颜色较丰富，有红、黄、绿、蓝、紫等，可装于水面下30~100mm，是彩色喷泉的重要组成部分。

4. 基座

固定与保护灯柱的部分，避免人流的撞击对灯柱造成的损害。通常可用天然石块加工而成，或者用砖块、混凝土、铸铁等制成。为安装电气设备，基座内应预留洞口，应不小于150mm×150mm，或根据电气设备需要而定，并设有开闭的小门加以保护。

六、园灯设计示例

园灯设计示例如图 8-22 所示。

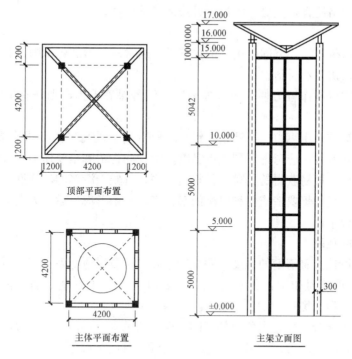

顶部平面布置

主体平面布置

主架立面图

图 8-22 园灯设计

第九节 标示小品的设计

一、解说牌的类型与位置选择

（1）解说牌。解说牌设施中除解说牌之外还包括有解说员、视听媒体、实物展示等，解说牌虽不及这些媒体生动有趣，但因其具有造价便宜、容易维护管理、位置固定、游客自导式及可供拍照留念等优点，故在现代园林中的解说设施多采用此项。

（2）指示牌。在现代园林中常有园区图与路标等的设置，可告诉游客目的地的方向与距离。

（3）警告牌。警告牌通常是基于安全上的需要所给予的警告，如河渠边、土坎边等均需要设警告牌。

（4）管理牌。常见的如园门口处的管理规则、开放时间以及请游客勿踏草坪、勿攀折花木的牌子。

二、解说牌的形式与质材

在形式方面，需考虑形状、高度、大小以及风格等能与设置地区的背景与性质互相配合。全园的解说牌形式应统一；以相同的基本设计原则来制作园中各种不同功能的牌子，可使整体有协调统一感。认识各种材料的优缺点，以便视实际情况利用。

自然材料有：

（1）石材。坚固耐用，具有好的质感，但搬运较困难，取得不易。

（2）木材。质感很好，但较易腐朽、受到破坏。

（3）竹材。价格便宜，但更易腐朽，可塑造特殊风格。

人工材料有：

（1）水泥。取得容易，坚固耐用，但较笨重，通常较大型的告示牌方有用到，外面通常涂油漆，也常用来仿自然材料。

（2）铁片。取得制作皆方便，故常被利用，但若保养不当，则常有生锈、油漆剥落的现象。

（3）其他。塑胶、压克力、不锈钢、铝片、FER 等，均可展现不同的风格。

同时，选择材料时，应考虑下列几点影响因素：此告示牌是要作为永久性还是临时性的设置；当地最常见、最易获得的是哪一种材料；当地气候、游客的破坏性；以后可以做到的管理维护有多少；我们想要造成何种风格的解说牌。仔细考虑过后，方能决定所欲采用的材料，当然亦可综合采用。

三、解说牌的色彩

明视度是指可让人看清楚的程度，明视度愈高，可看得愈清楚。以背景色——字色的次序，将明视度高低排列如下：黄—黑、白—绿、白—红、白—青、青—白、白—黑、黑—黄、红—白、绿—白、黑—白、黄—红、红—绿、绿—红。

色彩能与环境配合，如让主色与环境同，而背景色则选择能使字明显的颜色，如：海岸区字可用蓝色，森林区字可用暗绿或棕色，沙漠区字可用黄褐色。

注意色彩所带给人的感觉需能与使用目的配合。

（1）红色：热情、警告、危险（积极、活力、喜悦）。

（2）黄色：警告（高贵、希望、愉快）。

（3）绿色：安全（新鲜、安全、和平）。

（4）青色：理性、缓和（寂静、清凉、整洁）。

（5）黑色：严肃、坚固（静默、刚健、死亡）。

（6）白色：整洁（洁白、纯真、卫生）。

四、解说牌的信息表达方式

信息表达方式可用文字、图表，或者两者一起使用，可视情况而定。尽量采用图示，不足处再利用文字补充。必须使用大家已认定共知的符号，不要使用一些令人不解其意的图。字体要适合使用目的，容易阅读，具有正确性、统一性。字体大小配合需要以希望游客在多远的距离范围内能看到为准来决定。用语内容在警示牌中尤其重要，是否能充分发挥作用，就看解说牌上的用语内容是否能深入人心，正确、简明、清楚的用语是基本要求，并依据所设定的目的，针对游客的心理来用语。

五、宣传牌与宣传廊的设计

宣传牌与宣传廊属于园林绿地中进行宣传、科普、教育等方面的一种景观设施。在节假日，利用公众场合对游人进行相关知识的普及、教育和介绍。采用寓教于乐的形式，对促进大众素质的提高有裨益。

1. 一般要求

一般宣传牌设在人流路线以外的绿地之中，且前部应留有一定的场地，与广场结合的宣传牌，其前部的场地应利用广场，不需要单独开辟。宣传牌的两侧或后部适宜与花坛或乔木结合，为方便人们浏览，橱窗的高度控制在视域范围内。

2. 材料选择

主件材料一般选用经久耐用的花岗岩类天然石、不锈钢、铝、钛、红杉类坚固耐用木材、瓷砖、丙烯板等。构件材料除选择与主件相同的材料外，还可采用混凝土、钢材、砖材等。

3. 位置处理

宣传牌的位置应选在游人停留较多之处，如园内各类广场、建筑物前、道路交叉口等地段，还可与挡土墙、围墙、花坛、花台以及其他园林环境相结合。

六、标识小品示例

标识牌设计如图 8 - 23 所示。

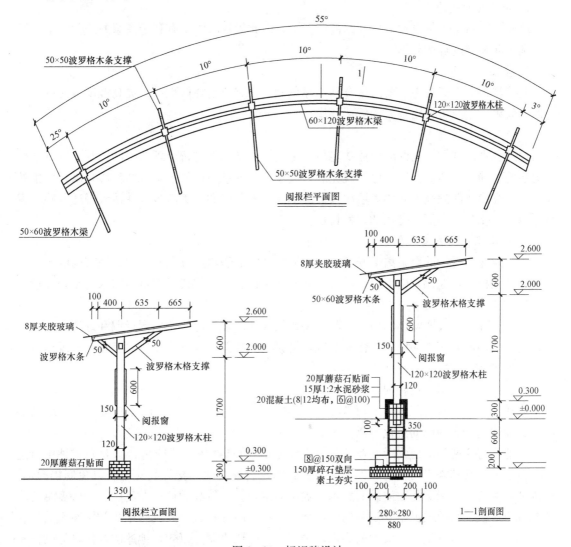

图 8 - 23 标识牌设计

第九章 园林城市绿化设计

第一节 商业步行街设计

一、设计原则

商业步行街总体要服从于城市发展的总体规划要求，在选址、范围、市镇交通分流功能定位等方面，必须周密考虑，在内部的景观规划中应遵循以下原则。

1. 功能性优先原则

商业步行街主体是要营造良好的商业氛围，因此规划时既要有利于商家的经营展示，又要有利于购物者的舒适购物。

2. 生态化原则

商业步行街人流集中，要通过合理的绿色元素，有效地降低噪声、提高湿度和提供必要的遮阴效果，创造出轻松宜人的舒适环境。

3. 多目标规划原则

通过合理的规划，在保障商业功能最大化发挥的基础上进行合理的空间分割，营造社交和集会的氛围；灵活多样地构思景观亮点，渲染文化的魅力；创造宜人的环境，烘托聚集的人气，最终形成能满足不同年龄层次人群的不同兴趣爱好和审美需求，并达到舒适购物、观赏休闲、文化品位和舒心交往的多种目标。

4. 继承保护和发展文化原则

一条商业步行街的繁荣离不开历史的沉淀和文化的积累，继承和保护好城市街区传统的文化底蕴是根本，在此基础上，还需要不断发展和创新符合现代人们审美需求的景观元素。

5. 可持续发展的原则

规划要综合把握商业街的历史方脉，要预见未来的发展趋势，做到近期和远期规划相结合；要运用环境心理学的原理，使商业区环境氛围与功能发挥形成良好的互动，呈现出良性循环，保障持续和恒久的发展态势。

二、商业步行街的植物配置

商业步行街的植物配置需要呼应各功能空间的气氛和要求，做到既能发挥生态绿色功能，又能体现符合功能的美化效果。

商业步行街两侧的植物距商业建筑至少在 4m，可选择树池式或树台（凳）式种植行道树。行道树的栽植株距要适当加大，最好和店铺与店铺之间的交界线对应，以免遮挡商铺。在内部，商业展示和文化表演区的乔木应冠高荫浓，留出较高的树冠净高度，一般多结合场地配置成对植、行植或孤植景观，周边可结合人流的疏导布置一些色彩艳丽和图案精美的花坛。游人休息区可种植成行成列的乔木，中间设置休闲桌凳，以较好地遮阴提供良好的休息空间。文化展示区的植物应丰富多彩，乔木和花池（台）结合，用绿地分隔地块，形成并协调烘托展示空间。特色小吃和旅游纪念品经营地应采用乔灌木结合，规则或自然的配置形成隔离围合的空间。对于地下情况不容许栽植乔木的，应使用可移动的大木箱或其他大型箱式种植器种植乔木，进行摆放。

三、商业步行街铺地

以步行交通为主的商业步行街，既展示着城市商业文明的独特传统，又表征着城市当代经济生活的面貌和特色。在现代城市中，根据商业街的空间形态，一般可将其分为地上商业街和地下商业街两大类。地上商业街根据其不同的交通组织方式可分为完全商业步行街、半商业步行街和公交商业步行街三类。其中，完全商业步行街又进一步分为无拱顶型和有拱顶型。

1. 无拱顶型完全商业步行街

（1）铺地要求：安全、舒适、亲切，具有方位方向感、历史文化感和当地特色感。

（2）铺地技术：铺地要平坦，尽量减少高差变化，不得已有高差变化时应做明显标志，例如铺地色彩、材质的变化；铺地材料的选择应考虑雨、雪季防滑问题，采用表面质感粗糙、透水性好、耐污染性强、清扫方便的材料以及易于施工、维护的砌块类材料；铺地尺度要亲切、和谐，使人们感受到自我，可以与空间环境对话，完全地放松和随意；铺地色彩要注意与建筑相协调，由于各家店铺立面设计五花八门，因此可以采用一种有统一感的主色调铺地强化街道景观的连续性和整体性。而细部色彩施工要亮丽，富于变化，以体现商业街生机勃勃的繁华景象。

（3）个性特色：商业步行街的地面要充分体现个性化原则，营造其独有的魅力特色。铺地材质的精心挑选、色彩的精心设计会使地面与街道整体环境气氛相协调。同时，不同色彩、质感的材料经过设计，按一定的形式拼接、组合，同样可以创造其个性化形象。

2. 有拱顶型完全商业步行街

有拱顶的商业步行街是采用玻璃拱廊将街道覆盖起来，这种商业步行街介于室内空间和室外空间之间。

铺地宜简洁明快：由于其他界面功能更为重要，地面铺地宜简洁明快，衬托出空间气氛。多采用明度高、纯度低的浅色调，色彩搭配不应过杂，简单明了为好。

表面质感光滑：可以应用表面质感光滑的材料，以突出商业街的华贵气氛。

设置地面标志：在路口、转弯等处可以设置地面标志来引导人流。

引入花草流水：有些大型的带拱顶商业步行街还会将树木、花草和流水引入其中，可以将这部分的地面进行精致的细部施工，为游人划分并营造一个温馨宜人的休息空间。

3. 半商业步行街

以时间阶段管制机动车进入区内，在时间上分为"定时"和"定日"两种。如每日晚6点至10点或周末、节假日期间禁止机动车通行，实行商业步行街。

采用一块板断面形式：这种类型的商业街一般采用一块板的断面形式，两侧留有较宽的人行道。

采用彩色沥青路面：为了保证平日机动交通的正常运行，车行道的路面镶地要满足道路面层的技术要求。为突出商业街的繁华气氛，可采用彩色沥青路面设计，但不宜采用较浓烈的色彩，应注意衬托和强调两侧的人行道与建筑立面设计。

质感粗糙的人行道铺地：人行道铺地的色彩选择应注意与两侧建筑相协调，可采用一种较为醒目的主色调来强化商业街的连续性和整体性。多采用表面质感粗糙、抗滑性好的砌块材料进行铺地。

4. 地下商业街

铺地要求：铺地应该力求创造安全感、舒适感、整体感、宽敞感以及方向感。地面铺地要平整，铺地材料应具有防滑、耐磨、防潮、防火、易清洁的特点，多采用水磨石或地面砖铺砌。

保持统一的格调：由于在地下商业街中丰富多彩的店面和花色繁多的商品占有重要位置，因此，地面注意保持统一的格调和色调，简洁明快，以强化空间的整体感，创造出轻松舒适的氛围。一般采用明亮淡雅的暖色调，带给人们一种温暖干燥的心理感受，使空间显得更大、更宽敞。多采用单色铺地，为防止单调感，可在大面积单色的基础上加一些异色连续性的富有韵律感的图案。例如：重复的方格形图案可以增强空间的整体感与稳定感；斜线的动态和运动感能够引起人们的注意，运用斜向图案有助于强化空间的宽敞感；运用彩绘地砖则可以提高观赏价值，丰富视觉感受，而且它们都可以给人以方向感，能够对人流起到导向的作用。

主要出入口的门厅、通道的铺地处理：地下商业步行街常常会在主要出入口的门厅、通道的十字或丁字交叉点或通道的端头等处组织一些供顾客休息的空间，以减轻由于通道过长而产生的枯燥感，同时可改善购物环境。对于这些休息空间的地面铺地要进行精心的施工。例如，可以运用天然材料，如卵石、木砌块、不规则石料等材料与流水、植物等自然要素相配合，营造出一个充满自然气息的温暖舒适的休息空间，给人们留下深刻印象，吸引人们停留欣赏，甚至该休息空间还会成为整个地下商业街的一个重要标志。

四、实例

商业街的铺装设计实例如图 9-1 和图 9-2 所示。

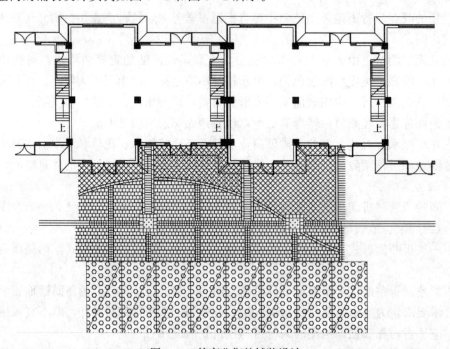

图 9-1　某商业街的铺装设计

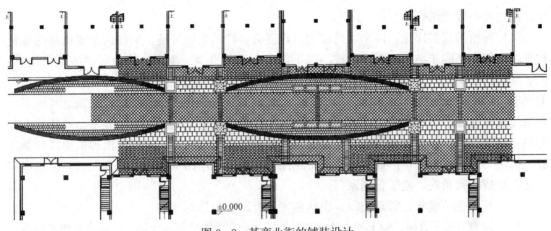

图 9-2 某商业街的铺装设计

第二节 居住区道路设计

一、住区道路系统

居住区道路系统规划通常是在居住区交通组织规划下进行的。一般居住区交通组织规划可分为人车分流和人车合流两类。在这两类交通组织体系下，综合考虑居住区的地形、住宅特征和功能布局等因素，进行合理的居住区道路系统规划。

1. 人车分流的道路系统

人车分流的居住区交通组织原则是 20 世纪 20 年代由 C. 佩里首先提出的。佩里的"城市不穿越邻里内部"的原则，体现了交通街和生活街的分离。目前，国内像北京、上海、广州、深圳等城市以及其他经济发达地区，推行以高层为主的住区环境，停车问题主要是在地下解决。组团内部的地面上形成了独立的步行道系统，将绿地、户外活动、公共建筑和住宅联系起来，结合小区游戏场所可形成小区的游憩娱乐环，为居民创造更为亲切宜人而富有情趣的生活空间，亦可为欣赏景观提供有利的条件。

2. 人车合流的道路系统

人车合流又称人车混行，是居住区道路交通规划组织中一种很常见的体系。与人车分流的交通组织体系相比，在私人汽车不发达的地区，采用这种交通组织方式有其经济、方便的地方。在我国城市之间的发展差异悬殊，根据居民的出行方式，在普通中、小城市和经济不发达地区，居住区内保持人车合流还是适宜的。在人车合流的同时，将道路按功能划分主次，在道路断面上对车行道和步行道的宽度、高差、铺地材料、小品等进行处理，使其符合交通流量和生活活动的不同要求，在道路线型规划上防止外界车辆穿行等。道路系统多采用互通式、环状尽端式或两者结合使用。

二、居住区道路绿化

居住区的道路绿化应注意如下五点：

(1) 以树木花草为主，多层布置，提高覆盖率。在种植乔灌木遮阴的同时，可多种宿根及自播繁衍能力强的花卉，如美人蕉、一串红等，以丰富绿地的色彩。

(2) 考虑四季景观及早日普遍绿化的效果，注意常绿与落叶、乔木与灌木、速生与慢生、重点与一般相结合。

（3）种植形式多样化，以丰富的植物景观创造多样的生活环境。居住区主要道路的绿化树种的选择应不同于城市街道，形成不同于市区街道的气氛。配置方式上可更多地采用乔、灌、草相结合的方式。要考虑行人的遮阴与交通安全，在交叉口及转弯处要符合视距三角形的要求，如果路面宽阔，可选体态雄伟、树冠宽阔的乔木，在人行道和居住建筑之间可多行列植或丛植乔灌木以起到防尘、隔声的作用。小区道路树种的选择多用小乔木、开花灌木和叶色变化的树种。各小区道路应有个性、有区别，选择不同树种、不同断面种植形式，每条路上以一二种花木为主，形成合欢路、樱花路等。各住宅小路从树种选择到配置方式注重多样化，形成不同景观，便于识别家门。

（4）选择生长健壮、管理粗放、少病虫害及有经济价值的植物。

（5）注意与地下管网、地上架空线、各种构筑物和建筑物之间的距离，符合安全规范要求。

三、居住区道路铺地

1. 住宅小区道路网络框架

道路是居住区的构成框架，一方面它起到了疏导居住区交通、组织居住区空间的功能，另一方面，好的道路设计本身也构成居住区一道亮丽的风景线。居住区道路为居住空间的一部分，不仅关系到居民日常出行行为，还与居民的邻里交往、休息散步、游戏消闲、认知定位等密切相关。

目前，国内对居住区道路进行规划时，基于交通集散的思想，习惯上将其分为四个等级布置：居住区级道路，相当于城市次干道或一般道路，一般均与城市干道或次干道相连；居住小区级道路，是联系居住区内各组成部分的道路；居住生活单元级道路，是居住生活单元内的主要道路；宅前小路，则是通往各单元及各户的门前小路。

2. 居住区道路的铺地要求

居住区道路对居住区的空间环境具有重要的影响，道路的布置应该充分利用区内的自然状况，结合楼宇分布，借形取势。为了充分体现"以人为本"的设计思想，居住区道路一般按使用功能划分为车行和步行两个系统，可以通过不同的路面铺地进行有效的空间界定。

（1）机动车道。为了减少机动车对居住区宁静、安全环境的影响，小区级和居住生活单元级道路等车行道路可以有意识地采用曲折的线路，迫使机动车减速，同时又可以丰富街道景观。机动车道路面一般由混凝土、沥青等耐压材料铺地，而随着人们对居住区景观环境的要求越来越高，沥青类整体性景观铺地材料或经过表面处理的水泥混凝土板块类景观铺地材料将会得到广泛应用。一些车行道也可以采用块石、小方石、混凝土砌块等坚固、耐磨的材料铺地，形成粗糙的道路表面，有效降低车速，提高安全性。

（2）人行道。居住区人行道的铺地设计过程是创造一个以"人"为主体的、一切为"人"服务的空间的过程。路面铺地应与居住区整体风格融合协调，通过它的材质、颜色、肌理、图案变化创造出富有魅力的路面和场地景观。铺地材料以砌块类材料为主，色彩应生动活泼、富于变化。一个小区可以采用同一组色彩进行设计，但要注意配合小区的整体格调，这样可以建立一种良好的空间秩序，使人们漫步在人行道上通过地面铺地色彩的变化即可感知到空间的转换。铺地图案应充分利用点、线、面的变化，突出方向感与方位感，限定场地界线，不但有利于来访客人辨识定位，也给居民一个清晰的、属于自己的空间领域，使居民对自己的居住环境产生认同感，对自己的居住社区产生归属感。此外，铺地图案还强调趣味性、可观赏性、小而宜人的尺度，使人们乐在其中，轻松愉快地漫步、交往、嬉戏、观赏景色，享受生活。

（3）宅前小路。宅前小路是居住区步行系统的重要组成部分，需要对道路的平曲线、竖曲线、宽窄和分幅、铺地材质、绿化装饰等进行综合考虑，从而赋予道路美的形式。通常采用石料板材、碎拼石材、块石、拳石、卵石、木砌块等自然材料铺地而成。其与取材自然的路牙、路边的块石、休闲座椅、植物配置、灯具、小亭、篱笆、流水等巧妙搭配，可以创造出一条条优美宜人的"健康路径"，营造出一种曲径通幽、错落有致的极富创意和个性的景观空间。这种回归自然的景观环境，将以自然的材料、传统的韵味、现代的设计手法唤起人们美好的情趣和情感寄托，让人与大自然共栖，尽情体验"天人合一"的美的最高境界。

四、实例

某景区的道路规划、植物配置和铺装分别如图 9 - 3～图 9 - 5 所示。

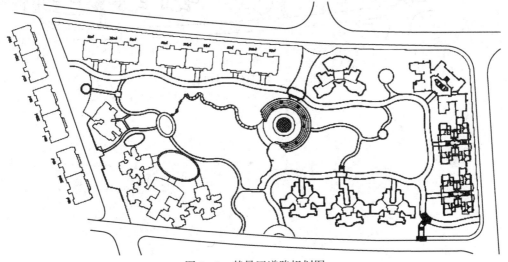

图 9 - 3　某景区道路规划图

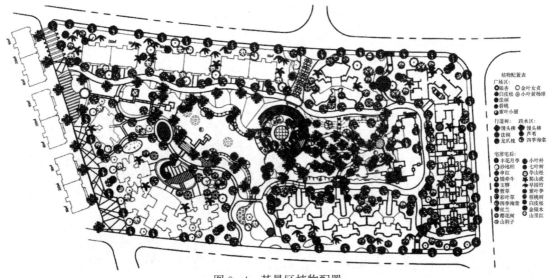

图 9 - 4　某景区植物配置

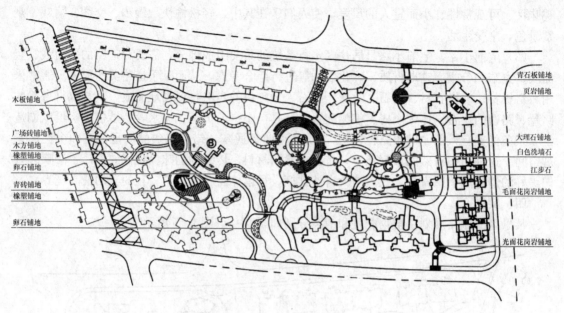

木板铺地

广场砖铺地
木方铺地
橡塑铺地
卵石铺地

青砖铺地
橡塑铺地

卵石铺地

青石板铺地
页岩铺地

大理石铺地
白色洗墙石
江步石
毛面花岗岩铺地

光面花岗岩铺地

图 9-5　某景区道路铺装

附录Ⅰ　园林地形设计数据

一、土壤的自然倾斜角

土壤的自然倾斜角见表Ⅰ-1。

表Ⅰ-1　　　　　　　　　　土壤的自然倾斜角

土壤名称	土壤含水量			土壤颗粒尺寸/mm
	干的	潮的	湿的	
砾石	40	40	35	2～20
卵石	35	45	25	20～200
粗砂	30	32	27	1～2
中砂	28	35	25	0.5～1
细砂	25	30	20	0.05～0.5
黏土	45	35	15	0.001～0.005
壤土	50	40	30	—
腐殖土	40	35	25	—

二、土的工程分类与土壤的可松性

土的工程分类与土壤的可松性参见表Ⅰ-2和表Ⅰ-3。

表Ⅰ-2　　　　　　　　　　土的工程分类

类别	级别	编号	土壤的名称	天然含水量状态下土壤的平均密度/(kg/m^3)	开挖方法工具
松土	Ⅰ	1	砂	1500	用锹挖掘
		2	植物性土壤	1200	
		3	壤土	1600	
半坚土	Ⅱ	1	黄土类黏土	1600	用锹、镐挖掘，局部采用撬棍开挖
		2	15mm 以内的中小砾石	1700	
		3	砂质黏土	1650	
		4	混有碎石与卵石的腐殖土	1750	
	Ⅲ	1	稀软黏土	1800	
		2	15～50mm 的碎石及卵石	1750	
		3	干黄土	1800	

续表

类别	级别	编号	土壤的名称	天然含水量状态下土壤的平均密度/ (kg/m³)	开挖方法工具
坚土	Ⅳ	1	重质黏土	1950	用锹、镐、撬棍、凿子、铁锤等开挖；或用爆破方法开挖
		2	含 50kg 以下块石、块石所占体积小于 10% 的黏土	2000	
		3	含 10kg 以下块石的粗卵石	1950	
	Ⅴ	1	密实黄土	1800	
		2	软泥灰岩	1900	
		3	各种不坚实的页岩	2000	
		4	石膏	2200	
	Ⅵ Ⅶ		均为岩石	7200	爆破

表Ⅰ-3　　　　　　　　　　各级土壤的可松性

土壤的级别	体积增加百分率		可松性系数	
	最初	最后	K_p	K'_p
Ⅰ（植物性土壤除外）	8～17	1～2.5	1.08～1.17	1.01～1.025
Ⅰ（植物性土壤、泥炭、黑土）	20～30	3～4	1.20～1.30	1.03～1.04
Ⅱ	14～24	1.5～5	1.14～1.30	1.015～1.05
Ⅲ（泥炭岩、蛋白石除外）	24～30	4～7	1.24～1.30	1.04～1.07
Ⅳ（泥炭岩、蛋白石）	26～32	6～9	1.26～1.32	1.06～1.09
Ⅳ	33～37	11～15	1.33～1.45	1.11～1.15
Ⅴ～Ⅵ	30～45	10～20	1.30～1.45	1.10～1.20
Ⅶ～ⅩⅥ	45～50	20～30	1.45～1.50	1.20～1.30

注　Ⅵ～ⅩⅥ均为岩石类，Ⅰ～Ⅴ请参看表Ⅰ-2。

三、地形设计中坡度值的取用

地形设计中的坡度值的取用参见表Ⅰ-4。

表Ⅰ-4　　　　　　　　　　地形设计中的坡度值的取用

项目	坡度值 i/%	
	适宜坡度	极值
游览步道	≤8	≤12
散步坡道	1～2	≤4
主园路（通机动车）	0.5～6（8）	0.3～10
次园路（园务便道）	1～10	0.5～15

续表

项目		坡度值 i/%	
		适宜坡度	极值
次园路（不通机动车）		0.5～12	0.3～20
广场与平台		1～2	0.3～3
台阶		33～50	25～50
停车场地		0.5～3	0.3～8
运动场地		0.5～1.5	0.4～2
游戏场地		1～3	0.8～5
草坡		≤25～30	≤50
种植林坡		≤50	≤100
理想自然草坪（有利机械修剪）		2～3	1～5
明沟	自然土	2～9	0.5～15
	铺砌	1～50	0.3～100

四、园林地形设计坡度、斜率、倾角的选用

园林地形设计坡度、斜率、倾角选用，如图Ⅰ-1所示。

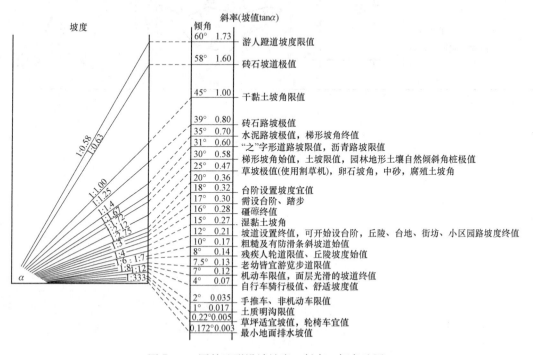

图Ⅰ-1　园林地形设计坡度、斜率、倾角选用

五、土方量计算

利用方格网计算土方量参见表Ⅰ-5。

表Ⅰ-5　　　　　　　　　　利用方格网计算土方量

序号	挖填情况	平面图式	立体图式	计算公式
1	四点全为填方（或挖方）时			$\pm V = \dfrac{a^2 \sum h}{4}$
2	二点填方二点挖方时			$\pm V = \dfrac{a(b+c)\sum h}{8}$
3	三点填方（或挖方），一点挖方（或填方）时			$\pm V = \dfrac{hc\sum h}{6}$ $\pm V = \dfrac{(2a^2-bc)\sum h}{10}$
4	相对两点为填方（或挖方），其余两点为挖方（或填方）时			$\pm V = \dfrac{hc\sum h}{6}$ $\pm V = \dfrac{de\sum h}{6}$ $\pm V = \dfrac{(2a^2-bc-de)\sum h}{4}$

附录Ⅱ　园林绿化的常用数据

一、道路及绿地最大坡度
道路及绿地最大坡度参见表Ⅱ-1。

表Ⅱ-1　　　　　　　　　　　　道路及绿地最大坡度

道路及绿地		最大坡度/%
道路	普通道路	17（1/6）
	自行车专用道	5
	轮椅专用道	8.5（1/12）
	轮椅园路	4
	路面排水	1～2
绿地	草皮坡度	45
	中高木绿化种植	30
	草坪修剪机作业	15

二、道路交叉口植物布置规定
道路交叉口植物布置规定参见表Ⅱ-2。

表Ⅱ-2　　　　　　　　　　道路交叉口植物布置规定

项目	规定	项目	规定
行车速度≤40km/h	非植树区≥30m	机动车道与非机动车道交叉口	非植树区≥10m
行车速度≤25km/h	非植树区≥14m	机动车道与铁路交叉口	非植树区≥50m

三、车场的绿化景观
车场的绿化景观参见表Ⅱ-3。

表Ⅱ-3　　　　　　　　　　　车　场　的　绿　化　景　观

绿化部位	景观及功能效果	设计要点
周界绿化	形成分隔带，减少视线干扰和居民的随意穿越。遮挡车辆反光对居室内的影响。增加了车场的领域感，同时美化了周边环境	较密集排列种植灌木和乔木，乔木树干要求挺直；车场周边也可围合装饰景墙，或种植攀缘植物进行车位间绿化
车位间绿化	多条带状绿化种植产生陈列式韵律感，改变车场内环境，并形成庇荫，免阳光直射车辆	车位间绿化带由于受车辆尾气排放影响，不宜种植花卉。为满足车辆的垂直停放和种植物保水要求，绿化带一般宽为1.5～2m，乔木沿绿带排列，间距应不小于2.5m，以地面绿化及铺装
地面绿化及铺装	地面铺装和植草砖使场地色彩产生变化，减弱大面积硬质地面的生硬感	采用混凝土或塑料植草砖铺地。种植耐碾压草种。选择满足碾压要求具有透水功能的实心砌块铺装材料

四、居住区各级中心公共绿地设置规定

居住区各级中心公共绿地设置规定参见表Ⅱ-4。

表Ⅱ-4　　　　　　　　　　　居住区各级中心公共绿地设置规定

中心绿地名称	设置内容	要求	最小规格/ha	最大服务半径/m
居住区公园	花木草坪、花坛水面、凉亭雕塑、小卖茶座、老幼设施、停车场地和铺装地面等	园内布局应有明确的功能划分	1.0	800~1000
小游园	花木草坪，花坛水面，雕塑，儿童设施和铺装地面等	园内布局应有一定的功能划分	0.4	400~500
组团绿地	花木草坪、桌椅、简易儿童设施等	可灵活布局	0.04	—

五、绿化带最小宽度

绿化带最小宽度参见表Ⅱ-5。

表Ⅱ-5　　　　　　　　　　　绿 化 带 最 小 宽 度

名称	最小宽度/m	名称	最小宽度/m
一行乔木	2.00	两行乔木（棋盘式栽植）	5.00
一行灌木带（大灌木）	2.50	一行乔木与两行绿篱	3.00
两行乔木（并列栽植）	6.00	一行灌木带（小灌木）	1.50
一行乔木与一行绿篱	2.50		

六、平台绿化

平台绿化参见表Ⅱ-6。

表Ⅱ-6　　　　　　　　　　　平 台 绿 化

种植物	种植土最小厚度/cm		
	南方地区	中部地区	北方地区
花卉草坪地	30	40	50
灌木	50	60	80
乔木、藤本植物	60	80	100
中高乔木	80	100	150

附录Ⅲ　绿化植物的常用数据

一、常见绿化树种的分类

常见绿化树种的分类参见表Ⅲ-1。

表Ⅲ-1　　　　　　　　　　　　　　常见绿化树种的分类

序号	分类	植物列举
1	常绿针叶树	乔木类：雪松、黑松、龙柏、马尾松、桧柏； 灌木类：（罗汉松）、千头柏、翠柏、匍地柏、日本柳杉、五针松
2	落叶针叶树（无灌木）	乔木类：水杉、金钱松
3	常绿阔叶树	乔木类：香樟、广玉兰、女贞、棕榈； 灌木类：珊瑚树、大叶黄物、瓜子黄杨、雀舌黄杨、枸骨、石楠、海桐、桂花、夹竹桃、黄馨、迎春、撒金珊瑚、南天竹、六月雪、小叶女贞、八角金盘、栀子、蚊母、山茶、金丝桃、杜鹃、丝兰（波罗花、剑麻）、苏铁（铁树）、十大功劳
4	落叶阔叶树	乔木类：垂柳、直柳、枫杨、龙爪柳、乌桕、槐树、青桐（中国梧桐）、悬铃木（法国梧桐）、槐树（国槐）、盘槐、合欢、银杏、楝树（苦楝）、梓树； 灌木类：樱花、白玉兰、桃花、蜡梅、紫薇、紫荆、槭树、青枫、红叶李、贴梗海棠、钟吊海棠、八仙花、麻叶绣球、金钟花（黄金条）、木芙蓉、木槿（槿树）、山麻杆（桂圆树）、石榴
5	竹类	慈孝竹、观音竹、佛肚竹、碧玉镶黄金、黄金镶碧玉
6	藤本	紫藤、地锦（爬山虎、爬墙虎）、常春藤
7	花卉	太阳花、长生菊、一串红、美人蕉、五色苋、甘蓝（球菜花）、菊花、兰花
8	草坪	天鹅绒草、结缕草、麦冬草、四季青草、高羊茅、马尼拉草

二、常见草花选用表

常见草花选用表参见表Ⅲ-2。

表Ⅲ-2　　　　　　　　　　　　　　常见草花选用表

名称	开花期	花色	株高/cm	用途	备注
百合	4-6月	白、其他	60~90	切花、盆栽	—
百日草	5-7月	红、紫、白、黄	30~40	花坛、切花	分单复瓣，有大轮的优良种
彩叶芋	5-8月	白、红、斑	20~30	盆栽	观赏叶
草夹竹桃	2-5月	各色	30~50	花坛、切花、盆栽	—
常春花	6-8月	白、淡色	30~50	花坛、绿植、切花	花期长，适于周年栽培
雏菊	2-5月	白、淡色	10~20	缘植、盆栽	易栽

续表

名称	开花期	花色	株高/cm	用途	备注
葱兰	5—7月	白	15～20	缘植	繁殖力强，易栽培
翠菊	3—4月	白、紫、红	20～60	花坛、切花、盆栽、缘植	三寸翠菊12月开花
大波斯菊	9—10月 3—5月	白、红、淡紫	90～150	花坛、境栽	周年可栽培，欲茎低需摘心
大丽花	11—6月	各色	60～90	切花、花坛、盆栽	—
大岩桐	2—6月	各色	15～20	盆栽	过湿时易腐败，栽培难
吊钟花	3—8月	紫	30～60	花坛、切花、盆栽	宿根性
法兰西菊	3—5月	白	30～40	花坛、切花、盆栽、境栽	—
飞燕草	3月	紫、白、淡黄	50～90	花坛、切花、盆栽、境栽	花期长
凤仙花	5—7月	赤红、淡红、紫斑	30	花坛、缘植	易栽培，可周年开花，夏季生育良好
孤挺花	3—5月	红、桃、赤斑	50～60	花坛、切花、盆栽	以种子繁殖时需2～3年始开花，常变种
瓜叶菊	2—4月	各色	30～50	盆栽	须移植2～3次
瓜叶葵	4—7月	黄	60～90	花坛、切花	分株为主，适于初夏切花
红叶草	3—6月	白、红	30～50	缘植	最适于秋季花坛缘植观赏叶
鸡冠花	8—11月	红、赤、黄	60～90	花坛、切花	花坛中央或境栽
金鸡菊	5—8月 3—5月	黄	60	花坛、切花	种类多、花性强、易栽
金莲花	2—5月	赤、黄	蔓性	盆栽	有矮性种
金鱼草	2—5月	各色	30～90	花坛、切花、盆栽、境栽	易栽
金盏菊	2—5月	黄、橙黄	30～50	花坛、切花	—

三、常用行道树选用表

常用行道树选用表参见表Ⅲ-3。

表Ⅲ-3　　　　　　　　　常用行道树选用表

名称	科别	树形	特征
碧玉间黄金竹	禾本科	单生	竹竿翠绿，分枝一侧纵沟显淡黄色，适于庭院观赏
八角金盘	五加科	伞形	性喜冷凉气候，耐阴性佳；叶形特殊而优雅，叶色浓绿且富光泽
白玉兰	木兰科	伞形	颇耐寒，怕积水。花大洁白，3～4月开花。适于庭园观赏
侧柏	柏科	圆锥形	常绿乔木，幼时树形整齐，高大时多弯曲，生长强，寿命久，树姿美
桦树	木榉科	圆形	常绿乔木，树性强健，生长迅速，树姿叶形优美
重阳木	大戟科	圆形	常绿乔木，幼叶发芽时，十分美观，生长强健，树姿美
垂柳	杨柳科	伞形	落叶亚乔木，适于低温地，生长繁茂而迅速，树姿美
慈孝竹	禾本科	丛生	杆丛生，杆细而长，枝叶秀丽，适于庭园观赏

续表

名称	科别	树形	特征
翠柏	柏科	散形	常绿乔木，树皮灰褐色，呈不规则纵裂；小枝互生，幼时绿色，扁平
大王椰子	棕榈科	伞形	单干直立，高可达18m，中央部稍肥大，羽状复叶，生活力甚强，观赏价值大
大叶黄杨	卫矛科	卵形	喜温湿气候，抗有毒气体。观叶。适作绿篱和基础种植
枫树	金缕梅科	圆锥形	落叶乔木，树皮灰色平滑，叶呈三角形，生长慢，树姿美
枫杨	胡桃科	散形	适应性强，耐水湿，速生，适作庭荫树、行道树、护岸树
匐地柏	柏科	—	常绿匍匐性矮灌木，枝干横生爬地，叶为刺叶。生长缓慢，树形风格独特，枝叶翠绿流畅。适作地被及庭石、水池、砂坑、斜坡等周边美化
佛肚竹	禾本科	单生	竹竿的部分节间短缩而鼓胀，富有观赏价值，宜盆栽
假连翘	马鞭草科	圆形	常绿灌木。适于大型盆栽、花槽、绿篱。黄叶假连翘以观叶为主，用途广泛，可作地被、修剪造型、构成图案或强调色彩配植，耀眼醒目
枸骨	冬青科	圆形	抗有毒气体，生长慢。绿叶红果，甚美，适于基础种植
构树	桑科	伞形	常绿乔木，叶巨大柔薄，枝条四散，姿态亦美
广玉兰	木兰科	卵形	常绿乔木，花大白色清香，树形优美
桧柏	柏科	圆锥形	常绿中乔木，树枝密生，深绿色，生长强健，宜于剪定，树姿美
海桐	海桐科	圆形	白花芬芳，5月开花。适于基础种植，作绿篱或盆栽
海枣	棕榈科	伞形	干分蘖性，高可达20～25m，叶灰白色带弓形弯曲，生长强健，树姿美

四、绿化植物与管线的最小间距

植物与地下管线最小水平距离参见表Ⅲ-4。

表Ⅲ-4　　　　　　　　　植物与地下管线最小水平距离　　　　　　　（单位：m）

名称	新植乔木	现状乔木	灌木或绿篱
电力电缆	1.5	3.5	0.5
通信电缆	1.5	3.5	0.5
给水管	1.5	2.0	—
排水管	1.5	3.0	—
排水盲沟	1.0	3.0	—
消防龙头	1.2	2.0	1.2
燃气管道（低中压）	1.2	3.0	1.0
热力管	2.0	5.0	2.0

　　乔木与地下管线的距离是指乔木树干基部的外缘与管线外缘的净距离。灌木或绿篱与地下管线的距离是指地表处分蘖枝干中最外的枝干基部外缘与管线外缘的净距离。

五、植物与建筑物、构筑物外缘的最小水平距离

植物与建筑物、构筑物外缘的最小水平距离参见表Ⅲ-5。

表Ⅲ-5　　　　　　　　植物与建筑物、构筑物外缘的最小水平距离　　　　　　（单位：m）

名称	新植乔木	现状乔木	灌木或绿篱外缘
测量水准点	2.00	2.00	1.00
地上杆柱	2.00	2.00	—
挡土墙	1.00	3.00	0.50
楼房	5.00	5.00	1.50
平房	2.00	5.00	—
围墙（高度小于2m）	1.00	2.00	0.75
排水明沟	1.00	1.00	0.50

乔木与建筑物、构筑物的距离是指乔木树干基部外缘与建筑物、构筑物的净距离。灌木或绿篱与建筑物、构筑物的距离是指地表处分菜枝干中最外的枝干基部外缘与建筑物、构筑物的净距离。

六、绿化植物栽植间距

绿化植物栽植间距参见表Ⅲ-6。

表Ⅲ-6　　　　　　　　　绿 化 植 物 栽 植 间 距

名称		不宜小于（中—中）/m	不宜大于（中—中）/m
一行行道树		4.00	6.00
两行行道树（棋盘式栽植）		3.00	5.00
乔木群栽		2.00	—
乔木与灌木		0.50	—
灌木群栽	大灌木	1.00	3.00
	中灌木	0.75	0.50
	小灌木	0.30	0.80

七、绿篱树的行距和株距

绿篱树的行距和株距参见表Ⅲ-7。

表Ⅲ-7　　　　　　　　　绿篱树的行距和株距

栽植类型	绿篱高度/m	株、行距/m		绿篱计算宽度/m
		株距	行距	
一行中灌木	1~2	0.40~0.60	—	1.00
两行中灌木		0.50~0.70	0.40~0.60	1.40~1.60
一行小灌	<1	0.25~0.35	—	0.80
木两行小灌木		0.25~0.35	0.25~0.30	1.10

八、树池及树池算选用表

树池及树池算选用表参见表Ⅲ-8。

表Ⅲ-8　　　　　　　　　　　树池及树池算选用表

树高	树池尺寸/m		树池算尺寸（直径）/m
	直径	深度	
3m左右	0.6	0.5	0.75
4～5m	0.8	0.6	1.2
6m左右	1.2	0.9	1.5
7m左右	1.5	1.0	1.8
8～10m	1.8	1.2	2.0

参 考 文 献

[1] CADCAMCAE 技术联盟．AutoCAD 2014 中文版园林景观设计从入门到精通［M］．北京：清华大学出版社，2014.

[2] 郝瑞霞．园林工程规划与设计便携手册［M］．北京：中国电力出版社，2008.

[3] 郭丽峰．园林工程施工便携手册［M］．北京：中国电力出版社，2006.

[4] 田建林．园林假山与水体景观小品施工细节［M］．北京：机械工业出版社，2009.

[5] 刘磊．园林设计初步［M］．重庆：重庆大学出版社，2010.

[6] 周代红．园林景观施工图设计［M］．北京：中国林业出版社，2010.

[7] 田建林，张柏．园林景观地形·铺装·路桥设计施工手册［M］．北京：中国林业大学出版社，2012.

[8] 王红波．园林工程施工实务［M］．北京：中国轻工业出版社.2018.

[9] 李良因．园林工程规划设计必读［M］．天津：天津大学出版社，2011.

[10] 谢云．园林植物造景工程施工细节［M］．北京：机械工业出版社，2009.

[11] 孔杨勇．水生植物种植设计与施工［M］．浙江：浙江大学出版社，2015.

[12] 王亚南，周晓晶．花坛营造与管理［M］．北京：化学工业出版社，2015.

[13] 卢圣．图解园林植物造景与实例［M］．北京：化学工业出版社，2011.

[14] 汪辉，汪松陵．园林规划设计［M］．北京：化学工业出版社，2012.

[15] 栾春凤，白丹．园林规划设计［M］．武汉：武汉理工大学出版社，2013.

[16] 常俊丽，娄娟．园林规划设计［M］．上海：上海交通大学出版社，2012.

[17] （美）诺曼·K. 布思著，曹礼昆，曹德鲲，译．风景园林设计要素［M］．北京：北京科学技术出版社，2015.

[18] 文增．广场设计［M］．辽宁：辽宁美术出版社，2014.

[19] 赵晨洋．景园建筑材料与构造设计［M］．北京：机械工业出版社，2012.

[20] 赵艳岭．城市公园植物景观设计［M］．北京：化学工业出版社，2011.

[21] 李贞，薛金国，李山．城市园林设计理论与实践［M］．北京：农业大学出版社，2013.

[22] 卢山，陈波，胡绍庆．丰富资源下的园林植物景观设计［M］．北京：中国电力出版社，2012.

[23] 戴秋思．古典园林建筑设计［M］．辽宁：辽宁美术出版社.2014.

[24] 冷雪峰．假山解析［M］．北京：建筑工业出版社，2014.

[25] 韩琳．水景工程设计与施工必读［M］．天津：天津大学出版社，2012.

[26] 卢圣主．图解园林植物造景与实例［M］．北京：化学工业出版社，2011.

[27] 宋培娟，徐景福．园林景观工程设计与实训［M］．北京：北京大学出版社，2014.

[28] 姜振鹏．中国传统建筑园林营造技艺［M］．北京：北京建筑工业出版社，2013.

[29] 林泰碧，陈兴．中外园林史［M］．四川：四川美术出版社，2012.

[30] 李金宇．中国古典园林的背后历史、艺术和审美［M］．扬州：广陵书社，2015.

[31] 王燕．中国古典园林艺术赏析［M］．南京：东南大学出版社，2010.

[32] 邹原东．园林建筑构造与材料［M］．南京：江苏人民出版社，2012.

[33] 张舟．景观工程常用数据简明手册［M］．北京：北京建筑工业出版社，2012.

[34] 理想·宅．园林建筑与小品［M］．福州：福建科学技术出版社，2015.